재건축 재개발

시대적 트렌드

손영선 지음

BM 성안당

도서 A/S 안내

당사에서 발행하는 모든 도서는 독자와 저자 그리고 출판사가 삼위일체가 되어
보다 좋은 책을 만들어 나갑니다.

독자 여러분들의 건설적 충고와 혹시 발견되는 오탈자 또는 편집, 디자인 및 인쇄,
제본 등에 대하여 좋은 의견을 주시면 저자와 협의하여 신속히 수정 보완하여
내용 좋은 책이 되도록 최선을 다하겠습니다.

채택된 의견과 오자, 탈자, 오답을 제보해 주신 독자 중 선정된 분에게는 기념품을
증정하여 드리고 있습니다. (당사 홈페이지 공지사항 참조)

구입 후 14일 이내에 발견된 부록 등의 파손은 무상 교환해 드립니다.

저자 문의 : cafe.daum.net/urbanrenewal
도서출판 성안당 e-mail : cyber@cyber.co.kr
홈페이지 : http://www.cyber.co.kr
전화 : 031)955-0511
독자상담실 : 080)544-0511

머리말

● 내 집 마련 · 부동산 투자는 시대의 흐름을 읽는 것이 가장 중요

소자본으로 내 집을 마련하거나 부동산 투자를 위해서는 무엇보다도 시대의 흐름을 읽는 것이 가장 중요하다. 시대의 흐름을 파악하지 못하면 내 집 마련을 위해 좀더 비싼 대가를 치러야 될 것이며, 투자를 해도 성공할 수 없다.

① MB시대 주택정책 재개발 · 재건축이 1순위

MB정부 출범 이후 재개발·재건축 등의 정비사업을 통한 주택공급 정책이 최우선적으로 추진되고 있다. 이명박 대통령은 국토해양부 업무보고에서 도심공동화 방지와 경제적 효과 등을 고려할 때 복잡하긴 하지만 정비사업을 적극 추진해야 한다는 것을 강조하였고, 국무회의에서는 재개발·재건축의 활성화를 통한 일자리 늘리기에 속도를 가해야 한다며 구체적 실행계획을 수립, 추진하라고 지시한 바 있다.

② 규제완화를 통한 재개발 · 재건축 활성화

여당과 정부는 정비사업 활성화에 대해 공감대를 형성하고 종부세 개편과 함께 주택공급 확대 대책으로 재개발·재건축에 대한 각종 규제완화와 절차 간소화를 취하는 등 본질적 대책마련에 심혈을 기울이고 있다.

③ MB시대 수익률이 가장 높을 것 같은 부동산은 재개발 · 재건축

2008년 2월 6일자 매일경제 신문 기사에 의하면 부동산 개인 투자자 10명 중 6명은 MB정부 시대에 재개발·재건축 투자가 가장 큰 수익을 가져다 줄 것으로 예상하고 있다. 이는 'MB정부의 부동산 시장 전망 세미나' 참석자들을 대상으로 시장 전망과 부동산 이슈에 대한 설문조사를 실시한 것으로, MB시대에 가장 수익률이 높을 것으로 보는 상품이 무엇이냐는 질문에 응답자 중 40.0%가 재개발 지분 투자라고 답변했으며 재건축 아파트도 17.62%

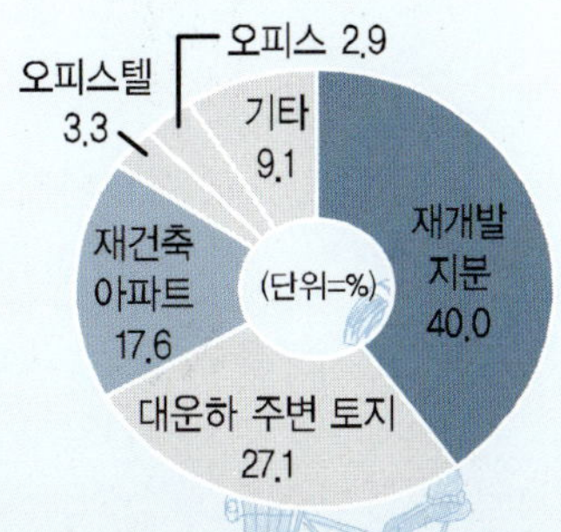

의 응답을 보여 부동산 개인 투자자 중 60%가 재개발·재건축 투자에 기대를 걸고 있다.

● 재개발·재건축 사업 누구나 알아야 한다.

이러한 재개발·재건축 등의 정비사업은 투자자들에게 새로운 투자 기회를 제공하는 것은 물론 대한민국 사람이라면 누구나 정비사업에서 자유롭지 못하도록 꽁꽁 묶고 있다. 자신이나 지인이 소유하고 있는 주택 및 상가 등이 시간이 흘러 노후되면 자신의 의지와는 상관없이 정비사업 구역으로 편입되어 사업 당사자가 되고 있으며, 정비사업 구역 내의 세입자들도 주거권과 영업권에 영향을 받게 되기 때문이다.

● 재개발·재건축 알면 기회, 모르면 손해

① 피할 수 없는 재개발·재건축 제대로 알고 바르게 대처하자

1960년대의 각종 개발정책에 의해 형성된 도시는 건축물의 노후와 기반시설의 열악화로 재개발·재건축 등의 정비사업이 선택이 아닌 필연적 사업일 수 밖에 없어 피할 수 없음을 인정하고 정비사업에 대해 제대로 알고 바르게 대처하는 것이 최선일 것이다.

② 쉽게 읽고 쉽게 이해하자

정비사업은 건축물과 토지 소유자들이 주체가 되어 조합을 결성하여 추진하는 주민 자치적 성격이 강한 공공사업임에도 불구하고 사업 주체인 주민들은 정비사업을 잘 이해하지 못하고 있는 것이 현 실정이다. 또한 검증되지 않은 자료나 루머 등으로 인해 직·간접적으로 피해를 보고 있다. 그럼에도 불구하고 전문 지식이 없는 일반 주민들이 쉽게 읽고 이해할 수 있는 도서 등의 자료가 충분하지 않다는 것이 무척 안타깝다. 아무리 알고 싶어도 자료가 너무 어렵거나 전문적 용어를 많이 사용하게 되면 스스로 포기하는 경우가 많고, 수익을 올리고 싶은 조급한 마음에 루머 등에 쉽게 휩쓸리게 되기도 한다.

● 정비사업의 장애요소

정비사업의 주체인 조합의 입장에서 볼 때 장애요소는 크게 외적인 요소와 내적인 요소로 나눌 수 있다.

① 외적인 장애요소

외적인 요소로는 사업을 추진함에 있어 불합리한 각종 심의와 규제, 부동산 경기침체, 각 지역마다 가지고 있는 하드웨어 및 소프트웨어적 여건들이 있으며 이러한 외적인 장애요소는 조합, 시공회사, 정비사업 전문관리업자는 물론 공무원과 심의위원들이 함께 풀어나가야 할 공통적인 난제로서 해를 거듭하면서 점점 나아지고 있을 뿐만 아니라 이로 인한 사업 지연 등의 영향은 그다지 크다고 할 수 없다.

② 내적인 장애요소

내적인 요소로는 구역 내 주민들의 이기적인 성향과 잘못된 지식을 바탕으로 한 자기 주장 그리고 난무하는 루머들이 있으며 아울러 담당 공무원의 전문성 부족도 한몫 거들고 있는 실정이다. 이러한 내적인 장애요소는 외적 장애요소와는 달리 사업을 장기간 지연시키고 막대한 재산적 손실을 가져오므로 반드시 극복해야 할 과제이다. 이를 극복하기 위해서는 정비사업에 대한 바른 이해만이 유일한 해법이리고 필자는 생각한다.

● 본서의 특징

① 쉽게 이해할 수 있도록 동영상 강좌 지원

이에 본 서는 정비사업에 대한 전체적인 흐름을 쉽게 파악하게 하고, 각 단계별 주요 관심사항들에 대해서도 명쾌한 해석으로 쉽게 이해할 수

있도록 하는데 중점을 두고 집필하였다. 또한, 독자의 이해를 돕기 위해 동영상 강좌를 지원하고 있다.

② 투자를 위해 현장에서 꼭 필요한 것

투자자란 좁은 의미에서는 직접적으로 투자수익을 목적으로 여러 형태의 자본을 투자하는 사람이라고 정의할 수 있지만, 넓은 의미로는 부동산 소유자나 세입자 등 재개발·재건축 사업과 연관있는 사람 모두를 일컫는다고 할 수 있으며 이러한 넓은 의미에서의 투자자들에게 재개발·재건축 현장에서 꼭 필요한 것들을 짚어 보았다.

③ 재개발·재건축의 실질적 참고서

이 책은 저자가 다년간 재개발업무를 담당하면서 상담해 왔던 실질적인 내용들과 전문가들의 의견을 바탕으로 객관적 입장에서 집필하기 위해 최선을 다하였는 바, 재정비 관련 부서에서 일하는 공무원이나 재정비사업 관계자들 및 조합 임원, 그리고 일반 주민들의 궁금증을 해소하는데 일조하고 정비사업 추진에 있어서도 실질적인 참고서가 될 수 있을 것이라고 확신하며, 나아가 정비사업의 건전한 발전에 기여하였으면 하는 바람이다.

Win-Win 재정비사업을 위한 선결 과제

● 조합 및 주민들의 정비사업의 이해

정비사업은 도심지 내 쾌적한 주거환경 개선과 기반시설의 확충 등 도시의 순기능 역할을 담당해 왔음에도 불구하고 대부분의 주민들은 정비사업에 대해서 부정적 시각과 불신이 만연하여 맹목적인 반대를 하는 경우가 많다. 물론 사업추진 과정에서 발생하는 부조리나 조합원에게 손해를 끼칠 수 있는 중대한 사안들에 대한 반대는 건전한 정비사업을 위해 반드시 필요하지만, 유언비어 날조나 허위사실 유포 등의 무조건적 반대는 사업을 지지부진하게 만들고 조합과 조합원과의 거리를 더욱 멀어지게 만드는 등 사업 전반에 악영향을 끼칠 수 있다. 이러한 유언비어나 루머 등은 주민 모두가 정비사업에 대해 올바르게 이해하고 있을 때에만 이 사업현장에서 영원히 사라질 수 있을 것이며 내 재산을 지켜낼 수 있을 것이다.

● 담당 공무원의 전문성 함양

또한, 담당 공무원의 전문성 부족도 정비사업을 우왕좌왕하게 만들며 걸림돌이 되고 있는 것이 현실이다. 공무원도 전문성을 키우기 위해 부단한 노력을 하고 일을 처리할 때는 조금만 더 신경을 쓰고 보다 넓게 전문가들의 자문을 구하여야 할 것이다. 공무원의 행정 하나하나가 정비사업을 혼란에 빠뜨릴 수도, 혼란을 방지할 수도 있으며, 담당 공무원의 지식 부재는 고스란히 조합이 떠안아야 하기 때문이다.

● 쉽게 접할 수 있는 체계적인 교육 시스템 필요

하지만 조합과 담당 공무원 및 주민이 전문지식을 함양하고 싶어도 쉽게 접할 수 있는 체계적인 교육 시스템이 없다는 점이 더욱 큰 문제임을 인식하여 본 도서와 동영상 교육과정을 제작하게 되었으며, 일반적인 지식으로부터 전문적인 지식까지 우리가 반드시 알아야 할 부분들을 중심으로 최대한 쉽게 설명하기 위해 노력하였다.

조합의 신뢰회복 필요

● 조합의 전문성 부족으로 인한 불신 초래

정비사업은 절차가 복잡하고 각종 법률이 얽혀 있으며, 많은 협력업체들과 함께 일을 해야 하는 정비사업의 특성을 감안할 때 업체들을 관리

하고 조합을 운영해 나가기 위해서는 전문적인 지식이 필수라고 하겠다.

조합이 전문적인 지식을 갖추지 못한다면 사업추진 중에 일어나는 크고 작은 문제들의 해결을 협력업체에 의지할 수 밖에 없게 되고 조합원의 조합에 대한 신뢰는 더욱 떨어져 자칫 맹목적 반대로 이어질 수 있다.

조합이나 추진위원회에서 개최한 주민총회의 진행과정을 보면 총회 소식지는 물론 인사말까지도 협력업체에서 도와주고, 주민총회에서 쏟아지는 조합원들의 질문까지도 조합이 아닌 사회자가 답변하고 있는 실정이며, 심지어 조합 내부 사정에 대한 질문까지도 사회자가 답변하는 경우가 많다. 이러한 주민총회의 모습은 조합이 아무것도 모른 상태에서 업체들에게 끌려가고 있는 것으로 인식되어 조합에 대한 불신이 더욱 깊어만 가게 되는 것이다.

그러므로 조합임원들은 스스로 지식의 부족함을 인식하고 정비사업에 대한 지적수준을 높여 전문가가 되기 위해 노력하여야 할 것이다.

● 불투명한 사업추진으로 인한 불신 초래

대부분의 조합들은 투명과 정직을 강조하면서도 실상 정보공개를 제대로 하지 않아 괜한 오해를 불러일으키고 있으며 조합원은 알권리를 침해받고 조합에 대한 반감만 쌓이고 있다. 조합은 이러한 오해를 받지 않기 위해 우선 인터넷 등을 통해 정보를 투명하게 공개하여야 한다. 필자도 현업에서 정보를 공개하지 않는다는 민원이 쇄도한 경우가 있었는데, 이 때 인터넷상에 카페를 개설하여 각 구역별 게시판을 만들고 모든 조합과 추진위원회가 이곳에 정보를 공개하도록 유도한 결과 정보를 공개하지 않는다는 민원이 일소된 적이 있다. 또한 가능하다면 구역을 여러 개로 쪼개어 조합임원들이 각기 담당구역을 정하고 그 지역의 여론수렴은 물론 정보공유 활동을 한다면 조합의 신뢰를 높여주는 데 큰 역할을 할 수 있다고 본다.

● 조합임원들에 대한 정당한 대우와 권리 필요

정비구역에서는 으레 추진위원회나 임원들의 월급을 놓고 많은 언쟁이 오간다. 사설신문의 기사에 의하면 추진위원회의 경우 위원장 월급이 200만 원 미만인 곳이 70%를 넘고 무보수로 일하고 있는 추진위원장과 임원도 다수 있다고 한다. 이처럼 조합임원들에게 월급을 많이 주지 않으려고 하는 데는 아마도 임원이면 당연히 뒷돈이 생길 것이라는 생각이 다수의 주민에게 잠재되어 있기 때문인 것 같다. 조합의 업무와 책임은 대기업 CEO급으로 막중한 반면, 대우는 형편없어 오히려 이러한 월급 논쟁이 조합임원에게 뒷돈의 유혹을 뿌리칠 수 없도록 하는 것은 아닌지 생각해 봐야 할 것이다. 또한 이러한 월급 논쟁이 조합임원의 전문성 함양을 위해 지출해야 할 교육비마저도 조합원들의 눈치를 보게 함으로써 전문성 부족이라는 악순환이 꼬리를 물게 되는 것이다.

CONTENTS

03 각종 서식

04 부 록

정비사업의 이해

누구나 알아야 한다 모르면 손해

정비사업의 이해

정비사업의 개요

정비사업이란?

『도시 및 주거환경정비법』에서 정한 절차에 따라 도시기능의 회복이 필요하거나 주거환경이 불량한 지역을 계획적으로 정비하고 노후·불량 건축물을 효율적으로 개량하여 도시환경을 개선하고 주거생활의 질을 높이기 위한 것을 정비사업이라 하며, 사업성격에 따라 주거환경개선사업, 주택재개발사업, 주택재건축사업, 도시환경정비사업으로 나누어진다.

이러한 정비사업과 함께 도시개발사업, 시장정비사업, 도시계획시설사업을 한데 묶어 광역적으로 계획을 수립하고 추진하는 뉴타운사업 및 재정비촉진사업이 있으며 이들 사업은 『도시재정비 촉진을 위한 특별법』에 근거를 두고 있다.

■ 『도시 및 주거환경정비법』 제정 목적

도시기능의 회복이 필요하거나 주거환경 등이 불량한 지역을 계획적으로 정비하고 노후·불량 건축물을 효율적으로 개량하여 도시환경을 개선하고 주거생활의 질을 높이는 데 이바지한다.

■ 『도시재정비 촉진을 위한 특별법』 제정 목적

도시의 낙후된 지역에 대한 주거환경 개선과 기반시설의 확충 및 도시기능의 회복을 위한 사업을 광역적으로 계획하고 체계적이며 효율적으로 추진하기 위하여 필요한 사항을 정함으로써 도시의 균형발전을 도모하고 국민의 삶의 질 향상에 기여한다.

■ 뉴타운사업의 정의

도시기반시설에 대한 충분한 고려 없이 추진되어 온 민간주도 개발의 단점을 개선하기 위해 적정규모의 생활권 전체를 포함하여 시행하는 종합적 도시계획사업으로, 도시 전체가 조화를 이루는 고품질의 복지주거환경 공간을 만들어 가는 사업이다.

- 도시개발의 조화와 쾌적한 주거환경공간을 조성하기 위한 체계적이고 종합적인 도시기반구조 개선사업으로 새로운 기성시가지 재개발 방식이다.

– 뉴타운은 법적 용어가 아닌 서울특별시의 「지역 균형발전 지원에 관한 조례」에 의해 정의된 개념이다.

▌ 정비사업과 뉴타운사업 비교 ▐

정비사업	뉴타운사업
▸ 소규모의 구역단위사업 ▸ 민간 의존 기반시설 확보 ▸ 주택을 재개발하는 방식	▸ 적정규모의 생활권역 단위사업 ▸ 공공부문 역할 확대 ▸ 다양한 개발방식 혼용

■ 재정비촉진사업의 정의

도시의 낙후된 지역에 대한 주거환경 개선과 기반시설의 확충 및 도시기능의 회복을 위한 사업을 광역적으로 계획하고 효율적으로 추진하는 사업으로 『도시재정비 촉진을 위한 특별법』에 근거한 생활권 단위의 광역적 재정비촉진사업이다.

■ 『도시 및 주거환경정비법』 주요 내용

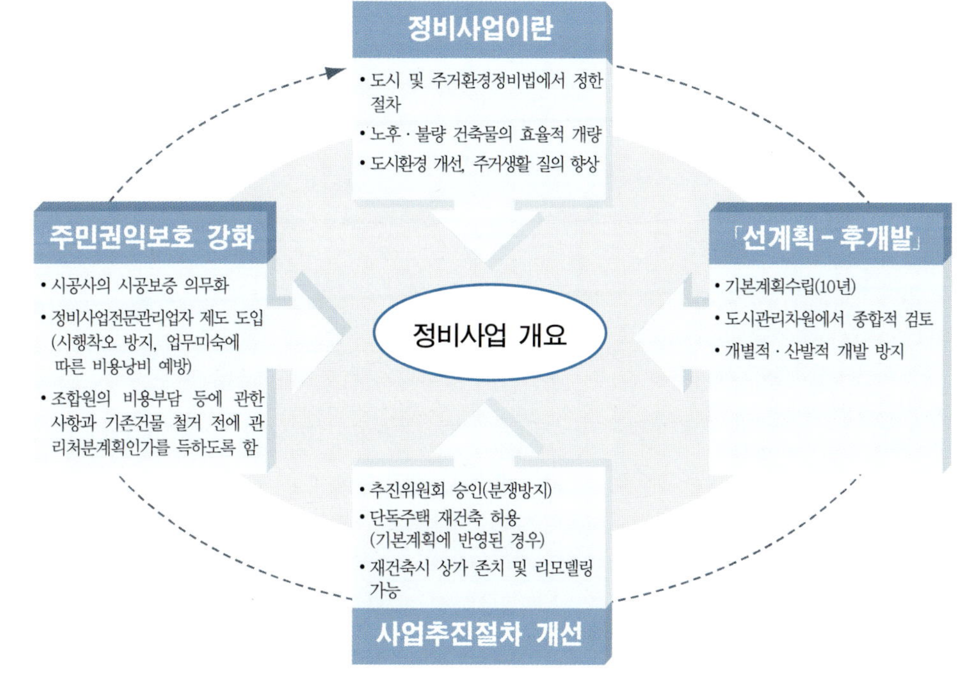

■ 정비사업의 구분

| 정비사업의 종류 | 정비기반시설 정도 / 노후·불량 건축물 정도 |

1. 주거환경개선　▶ 정비기반시설 : 극히 열악　▶ 노후·불량 건축물 : 과도밀집

2. 주택재개발　▶ 정비기반시설 : 열악　▶ 노후·불량 건축물 : 밀집

3. 주택재건축　▶ 정비기반시설 : 양호　▶ 노후·불량 건축물 : 밀집

4. 도시환경정비　상업·공업 지역 등으로서 토지의 효율적 이용과 도심기능의 회복이 필요한 지역(상업지역)

■ 정비사업별 특징

종 류	사업방식		특 징
정비 사업	주거 환경 개선	현지 개량	▶ 기반시설 개량 : 지자체 ▶ 주택 개량 : 소유자
		전면 개량	▶ 사업주체 : 지자체 및 대한주택공사 ▶ 보상방법 : 감정평가에 의한 현금보상 ▶ 분양 　– 원하는 원주민에게 분양권 지급 　– 일반분양가 적용 ▶ 대지지분율 : 중요

종 류	사업방식		특 징
정비 사업	주택 재건축	공동 주택	▶ 사업주체 : 조합 ▶ 보상방법 – 지분제 – 무상지분율에 의한 관리처분 ▶ 분양 – 조합원 분양 : 사업에 동의한 원주민 – 일반 분양 : 일반인 대상 ▶ 대지지분율 : 중요
		일반 주택	▶ 사업주체 : 조합 ▶ 보상방법 – 도급제 및 지분제 : 사실상 도급제 – 비례율에 의한 관리처분 ▶ 분양 – 조합원 분양 : 원주민 – 일반 분양 : 일반인 대상 ▶ 대지지분율 : 상대적으로 중요도 적음
	주택 재개발		
	도시 환경 정비		
재정비 촉진 사업	재정비촉진		▶ 사업주체 : 대한주택공사 또는 토지공사, 지자체, 조합 ▶ 사업범위 : 광역적 계획에 의한 추진 ▶ 사업방식 – 대한주택공사 또는 토지공사에 의한 추진 – 개별법에 의한 정비사업 및 시장재정비, 도시 개발, 도시계획시설사업 시행
	뉴타운		

▚▚ 용어가 어려우세요?

- **정비구역** : 정비사업을 계획적으로 시행하기 위하여 지정·고시된 구역을 말한다.

- **정비계획** : 정비구역으로 지정된 구역 내의 정비기반시설 설치에 관한 사항 및 용적률·건폐율 등 구체적인 정비사업의 개요를 정하고, 정비사업의 지침이 될 수 있는 구속적인 행정계획을 말한다.

- **정비기반시설** : 『도시 및 주거환경정비법』상 도로·상하수도·공원·공용주차장·공동구, 그 밖에 주민의 생활에 필요한 가스 등의 공급시설로 정의되어 있으며 녹지, 하천, 공공공지, 광장, 소방용수시설, 비상대피시설, 그리고 가스공급시설 및 주거환경개선사업 정비구역 안에 설치하는 공동이용시설 등도 정비기반시설에 포함된다.

여기서, 주거환경개선사업 정비구역 안에 설치하는 공동이용시설이란 주민이 공동으로 사용하는 놀이터·마을회관·공동작업장과 공동으로 사용하는 구판장·세탁장·화장실·수도 그리고 탁아소·어린이집·경로당 등 노유자시설 등을 말하는 것으로, 사업시행계획서에 시장·군수 및 자치구의 구청장이 관리하는 것에 포함된 경우에만 공동이용시설로 인정된다.

- **토지등소유자**

  ① 주거환경개선사업·주택재개발사업 또는 도시환경정비사업의 경우에는 정비구역 안에 소재한 토지 또는 건축물의 소유자 및 그 지상권자를 말한다.
  ② 주택재건축사업의 경우에는 정비구역 안에 소재한 건축물 및 그 부속토지의 소유자를 말한다.

- **노후 · 불량 건축물**

  - 법 및 시행령상 정의
    ① 건축물이 훼손되거나 일부가 멸실되어 붕괴 그 밖의 안전사고의 우려가 있는 건축물
    ② 주변 토지의 이용상황 등에 비추어 주거환경이 불량한 곳에 소재하는 건축물
    ③ 건축물을 철거하고 새로운 건축물을 건설하는 경우 그에 소요되는 비용에 비하여 효용의 현저한 증가가 예상되는 건축물
    ④ 도시미관의 저해, 건축물의 기능적 결함, 부실시공 및 노후화로 인한 구조적 결함 등으로 인하여 철거가 불가피한 건축물
  - 지자체 조례상 정의 : 각 지자체의 조례에서 공동주택의 경우 노후·불량 건축물로 볼 수 있는 범위를 준공년도와 건축물의 층수에 따라 구체적으로 정하고 있다.

- **관리처분계획** : 토지등소유자가 가지는 종전의 토지 및 건축물에 대한 권리를 정비사업의 시행으로 조성되는 대지 및 건축물에 대한 권리로 변환시켜주는 계획이다.

- **정비사업 전문관리업자** : 법에서 정한 등록요건을 갖춘 전문가들로 구성된 업체로서, 사업에 대한 전문적인 컨설팅업자이다.

  조합입장에서는 재개발·재건축 등 정비사업 추진과 관련하여 풍부한 경험이 있는 전문업체로부터 자문과 행정원 지원을 받아 사업을 진행함으로써 시행착오로 야기되는 재정적 손실을 예방하고 사업기간 단축을 통한 사업비 절감은 물론 사업을 성공적으로 추진하여 조합원에게 이익을 가져다 줄 수 있으므로 정비사업 전문관리업자는 주민의 권익을 보호하는 조력자 역할을 하는 업자라고도 할 수 있을 것이다.

- **지분제** : 지분제란 일정 규모의 지분을 약속받고 추가부담금을 확정하는 방식으로, 계약 시 조합원의 무상지분율이 확정되며, 시공사가 모든 사업을 책임지고 수행하는 방식이다.

- 동일한 지분들이 규칙적으로 있는 공동주택 재건축의 경우에는 지분제에 의한 방식이 가능하나 재개발처럼 여러 가지 형태의 지분이 혼재해 있는 상황에서는 적용하기 어렵다.
- 18/3.3㎡(구 평형), 24/3.3㎡(구 평형)의 아파트처럼 고정적인 구 권리가 있고 새로 건립될 아파트도 일정 형식으로 고정되는 경우에는 분쟁의 소지가 다소 적으나 재개발의 경우처럼 무허가 건축물과 허가 건축물이 산재되어 있고 대지의 지분도 천차만별로 권리의 형태가 다양한 경우에는 획일적인 지분제 방식을 적용하는 것이 매우 어렵다.

- **도급제** : 도급제란 시공사가 건축공사에 대해서만 책임지는 계약방식으로 조합이 공사간접비용과 부대비용 등을 부담하여야 한다.
  - 단독주택 재건축, 주택재개발, 도시환경정비사업 등은 조합원의 구성이 획일적인 공동주택 재건축의 경우에 비해 권리내역이 다양하게 분포되어 있어 분쟁의 소지를 없애기 위해 평가제에 의해 시행한다.
  - 평가제에 의해 구역 내의 물건을 사업시행인가 당시 개별적으로 평가·분석하여 상대적 가치와 건물 노후도 등 전반적인 기대가치를 평가해 종전 물건의 재산 가치를 결정하는 방식이다.

- **무상지분율** : 정비사업에서 주택의 대지지분에 몇 %를 무상으로 덧붙여 줄 것인가의 비율을 뜻하는 것으로, 재건축 대상 건물에 투자할 때 투자수익률을 산정하는 잣대가 되며, 만약 무상지분율을 초과하는 면적을 분양받으려고 할 때는 그 초과분에 해당하는 만큼의 금액을 더 내야 한다.

  - 전체 무상지분면적 $= \dfrac{\text{개발이익}}{\text{평균분양가}} = \dfrac{\text{총수입} - \text{총지출}}{\text{평균분양가}}$

  - 무상지분율 $= \dfrac{\text{전체 무상지분면적}}{\text{대지면적}}$

  > ✔ **20/3.3㎡(구 평형)에 살고 있는 주택의 대지지분이 24/3.3㎡(구 평형)일 경우 무상지분율이 200%라면**
  > ① 24/3.3㎡(구 평형) × 200% = 48/3.3㎡(구 평형)을 공급받을 수 있다.
  > ② 40/3.3㎡(구 평형)을 분양신청한 경우 : 8/3.3㎡(구 평형)은 현금으로 보상받을 수 있다.
  > ③ 50/3.3㎡(구 평형)을 분양신청한 경우 : 2/3.3㎡(구 평형)에 해당하는 만큼의 금액을 더 내야 한다.

- **비례율** : 자산가치를 사업에 비례해서 돌려준다는 의미로 개발이익률이라고도 부르며, 정비사업의 성과도를 측정하기 위한 공식으로 사업성에 따른 이익과 비용을 배분하기 위한 것이다.

- **감정평가액** : 종전의 토지 또는 건축물 가격은 시장·군수 및 구청장이 추천(2009년 11월 28일부터는 선정·계약)하는 『부동산 가격공시 및 감정평가에 관한 법률』에 의한 감정평가업자 2인 이상이 평가한 금액을 산술평균하여 산정한다.

- **권리가액** : 관리처분 계획기준일(분양신청기간이 만료되는 날)을 기준으로 산정된 종전 토지나 건물 등의 총가액을 말한다.

> 권리가액＝종전 토지 및 종전 건축물의 감정평가액×비례율

무상지분율의 간단한 이해

사례 I. 예상되는 사업조건

1) 대지면적 : 10,000 /3.3㎡(구 평형)
2) 건축연면적 : 24,000 /3.3㎡(구 평형)
   - 지상 : 20,000 /3.3㎡(구 평형)
   - 지하 : 4,000 /3.3㎡(구 평형)
   - 세대수 : 600세대
   - 평균공급면적 : 24,000/600＝40 /3.3㎡(구 평형)
3) 용적률 : $\dfrac{20,000\ \text{/3.3㎡(구 평형)}}{10,000\ \text{/3.3㎡(구 평형)}}\times 100 = 200\%$
4) 평균분양가 : 2,000만 원 /3.3㎡(구 평형)
5) 공사비 : 500만 원 /3.3㎡(구 평형) (이주비 이자 포함)
6) 국민주택규모를 초과하는 연면적 : 14,000 /3.3㎡(구 평형)

---

1. 총수입 계산

   총수입＝대지면적×용적률×3.3㎡(구 평형)당 분양가

   ＝10,000 /3.3㎡(구 평형)×200%×2,000만 원＝4,000억 원

2. 총지출 계산

   ① 공사비＝건축연면적×공사비

   ＝24,000 /3.3㎡(구 평형)×500만 원＝1,200억 원

   ② 부가가치세＝국민주택규모 초과 연면적×공사비×10%

   ＝14,000 /3.3㎡(구 평형)×500만 원×10%＝70억 원

   ③ 제경비＝공사비×15%＝1,200억 원×15%＝180억 원

④ 총지출＝1,200억 원 ＋ 70억 원 ＋ 180억 원＝1,450억 원

3. 개발이익면적(전체 무상지분면적)

$$\text{전체 무상지분면적} = \frac{\text{개발이익}}{\text{평균분양가}} = \frac{\text{총수입}-\text{총지출}}{\text{평균분양가}}$$

$$= \frac{4,000억\ 원-1,450억\ 원}{2,000만\ 원} = 12,750\ /3.3㎡(구\ 평형)$$

4. 무상지분율

$$\text{무상지분율} = \frac{\text{전체 무상지분면적}}{\text{대지면적}} = \frac{12,750}{10,000} = 1.3 = 130\%$$

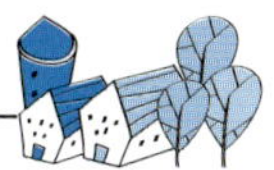

사례 Ⅱ. 조합원이 추가부담금 없이 입주할 수 있는 면적

1) 무상지분율 : 130%
2) A는 대지지분율이 11.5 /3.3㎡(구 평형)인 10 /3.3㎡(구 평형) 아파트를 소유
3) B는 대지지분율이 20 /3.3㎡(구 평형)인 24 /3.3㎡(구 평형) 아파트를 소유

1. 무상지급면적
   ① A＝대지지분율×무상지분율＝11.5×1.3＝14.95 /3.3㎡(구 평형)
   ② B＝대지지분율×무상지분율＝20×1.3＝26 /3.3㎡(구 평형)
2. A씨가 20 /3.3㎡(구 평형)의 아파트를 분양 받고자 할 경우 5.05 /3.3㎡(구 평형)에 해당하는 만큼의 금액을 더 내야 한다.
3. B씨가 24 /3.3㎡(구 평형)의 아파트를 분양받고자 할 경우 2 /3.3㎡(구 평형)에 해당하는 만큼의 금액을 보상받을 수 있다.

비례율의 간단한 이해

사례 Ⅲ. 예상되는 사업조건

1) 총분양수입 : 4,800억 원
   － 2,000만 원 /3.3㎡(구 평형)×40 /3.3㎡(구 평형)×600＝4,800억 원

2) 총사업비용 : 1,650억 원

총지출＝1,200억 원 + 70억 원 + 180억 원 + 200억 원＝1,650억 원

- 총공사비 : 500만 원 /3.3㎡(구 평형)×40 /3.3㎡(구 평형)×600＝1,200억 원
- 부가가치세 : 14,000 /3.3㎡(구 평형)×500만 원×10%＝70억 원
- 제경비 : 1,200억 원×15%＝180억 원
- 기타 비용 : 200억 원

3) 종전 자산총액(구역 내 종전 토지 및 건축물) : 3,000억 원

---

1. 비례율(개발이익률) 계산

$$비례율 = \frac{총분양수입 - 총사업비용}{종전\ 자산총액} = \frac{4,800억\ 원 - 1,650억\ 원}{3,000억\ 원} = 1.05 = 105\%$$

2. 추가부담금

조합원 지분(토지 및 건축물)의 감정평가액이 2억 원이고 조합원 (예상)분양가가 2억 4천만 원인 경우 비례율에 따른 추가비용을 계산하면 다음과 같다.

① 비례율 90%＝2억 4천만 원 − (2억 원× 90%)＝6,000만 원

② 비례율 105%＝2억 4천만 원 − (2억 원×105%)＝3,000만 원

③ 비례율 120%＝2억 4천만 원 − (2억 원×120%)＝0

종전 자산총액 증감에 따른 분담금변화

(단위 : 백만 원)

번 호	총분양 수입	총사업 비용	조합원 분양가	종전 자산 총액	비례율	A조합원 평가액	A조합원 권리가액	A조합원 분담금
1	200,000	140,000	210	45,000	1.33	150	200	10
2	200,000	140,000	210	48,000	1.25	160	200	10
3	200,000	140,000	210	51,000	1.18	170	200	10
4	200,000	140,000	210	54,000	1.11	180	200	10
5	200,000	140,000	210	57,000	1.05	190	200	10
6	200,000	140,000	210	60,000	1.00	200	200	10
7	200,000	140,000	210	63,000	0.95	210	200	10
8	200,000	140,000	210	66,000	0.91	220	200	10
9	200,000	140,000	210	69,000	0.87	230	200	10
10	200,000	140,000	210	72,000	0.83	240	200	10
11	200,000	140,000	210	75,000	0.80	250	200	10

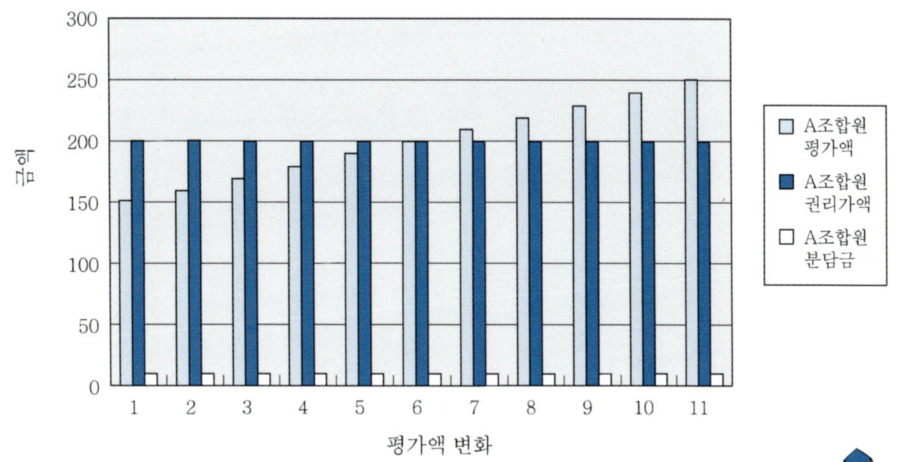

투자손익 계산

■ 투자수익 계산 요소

투자자의 입장에서는 무상지분율만 따져서는 안 되고 이 외에 인근 아파트의 시세나 신규 아파트의 분양률도 고려하여야 하며 부동산 시장의 전반적 흐름도 읽을 수 있어야 할 것이다. 특히, 은행 대출을 필요로 할 경우에는 정비사업이 언제쯤 마무리가 될 것인가를 반드시 고려해야 하는데 이는 이자율 부담에 따른 시간의 위험성이 존재하기 때문이다.

> 투자 수익=신규 분양 아파트 시세 – 기존 아파트 가격 – 추가 분담금
> – 시간에 따른 위험성

사례 Ⅳ. 예상되는 투자조건

1) 토지 또는 건축물 매입가격 : 2억 2천만 원
2) 토지 및 건축물 (예상)감정평가액 : 2억 원
   – 감정평가액은 일반적으로 공시지가의 110~115% 수준이다.
3) 비례율 : 105%
4) 조합원 (예상)분양가 : 3억 원

5) 현재 인근지역시세 : 3억 8천만 원

---

1. 권리가액=토지 및 건축물 (예상)감정평가액×비례율
   =2억 원×105%=2억 1천만 원
2. 추가부담액=조합원 (예상)분양가 − 권리가액
   =3억 원 − 2억 1천만 원=9천만 원
3. 투자손익=현재 인근지역시세 − 매입가격 − 추가부담액
   =3억 8천만 원 − 2억 2천만 원 − 9천만 원=7천만 원
4. 7천만 원 정도의 투자이익이 예상되나 이 외에 은행 금리, 부동산 시장의 흐름, 사업 기간에 따른 시간의 위험성 등을 종합적으로 고려하여 투자수익을 예측하여야 한다.

정비사업의 이해

정비사업에 대한 올바른 이해 필요

■ 정비사업에 대한 올바른 인식 필요

- 추진위원회의 난립과 과대광고, 잘못된 정보로부터 보호받고 이익을 창출해 내기 위해서는 정비사업에 대한 주민들의 올바른 이해가 필수적이라 할 수 있다.

- 정비사업은 도시의 노후되고 불필요한 부분들을 개선하여 주민의 편의를 도모하기 위한 공공의 성격이 강한 사업으로서 재산 부풀리기의 수단만으로 이용해서는 안 된다.

- 개인이나 소수의 이익을 위해 무분별하게 시행되는 사업이 아니며, 도시 및 주거환경정비 기본계획하에 관공서와의 협의를 거쳐 체계적이고 전문적인 과정을 통해 이루어지는 사업이다.

- 정비사업은 토지등소유자들의 이해와 협조 없이는 불가능한 사업으로, 주민의 권익보호를 위해 사업진행 단계마다 토지등소유자들의 동의를 구하는 절차가 있어 주민들의 적극적인 협조를 바탕으로 추진되는 사업이다.

- 공공시설이 부족하고 노후 · 불량 건축물이 밀집되어 있는 지역에는 대부분 저소득 주민이 거주하고 있으며 이러한 지역을 적정 밀도로 재개발함으로써 저소득 주민의 주거안정에 기여한다.

- 노후 · 불량 건축물의 유지 · 보수 비용이 건축물을 신축하는 비용을 초과하여 유지 · 보수의 효용이 작을 때 재개발을 통해 쾌적한 주거환경을 조성한다.

- 재해가 우려되고 보건 위생상의 피해를 입을 가능성이 높은 지역을 재개발함으로써 재해예방 및 생활환경을 개선한다.

- 도시환경과 경관을 저해하는 무분별한 개발로 이어지는 것을 방지하기 위해 정비사업 전문관리제도를 도입하고 체계적인 정비계획을 수립 · 추진함으로써 도시를 효율적으로 관리한다.

■ 사업시행 동기와 취지

정비사업은 노후 · 불량 건축물이 밀집되어 있는 지역에서 건축물의 유지 · 보수 비용이 신축비용보다 더 많이 소요될 경우와 재해발생의 우려가 있는 지역에서 시행되는 사업이다.

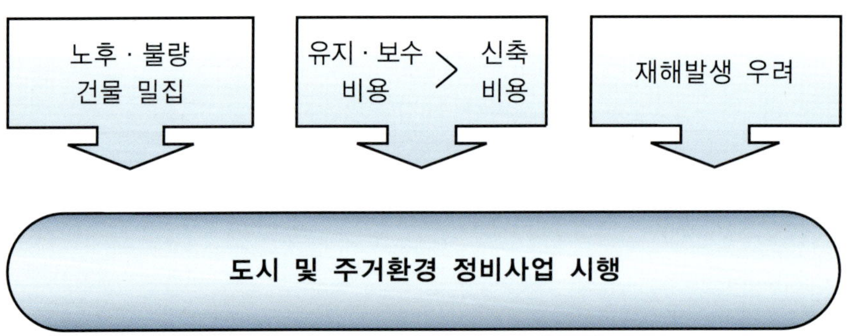

도시재정비(뉴타운)사업 추진절차

Ⅰ. 촉진지구 지정

| 재정비촉진지구 지정 신청
(주민공람, 지방의회 의견청취 후) | 시장·군수
·구청장 |

▼

| 관계행정기관 협의 및
시·도 도시재정비위원회 심의 | 시·도지사 |

▼

| 재정비촉진지구 지정 및 고시 | 시·도지사 |

▼

Ⅱ. 촉진계획 결정

| 재정비촉진계획 수립 | 시장·군수
·구청장 |

▼

| 주민공람, 지방의회 의견청취
및 공청회 개최 | 시장·군수
·구청장 |

▼

| 관계행정기관 협의 및
시·도 도시재정비위원회 심의 | 시·도지사 |

▼

| 재정비촉진계획 결정 및 고시 | 시·도지사 |

▼

Ⅲ. 사업시행

| 개별법에 의하여 사업추진 | 사업시행자 |

- 도시 및 주거환경정비법에 의한 주거환경개선, 주택재개발, 주택재건축, 도시환경정비사업
- 도시개발법에 의한 도시개발사업
- 재래시장 및 상점가 육성을 위한 특별법에 의한 시장정비사업
- 국토의 계획 및 이용에 관한 법률에 의한 도시계획시설사업

CHAPTER 03 뉴타운사업 추진절차

　도시기반시설에 대한 충분한 고려 없이 추진되어온 민간주도 개발의 단점을 개선하기 위해 적정 규모의 생활권역을 대상으로 충분한 도시기반시설을 확충하며 개발하는 종합적인 도시계획사업인 뉴타운사업의 추진절차는 다음과 같다.

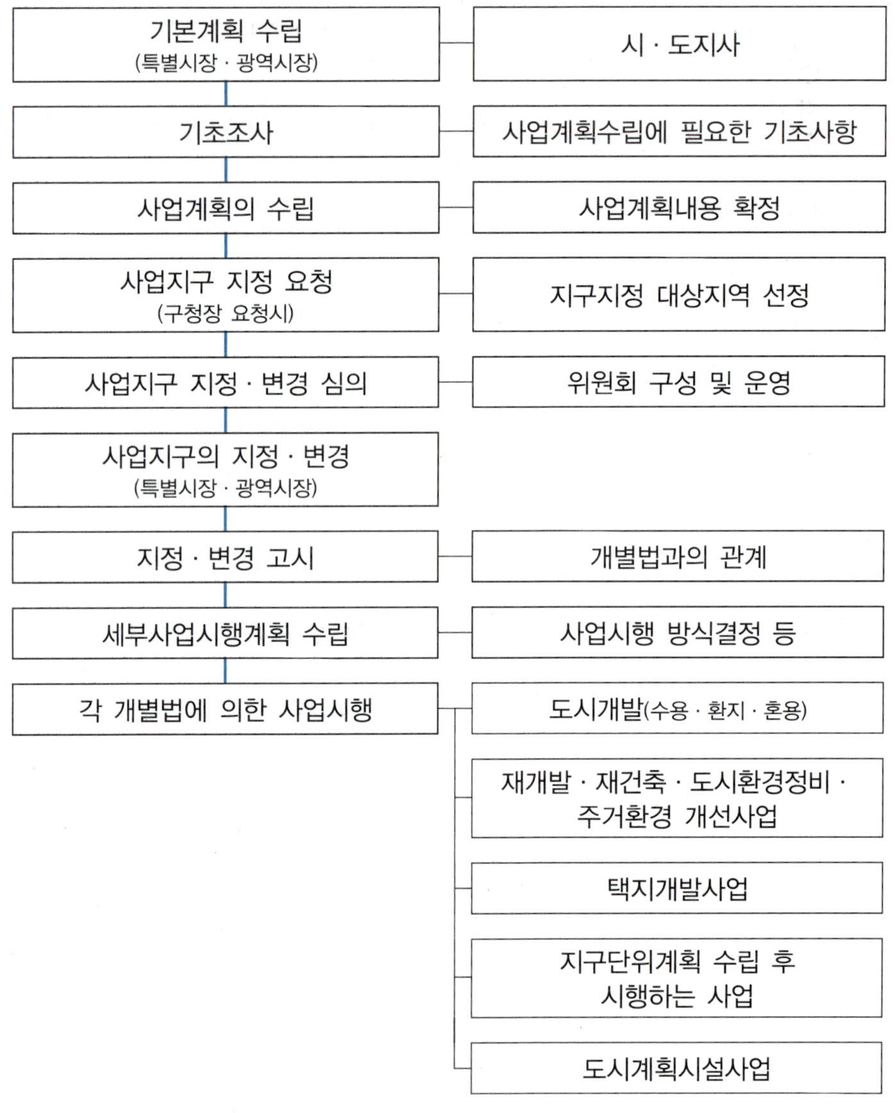

CHAPTER 04 도시재정비촉진사업 추진절차

단계	절차	주체
재정비촉진지구 지정	주민공람	시장 · 군수 · 구청장
	지방의회 의견청취	시장 · 군수 · 구청장
	재정비촉진지구 지정 신청	시장 · 군수 · 구청장
	관계행정기관 협의	시 · 도지사
	시 · 도 도시계획(도시재정비) 위원회 심의	시 · 도지사
	재정비촉진지구 지정 및 고시 ※ 토지거래허가구역 지정	시 · 도지사
	국토해양부장관에게 보고	시 · 도지사
재정비촉진계획 결정	재정비촉진계획 수립	시장 · 군수 · 구청장
	▷ 총괄계획가 위촉	시 · 도지사
	▷ 총괄사업관리자 지정	
	▷ 사업협의회 구성(20인 이내)	
	주민공람	시장 · 군수 · 구청장
	지방의회 의견청취	시장 · 군수 · 구청장
	공청회 개최	시장 · 군수 · 구청장
	관계행정기관 협의	시 · 도지사
	시 · 도 도시계획위원회 심의	시 · 도지사
	재정비촉진계획 결정 및 고시	시 · 도지사
	국토해양부장관에게 보고	시 · 도지사
사업시행	기반시설 설치	총괄사업관리자 (시장 · 군수 · 구청장)
	개별법에 의한 사업추진	사업시행자(시장 · 군수 · 구청장)

[촉진사업 추진절차에 따른 법적 근거]

- ▶ 지구면적(도촉법 제6조)
  - 주거지형 : 50만㎡ 이상
  - 중심지형 : 20만㎡ 이상
    - → 시행령에 따라 면적축소
- ☞ 주거지형은 주거지, 중심지형은 상업지임
- ▶ 개발행위제한(도촉법 제8조)
  - 건축물의 건축   - 공작물의 설치
  - 토지의 형질변경 - 토석채취
  - 토지분할   - 물건을 쌓아놓는 행위
- ▶ 토지거래 허가(도촉법 제32조)
  - : 20만㎡ 이상 토지거래시(도촉법 영 제37조)

- ▶ 촉진구역지정(도촉법 영 제12조)
  - 3만㎡ 이상 : 여건상 부득이한 경우 예외
- ▶ 구역지정요건 재개발 대비 20% 완화(도촉법 영 제12조)
- ▶ 총괄사업관리자(도촉법 제14조)
  - 대한주택공사, 도시공사 택일
  - 계획부터 재정비촉진사업 총괄관리

- ▶ 개별사업(도촉법 제2조)
  - 정비사업(도시환경, 재개발, 재건축, 주거환경개선)
  - 도시개발사업
  - 시장정비사업
  - 도시계획시설사업
- ▶ 사업시행자(도촉법 제15조)
  - 개별법 시행자
  - 정비사업의 경우 대한주택공사나 도시공사 지정 가능(이 경우 토지 등 소유자 과반수 동의 요함)

도시재정비촉진사업의 특징

- 건축 제한 및 용적률 완화(도촉법 제19조 제2항)
  ① 용도지역 및 용도지구 안에서의 건축물의 건축제한 등의 예외
  ② 건폐율 및 용적률 상한의 예외
- 주택의 규모 및 건설비율의 특례(도촉법 제20조)
- 입체환지 계획수립(도촉법 제21조)
- 취득세, 등록세, 지방세 감면(도촉법 제22조)
  ① 문화시설, 한방병원, 학원시설, 대규모 점포, 회사의 본점 또는 주사무소 건물
  ② 지자체 조례에서 필요하다고 인정하는 시설
- 과밀부담금의 면제(도촉법 제23조)
- 특별회계 재원 조성(도촉법 제24조, 지자체 조례)
  ① 재정비촉진 특별회계는 광역자치단체 또는 기초자치단체에 설치할 수 있음
  ② 재원
      ㉠ 일반 회계로부터의 전입금
      ㉡ 정부 보조금
      ㉢ 도시계획세 징수액 중 대통령령이 정하는 비율의 금액(30%)
      ㉣ 차입금
      ㉤ 당해 특별회계자금의 융자회수금ㆍ이자수익금 및 기타 수익금
  ③ 용도
      ㉠ 기반시설 설치비용의 보조 및 융자
      ㉡ 차입금의 원리금 상환
      ㉢ 특별회계의 조성ㆍ운용 및 관리를 위한 경비
      ㉣ 재건축부담금의 부과ㆍ징수
      ㉤ 그 밖에 대통령령이 정하는 사항
- 교육환경 개선(도촉법 제25조) : 학교설치계획 수립
  ① 교육감은 학교부지 매수계획을 수립하여야 함
  ② 지방자치단체장은 학교용지를 직접 매입할 수 있음
- 기반시설비용은 사업시행자 부담 원칙(도촉법 제26조)
- 주택규모 제한(도촉법 영 제21조) : 주거전용면적 $85m^2$ 이하 주택건설비율
  ① 주거환경개선 : 전체 세대수 중 80% 이상
  ② 주택재개발 : 전체 세대수 중 60% 이상
  ③ 주거전용면적 85㎡보다 작은 규모 이하의 주택의 건설비율 : 지자체 조례에 의함
- 임대주택의 건설(도촉법 제31조, 영 제34조, 지자체 조례) : 재개발 대비 2배 이상
  ① 주택재개발 : 동 사업으로 증가되는 용적률의 25% 이상

② 도시환경정비 및 시장정비사업

　　㉠ 주택용도의 증가되는 용적률의 50% 이상 75% 이하

　　㉡ 주택 외 용도의 증가되는 용적률의 20% 이상

　　㉢ 설치 기반시설 부지면적 〉기존 기반시설(국가 및 지자체 소유)일 경우 : 임대주
　　　택 건설하지 아니함

③ 임대주택 중 주거전용면적 85㎡ 초과 주택 40% 이하

－ 임대주택의 공급(도촉법 영 제35조)

① 자치단체에서 우선 인수할 수 있다.

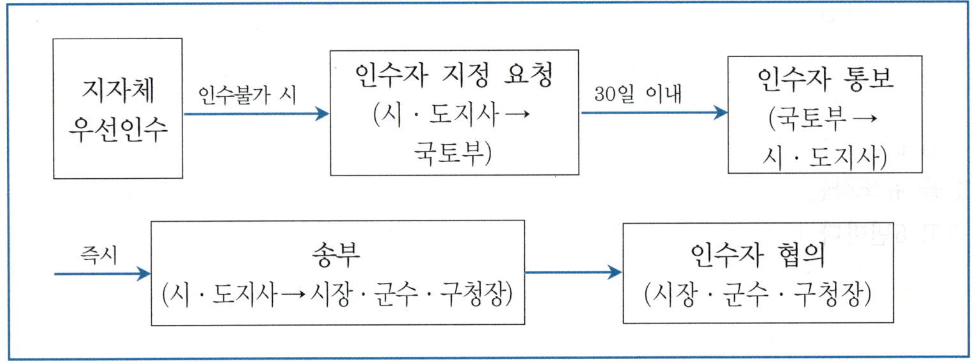

② 총괄사업자(대한주택공사 또는 도시공사)에게 우선 공급

정비사업 추진절차

　정비사업의 시행절차로는 사업준비단계와 사업시행단계가 있으며, 사업준비단계로는 기본계획 수립과 정비구역 지정이 있고 사업시행단계로는 추진위원회 구성 → 조합설립인가 → 사업시행인가 → 관리처분계획인가 → 공사의 착수 및 준공의 과정을 거쳐 완료하게 된다.

　기본계획은 정비사업에 관한 종합계획으로, 도시기본계획의 하위계획이며 정비계획의 상위계획이다. 기본계획은 정비사업의 기본방향과 원칙을 제시하며 장기적인 도시발전방향을 유도하는 등 정비사업의 기본원칙과 개발지침을 제시한다. 또한, 10년 단위로 수립하고 5년마다 타당성을 검토하여야 한다.

　정비계획은 기본계획의 내용을 해당구역에 구체화한 것으로 기본계획에 적합한 범위 안에서 수립하여야 한다. 시장·군수 및 구청장은 정비계획을 토대로 『도시 및 주거환경정비법』의 절차에 따라 시·도지사, 광역시장 및 특별시장에게 정비구역 지정을 신청하면 도시계획위원회의 심의를 받아 정비구역을 지정·고시한다.

　정비구역 내의 토지등소유자가 정비사업을 시행하고자 하는 경우에는 토지등소유자로 구성된 조합을 설립하여야 하며, 조합을 설립하고자 하는 경우에는 위원장을 포함한 5인 이상의 위원 및 운영규정에 대한 토지등소유자 과반수의 동의를 얻어 조합설립을 위한 추진위원회를 구성하여 시장·군수 및 구청장의 승인을 얻어야 한다. 이 경우 『도시 및 주거환경정비법』이 개정·시행된 2009년 8월 6일 이후에 추진위원회 구성에 동의한 토지등소유자는 조합설립에 동의한 것으로 보며, 이 경우 동의를 받기 전에 토지등소유자에게 이러한 사항을 설명·고지하여야 한다. 다만 조합설립인가 신청 전에 시장·군수·구청장 및 추진위원회에 조합설립에 대한 반대의 의사표시를 한 추진위원회 동의자의 경우에는 동의한 것으로 보지 않는다. 2009년 8월 6일 이전에 추진위원회 구성에 동의한 토지등소유자는 조합설립에 동의한 것으로 간주하지 않는다.

　추진위원회가 조합을 설립하고자 하는 경우에는 소유자와 토지면적의 법정동의율 이상의 동의를 받아 시장·군수 및 구청장의 인가를 받아야 하며, 추진위원회는 조합설립인가를 신청하기 전에 조합설립을 위한 창립총회를 개최하여야 한다.

　사업시행자는 사업시행계획을 수립하고 총회를 개최하여 조합원 과반수의 동의(총회 의결)를 받아 사업시행인가 신청서를 시장·군수 및 구청장에게 제출하고 사업시행인가를 받아야 한다.

  사업시행자는 사업시행인가의 고시가 있은 날부터 60일 이내에 개략적인 부담금 내역 및 분양신청기간, 그 밖에 『도시 및 주거환경정비법 시행령』 제47조에서 정하고 있는 사항을 토지등소유자에게 통지하고 일간신문에 공고하여 분양신청을 받게 되며, 이때 분양신청을 하지 아니한 조합원은 현금청산대상자가 된다. 조합은 관리처분계획을 수립하고 시장 · 군수 및 구청장에게 인가를 신청하기 전에 관계서류의 사본을 30일 이상 토지등소유자에게 공람하게 하고 의견을 들어 수정 · 보완하여야 한다. 또한, 시장 · 군수 및 구청장은 사업시행자의 관리처분계획 인가신청이 있을 경우 30일 이내에 인가 여부를 결정하여 사업시행자에게 통보하고 지방자치단체의 공보에 고시하여야 한다.

  관리처분계획의 인가 · 고시 후 공사에 착수하게 되고 공사가 완료되면 사업시행자는 시장 · 군수 및 구청장에게 준공인가신청을 하여야 하며, 시장 · 군수 및 구청장은 준공검사를 실시하여 정비사업이 인가받은 사업시행계획대로 완료되었다고 인정하는 때에는 준공인가를 하고 공사의 완료를 당해 지방자치단체의 공보에 고시하여야 한다.

  공사의 완료고시로 사업시행이 완료되면, 관리처분계획에서 이미 정한 바에 따라 이전고시하고 청산과 조합의 해산절차를 통해 정비사업이 마무리된다.

계획단계

기본계획작성(특별시장 · 광역시장 · 시장)
유관부서 협의
관련행정기관 협의
주민/전문가 의견청취
공람공고(14일 이상)
지방의회 의견청취(60일 이내)
관련기관과 협의
지방도시계획위원회 심의
기본계획승인(특별시장 · 광역시장 · 시장)
고시(공보)
국토해양부장관에 보고
고시문
기본계획서
기초조사자료집
안전진단 및 시행 여부 결정(재건축)
정비계획수립(시장 · 군수 · 구청장)
관계기관 · 부서 협의
주민설명회 및 주민공람(30일 이상)
지방의회 의견청취(60일 이내)
(기초지자체)도시계획위원회 자문
지정요건 및 기준 검토
정비구역지정 신청
지방도시계획위원회 심의
관련부서 협의
정비구역지정
고시(공보)
일반인에게 열람
국토해양부장관에 보고
기본계획수립 단계
정비구역지정 단계

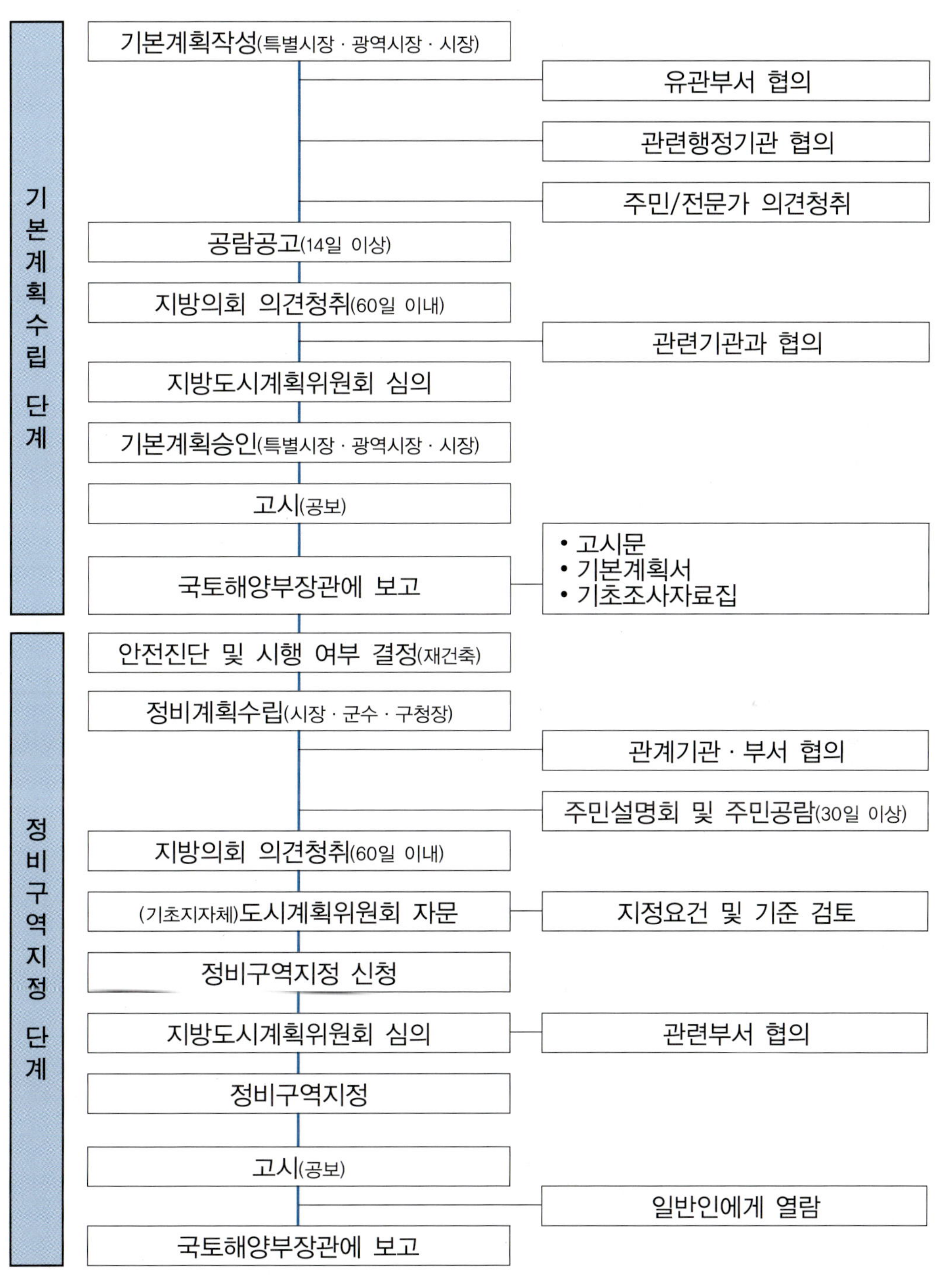

지방의회 의견청취

　도시계획수립절차에는 공히 지방의회 의견청취절차가 포함되어 있으며, 도시정비사업의 기본계획과 정비계획의 수립절차에도 지방의회 의견청취절차가 포함되어 있다.

　이러한 지방의회 의견청취절차는 지방의회가 전문성과 권한을 가지고 정비사업을 효율적으로 이끌어 가는 순기능이 있음에도 불구하고 지역민들에게는 사업 지연과 추가비용 발생으로 인해 정비사업의 걸림돌로 여기고 있다. 이에 정부는 2009년 2월 6일자로『도시 및 주거환경정비법』을 개정하여 지방의회가 기본계획이나 정비계획을 통지받은 날부터 60일 이내에 의견을 제시하도록 하였고, 의견제시 없이 60일이 도과한 경우에는 이의가 없는 것으로 보도록 하여 불필요한 절차의 지연을 방지하였다.

정비계획수립 시 건축심의 생략

　최초『도시 및 주거환경정비법』은 정비구역지정 시 도시계획위원회의 심의만을 받고 건축심의는 사업시행인가 시에 거치는 것으로 규정되어 있었으나 2005년 3월 18일『도시 및 주거환경정비법』을 개정하면서 지구단위계획을 결정 · 고시한 경우 당해 지구단위계획구역은 정비구역으로 지정 · 고시된 것으로 본다는 규정을 신설하고 지구단위계획의 수립에 필요한 도시계획 · 건축 공동위원회 심의제도가 정비구역 지정절차에 도입되었다.

　이러한 도시계획 · 건축 공동위원회의 심의를 받기 위한 정비계획은 개별 건축물의 상세한 건축설계까지 포함될 정도로 구체적으로 작성되고 있으나 정비구역지정 후 상당한 시간이 흘러 사업시행계획이 나옴에 따라 정비계획상 건축계획은 대부분 변경되어 사업시행인가 절차가 진행되고 있어, 정비계획 시 반영된 건축계획과 사업시행인가를 위한 건축심의와의 연계성이 떨어짐은 물론 추가비용과 사업 장기화로 이어지고 있다.

　이에 2009년 2월 6일자로 개정된『도시 및 주거환경정비법』에서는 정비계획에 포함될 내용 중 구체적인 건축계획에 해당하는 내용을 모두 삭제하고 정비계획이 토지이용의 한계를 정하는 정도의 간략한 내용을 담을 수 있도록 하였으며, 정비계획수립 시 도시계획 · 건축 공동위원회의 심의를 거치지 않고 도시계획위원회의 심의만을 거치도록 규정하고 있다. 이는 정비구역지정 절차의 간소화와 사업비용 절감을 위한 것이고 국토해양부에서는 이에 대한 구체적인 반영을 위해 정비계획의 작성기준 및 작성방법을 정하였으며, 이 작성 기준과 방법은 2009년 8월 7일부터 적용된다.

안전진단절차의 합리적 조정

　공동주택 재건축사업을 추진하기 위해서 안전진단을 통해 재건축사업 시행 판정을 받아야 가능하다. 안전진단실시 시기가 기존에는 추진위원회가 승인된 이후였기 때문에 만일 유지·보수 판정이 나올 경우 추진위원회가 업무 없이 장기 방치되고 그 결과로 사업이 장기화되는 등 많은 문제점들이 야기된다. 그러므로 재건축실시 여부에 대한 판단은 사실상 예비평가에서 모두 확정되고 정밀안전진단은 제 기능을 발휘하지 못한 채 요식행위로 전락하게 되었으나 이에 들어가는 비용은 막대하므로 안전진단의 절차를 합리적으로 재조정하는 것이 필요하게 되었다.

2009년 2월 6일자로 개정된 『도시 및 주거환경정비법』에서는 예비평가와 정밀안전진단으로 구분되어 실시되어 온 안전진단절차를 하나의 절차로 통합하고 추진위원회가 구성되기 전 단계인 정비계획수립 시 재건축의 시행 여부를 결정하기 위한 안전진단을 실시하도록 하여 안전진단과 정비계획수립 절차를 통합하여 안전진단 미통과에 따른 사업 장기화 등을 방지하고 주민들의 피해를 최소화하였다.

시행단계

주민참여시기의 합리적 조정

『도시 및 주거환경정비법』상 추진위원회 구성시기는 정비구역지정 고시 이후로 해석할 수 있으나 기본계획이 수립된 경우 추진위원회 승인이 가능하다는 국토해양부 지침에 따라 기본계획에 반영되어 있는 대부분의 지역에서 추진위원회를 구성하고 있다. 이는『도시 및 주거환경정비법』제4조에서 기본계획에 적합한 범위 안에서 정비계획을 수립하여 정비구역을 지정하도록 규정하고 있기 때문에 정비구역지정 고시 이전에도 기본계획에 적합한 범위 안에서 추진위원회를 구성하여 승인받을 수 있는 것이다.

그러나 정비구역지정 절차가 짧게는 4개월에서 길게는 1년 정도 걸리는 것을 감안할 때 정비구역지정 이전에 구성 승인된 추진위원회가 별다른 업무 없이 장기 방치되는 등의 문제점이 발생됨에 따라 2009년 2월 6일자로 개정된『도시 및 주거환경정비법』에서는 정비구역지정 절차 간소화와 함께 추진위원회 구성시기를 정비구역지정 고시 이후로 명시하여 정비구역 지정 전에는 추진위원회가 구성될 수 없도록 하고 있다.

조합설립인가 동의요건 완화

개정 전『도시 및 주거환경정비법』에서는 조합설립을 위한 동의요건을 다음과 같이 규정하고 있다.
- 재개발사업 및 도시환경정비사업 : 토지등소유자의 3/4 이상 동의
- 공동주택 재건축사업 : 아래 2조건을 모두 만족하여야 함
  ① 동별 구분소유자 및 의결권의 각 2/3 이상 동의
  ② 전체 구분소유자 및 의결권의 각 3/4 이상 동의
- 단독주택 재건축사업 : 토지 또는 건축물의 소유자 및 토지면적의 2/3 이상 동의

2009년 2월 6일자로 개정된『도시 및 주거환경정비법』에서는 조합설립을 위한 동의요건을 다음과 같이 규정하고 있다.
- 재개발사업 및 도시환경정비사업 : 토지등소유자의 3/4 이상 및 토지면적의 1/2 이상 동의
- 공동주택 재건축사업 : 아래 2조건을 모두 만족하여야 함
  ① 동별 구분소유자의 각 2/3 이상 및 토지면적의 1/2 이상 동의
  ② 전체 구분소유자의 3/4 이상 및 토지면적의 3/4 이상 동의
- 단독주택 재건축사업 : 토지 또는 건축물의 소유자 및 토지면적의 2/3 이상 동의

2009년 2월 6일자로 개정된『도시 및 주거환경정비법』의 동의요건은 재개발사업과 도시환경정비사업의 입장에서는 토지면적 1/2 이상의 동의요건이 신설되어 오히려 강화된 것으로 보이지만 이는 많은 토지를 소유한 사람의 권리침해를 방지하기 위한 것이다. 공동주택 재건축사업의 경우는 동의요건이 완화된 것으로 의결권에 대한 동의요건은 삭제

하였으나, 구분소유자의 동의요건은 남아 있는 데 주의하여야 한다. 이는 의결권이 큰 구분소유자가 동의하지 않음에 따라 재건축이 불가능해져 사실상의 알박기가 됨으로써 재건축사업이 지연되는 것을 방지하기 위한 규정이다.

부대복리시설을 하나의 동으로 보고 이에 대한 동별 동의요건을 적용하여야 하는데 만약 전체 상가동 면적의 1/3을 초과하는 면적을 1인의 구분소유자가 소유하고 있을 경우 이 1인의 부동의로 전체 재건축사업 자체가 불가능해지는 폐단을 막기 위한 것이다.

시공사 선정시기

시공사의 선정시기는 조합설립인가 이후에 경쟁입찰의 방법으로 선정하여야 한다. 주택재건축사업의 경우 2009년 2월 6일 이전에는 사업시행인가 이후에 시공사를 선정하도록 하고 있었으나 2009년 2월 6일자로 개정된 『도시 및 주거환경정비법』에서는 조합설립인가 이후로 조기화하여 사업 초기의 자금확보를 원활하게 함으로써 사업활성화를 기하고 조합의 전문성 보완을 통한 사업추진능력을 향상시킬 수 있도록 하였다.

또한, 도시환경정비사업 중 조합을 구성하지 않고 토지등소유자가 직접 추진하는 방식으로 진행하는 경우 시공사 선정시기가 언제인지 불분명하였는데 2009년 2월 6일자로 개정된 『도시 및 주거환경정비법』에서는 종래의 운영사례를 토대로 시공사 선정시기를 명시화하였다. 개정법에서는 도시환경정비사업을 토지등소유자가 직접 추진하는 방식으로 시행할 경우 사업주체로서 시행자의 지위를 부여받는 시점을 사업시행인가 시로 보고 사업시행인가를 받은 후 시공자를 선정하도록 하고 있다.

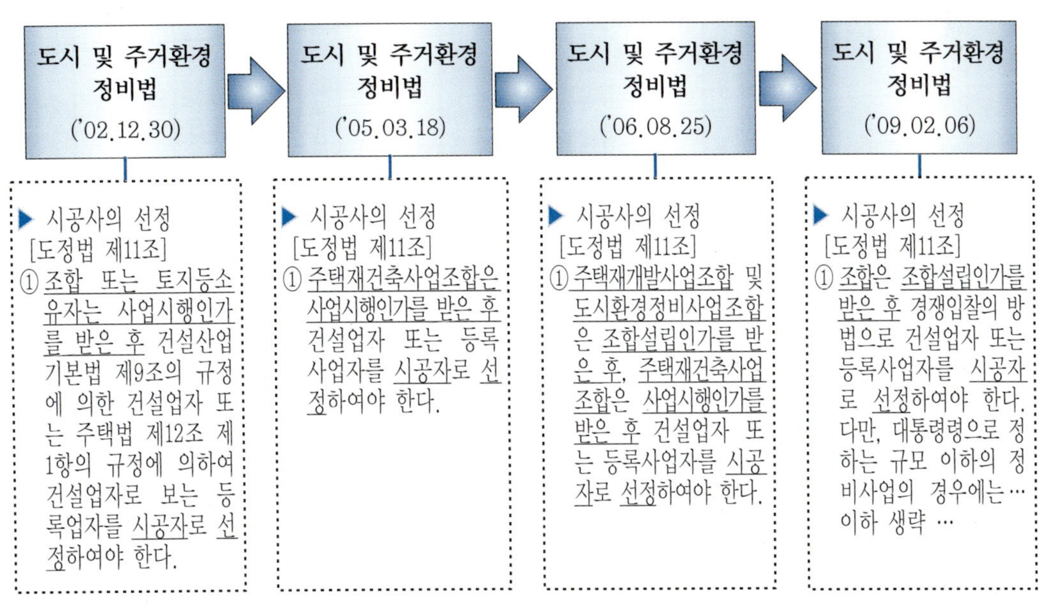

동의 시 인감증명방식의 간소화

토지등소유자의 동의 시 인감증명서를 첨부하도록 하는 규정은 인감의 상이 여부를 쉽게 비교하여 알 수 있고, 인감증명서의 발급이 까다로워서 위조의 가능성이 적기 때문에 동의에 대한 토지등소유자의 진실성을 알 수 있다. 그러나 이러한 번거로운 절차로 인해 발생하는 막대한 사회적 기회비용과 사업의 장기화는 토지등소유자들에게 고스란히 피해로 돌아가고 있다.

2009년 2월 6일자로 개정된 『도시 및 주거환경정비법』에서는 인감증명서를 1회만 제출하도록 하고 있고, 이후에는 인감증명서를 첨부하지 않고 인감날인만으로도 동의할 수 있도록 하고 있으나, 개개인의 재산권에 대한 동의를 인감증명서 없이 동의할 수 있는지와 인감의 위조 가능성이 있다는 이유로 반대하는 의견도 만만치 않아, 인감도장의 변경 등으로 인하여 인감증명서의 첨부가 필요하다고 인정하는 경우에는 시장·군수 및 구청장이 인감증명서의 첨부를 요청할 수 있도록 예외 조항을 두어 상황에 따라 유동적으로 대처할 수 있게끔 하였고, 동의서를 위조할 경우 5년 이하의 징역이나 5천만 원 이하의 벌금에 처하도록 처벌조항도 신설하였다. 또한, 인감증명서를 종전에 제출하여 인감증명서를 첨부하지 아니하여도 되는 경우에는 인감증명서 대신 주민등록증, 여권 등 신분을 증명하는 문서의 사본을 첨부하도록 하여 토지등소유자의 진실성을 파악할 수 있게 하였다.

매도청구 시 입주자모집 승인 가능

『주택법』 제38조에 의하면 입주자모집 승인 신청을 위해서는 대지에 대한 소유권을 100% 확보하여야 하며 재건축사업에서 미동의자의 물건에 대한 소유권을 확보하기 위해 매도청구소송으로 이어지는 등 소유권의 현실적인 확보를 위해서는 상당한 시일이 소요되게 된다. 그래서 2009년 2월 6일자로 개정된 『도시 및 주거환경정비법』에서는 입주예정자에게 피해가 없도록 청산금액을 공탁하고 분양예정인 건축물을 담보한 경우에는 매도청구소송에 대한 법원의 승소판결이 확정되기 전이라도 입주자를 모집할 수 있도록 하였다. 그러나 이 경우에도 준공인가신청 전까지는 해당 주택건설대지의 소유권을 확보하여야 한다.

재개발사업의 추진절차

1
구역
지정

2
조합
설립
추진
위원회
구성

3
조합
설립
인가
조합
설립인가

4
사업
시행
인가
인가

5
분양
신청
분양
신청

6
관리
처분
계획
인가

7
철거
및
착공

8
준공
인가

9
확정
측량

10
해산
및
청산

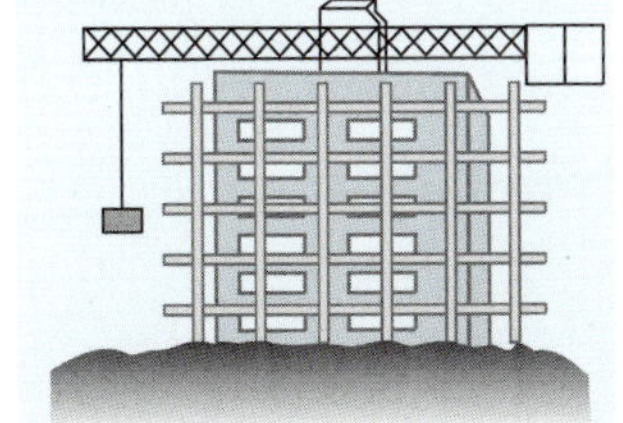

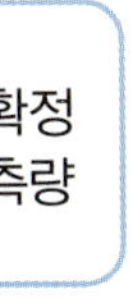

1. 기본계획(수립권자 : 특별시장 · 광역시장 · 시장)

기본계획의 의미

- 정비사업에 대한 기본방향과 원칙을 제시
- 장기적인 도시발전 방향을 유도
- 도시 전체의 조화와 균형개발에 기여
- 특별시 · 광역시 또는 인구 50만 명 이상인 시
- 해당 시장은 10년 단위로 도시 · 주거환경정비기본계획을 수립
- 5년마다 기본계획에 대하여 타당성 검토
- 각종 분석기능 및 분석 데이터 활용 프로그램

〈 계획수립절차 〉

기본계획수립 → 공람 · 의견 청취 → 심의 및 확정 → 고시(공보)

기본계획은 상위계획인 도시기본계획 내용 중에서 도심 및 주거환경의 정비 · 보전의 기본방향에 관한 부문에 대하여 구체화한 것으로, 정비사업에 대한 기본방향과 원칙을 제시하며 장기적인 도시발전 방향을 유도하고 도시 전체의 조화와 균형개발에 기여하기 위한 10년 단위의 장기계획이다. 이는 계획기간을 20년으로 하는 도시기본계획보다는 단기이나 도시관리계획이나 주택종합계획과는 10년으로 동일한 단위이다.

특별시장 · 광역시장 또는 시장은 기본계획을 10년 단위로 수립하여야 하나, 특별시와 광역시를 제외한 인구 50만 명 이상의 대도시가 아닌 경우에는 도지사가 기본계획의 수립이 필요하다고 인정하는 시를 제외하고는 기본계획을 수립하지 아니할 수 있다. 또한, 다양한 주변 여건의 변화 등을 제때에 수용하기 위해 5년마다 기본계획의 타당성 여부를 검토하고 그 결과를 반영하여야 한다.

다음 기본계획의 내용은 정비사업에 대한 기본방향을 제시하고 이를 실현하기 위한 권역별 또는 구역별 계획수립의 지침이 될 수 있어야 하는 것으로, 포괄적이고 개략적인 내용이 되며 토지용도 및 교통망 등의 내용이 상위계획인 도시기본계획 등에 적합하여야 할 것이다.

| 기본계획 내용 | 도시 및 주거환경정비법 제3조 / 영 제8조 |

- 정비사업의 기본방향 및 계획기간
- 인구ㆍ건축물ㆍ토지이용ㆍ정비기반시설ㆍ지형 및 환경 등의 현황
- 주거지 관리계획 및 세입자에 대한 주거안정대책
- 토지이용계획ㆍ정비기반시설계획ㆍ공동이용시설 설치계획 및 교통계획
- 녹지ㆍ조경ㆍ에너지공급ㆍ폐기물처리 등에 관한 환경계획
- 사회복지시설 및 주민문화시설 등의 설치계획
- 정비구역으로 지정할 예정인 구역의 개략적 범위
- 단계별 정비사업추진계획
- 건폐율ㆍ용적률 등에 관한 건축물의 밀도계획
- 도시관리ㆍ주택ㆍ교통정책 등 도시계획과 연계된 도시정비의 기본방향
- 도시정비의 목표
- 도심기능의 활성화 및 도심공동화 방지 방안
- 역사적 유물 및 전통건축물의 보존계획
- 정비사업의 유형별 공공 및 민간부문의 역할
- 정비사업의 시행을 위하여 필요한 재원조달에 관한 사항
- 정비구역 안에서의 행위제한에 관한 사항

정비사업은 기본계획에 따라 추진하여야 하며, 기본계획의 내용에 반영되어 있지 않거나 다른 내용으로 사업을 추진하려면 기본계획을 미리 변경하여야 하고 기본계획의 변경은 기본계획의 수립절차와 마찬가지로 주민공람과 지방의회 의견청취 및 지방도시계획위원회의 심의를 거쳐 변경하여야 한다. 다만, 『도시 및 주거환경정비법 시행령』 제9조에서 정하고 있는 경미한 사항을 변경하는 경우에는 주민공람, 지방의회 의견청취, 지방도시계획위원회의 심의절차 없이 변경이 가능하다.

2. 정비계획수립 및 정비구역지정(지정권자 : 특별시장ㆍ광역시장ㆍ도지사)

정비구역을 지정하기 위해서는 정비계획을 수립하여야 하며, 정비계획은 기본계획을 해당 구역에서 구체화하는 계획으로 기본계획에 적합한 범위 안에서 수립하여야 한다. 시장ㆍ군수 및 구청장은 주민 또는 산업현황, 토지 및 건축물의 이용과 소유현황, 정비기반시설의 설치현황, 정비구역 및 주변지역의 교통상황, 토지 및 건축물의 가격과 임대차 현황, 정비사업의 시행계획 및 시행방법 등에 대한 주민의 의견, 그 밖에 지자체 조례가 정하는 사항 등을 조사하여 정비계획을 수립하고 주민설명회 및 주민공람과 지방의회 의견청취를 거쳐 시ㆍ도지사, 광역시장 및 특별시장에게 정비구역지정 신청을 하여야 하며, 시ㆍ도지사, 광역시장 및 특별시장은 지방도시계획위원회의 심의를 거쳐 정비구역을 지정ㆍ고시하여야 한다.

정비구역지정의 의미

- 기본계획에 적합한 범위 안에서 정비계획을 수립(시장, 군수, 구청장)
- 정비구역지정 신청(시장, 군수, 구청장 → 특별시장, 광역시장, 도지사)
- 정비계획수립 시 조사내용
    - 주민 또는 산업의 현황
    - 토지 및 건축물의 이용과 소유현황
    - 정비기반시설의 설치현황
    - 정비구역 및 주변지역의 교통상황
    - 토지 및 건축물의 가격과 임대차 현황
    - 정비사업의 시행계획 및 시행방법 등에 대한 주민의 의견
    - 그 밖에 지자체 조례가 정하는 사항

〈 정비구역지정 절차 〉

주민설명회 및 주민공람 → 지방의회 의견청취 → 정비구역 지정신청 → 심의 · 지정 → 고시(공보)

시장 · 군수 및 구청장은 『도시 및 주거환경정비법』에서 정하고 있는 구역지정 요건에 해당하는 구역에 대하여 아래의 내용이 포함된 정비계획을 수립하여 시 · 도지사, 광역시장 및 특별시장에게 정비구역지정을 신청하여야 한다.

정비계획 내용

도시 및 주거환경정비법 제4조 / 영 제10조

- 정비사업의 명칭
- 정비구역 및 그 면적
- 도시계획시설의 설치에 관한 계획
- 공동이용시설 설치계획
- 건축물의 주용도 · 건폐율 · 용적률 · 높이 · 층수 및 연면적에 관한 계획
- 도시경관과 환경보전 및 재난방지에 관한 계획
- 정비구역 주변의 교육환경보호에 관한 계획
- 정비사업시행 예정시기 및 정비사업의 시행방법
- 재건축임대주택의 규모 등 재건축임대주택에 관한 사항
- 제1종 지구단위계획(국토의 계획 및 이용에 관한 법률 제52조)
- 도시 및 주거환경정비법 제7조의 규정에 의한 사업시행자로 예정된 자
- 기존 건축물의 정비 · 개량에 관한 계획
- 정비기반시설의 설치계획 및 정비구역의 분할에 관한 계획
- 건축물의 건축선에 관한 계획
- 정비사업의 시행으로 증가할 것으로 예상되는 세대수
- 홍수 등 재해에 대한 취약요인에 관한 검토결과
- 그 밖에 지자체 조례가 정하는 사항

3. 조합설립추진위원회 승인(승인권자 : 시장·군수·구청장)

　조합설립추진위원회란 정비사업과 관련된 제반업무를 준비하기 위해 구성하는 단체이며 조합의 전 단계에 해당된다. 시장·군수·구청장 또는 주택공사 등이 아닌 자가 정비사업을 시행하고자 하는 경우에는 토지등소유자로 구성된 조합을 설립하여야 하며, 조합을 설립하고자 하는 경우에는 정비구역지정 고시 후 위원장을 포함한 5인 이상의 위원 및 운영규정에 대한 토지등소유자 과반수의 동의를 얻어 조합설립을 위한 추진위원회를 구성하여 시장·군수 및 구청장의 승인을 얻어야 한다. 2009년 8월 7일 이전에는 정비구역지정 전이라도 기본계획에 반영되어 있는 구역에 대해서는 위원장을 포함한 5인 이상의 위원에 대한 동의만으로도 추진위원회 구성 승인이 가능하며, 운영규정은 추진위원회 구성 승인 후 동의를 받아 작성할 수 있다.

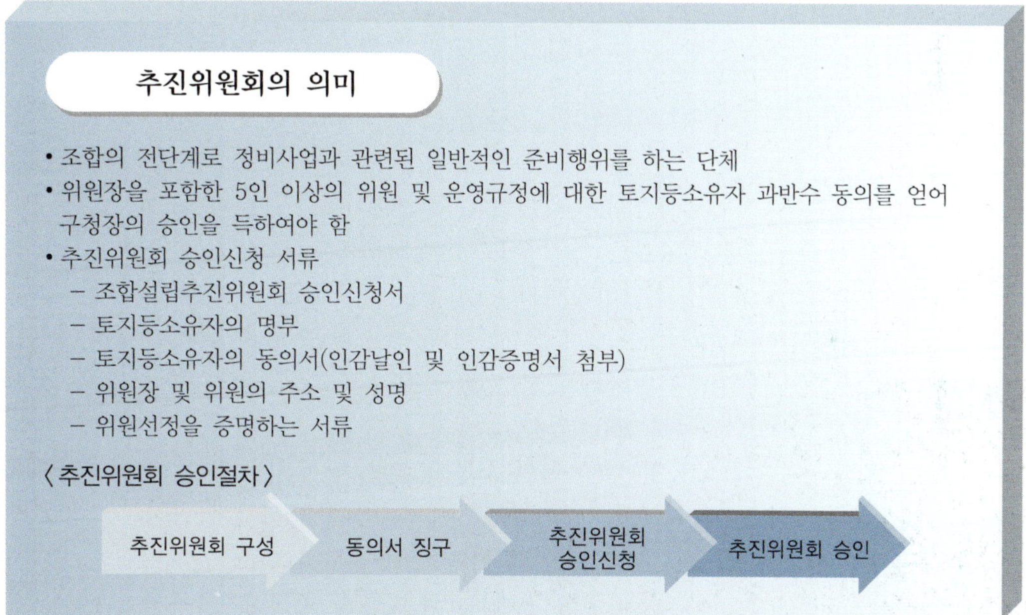

　『도시 및 주거환경정비법』에서는 추진위원회의 업무범위를 규정하고 있으며, 2009년 2월 6일자로 개정된 『도시 및 주거환경정비법』에서는 주택재건축사업의 경우 실시하여야 하는 안전진단에 대해 추진위원회 구성 전 단계인 정비구역지정 단계에서 실시하도록 하고 추진위원회의 업무범위에서 안전진단 신청에 관한 업무를 삭제하였다.

추진위원회 기능

- 정비사업 전문관리업자의 선정
- 개략적인 정비사업의 시행계획서 작성
- 조합의 설립인가를 받기 위한 준비업무
- 운영규정의 작성
- 토지등소유자의 동의서 징구
- 조합의 설립을 위한 창립총회의 준비
- 조합정관의 초안 작성
- 그 밖에 추진위원회 운영규정이 정하는 사항
- 추진위원회의 운영
    - 추진위원회는 운영규정에 따라 운영하여야 함
    - 추진위원회가 행한 업무와 관련된 권리와 의무는 조합에 포괄 승계
    - 추진위원회는 회계장비 및 관련 서류를 조합설립인가일부터 30일 이내에 조합에 인계

4. 안전진단(재건축사업에 한함)

안전진단이란 노후 · 불량 건축물을 철거하고 그 대지 위에 건축물을 신축하는 방식의 주택재건축사업의 시행 여부를 판단하기 위해 필요하다. 『도시 및 주거환경정비법』이 개정되기 전에는 안전진단의 실시시기가 추진위원회 구성 이후로 규정되어 있어서 안전진단에 통과하지 못하는 경우 추진위원회가 업무 없이 장기 방치되고 그 결과 사업이 장기화 되는 문제가 발생하였다. 이에 2009년 2월 6일자로 개정된 『도시 및 주거환경정비법』에서는 정비계획 수립단계에서 재건축사업의 시행 여부를 결정하기 위한 안전진단을 우선 실시하도록 하는 등 안전진단과 정비계획의 수립 · 절차를 통합하여 안전진단 미통과에 따른 사업 장기화를 방지하고 주민들의 피해를 최소화하도록 하고 있다.

기본계획상 정비예정구역별로 정비계획 수립시기가 도래한 주택재건축사업이나 정비계획의 입안을 제안하고자 하는 자가 정비예정구역 안에 소재한 건축물 및 그 부속토지의 소유자 1/10 이상의 동의를 얻어 안전진단실시를 요청하는 때 또는 정비구역이 아닌 구역의 주택재건축사업의 시행에서 추진위원회구성 승인신청 전에 소유자 1/10 이상의 동의를 얻어 안전진단실시를 요청하는 때에는 시장 · 군수 및 구청장은 현지조사 등을 통하여 해당 건축물의 구조안전성, 건축마감, 설비노후도 및 주거환경 적합성 등을 심사하여 안전진단실시 여부를 결정하여야 하며, 공동주택이 노후 · 불량 건축물에 해당하지 아니함이 명백하다고 인정하는 경우에는 그 사유를 명시하여 안전진단신청을 반려할 수 있고, 안전진단의 실시가 필요하다고 결정한 경우에는 안전진단기관에 안전진단을 의뢰하여야 한다.

안전진단의 의미

- 시장·군수 및 구청장은 주택재건축사업의 시행 여부를 결정하기 위해 다음의 경우 안전진단을 실시하여야 한다.
  - 정비예정구역별 정비계획 수립시기 도래한 주택재건축사업
  - 정비계획의 입안을 제안하고자 하는 자가 정비예정구역 안에 소재한 건축물 및 그 부속토지의 소유자 1/10 이상의 동의를 얻어 안전진단실시를 요청하는 때
  - 정비구역이 아닌 구역의 주택재건축사업의 시행에서 추진위원회 구성 승인신청 전에 소유자 1/10 이상의 동의를 얻어 안전진단실시를 요청하는 때
- 안전진단비용은 안전진단요청자가 부담할 수 있다.
- 안전진단기관 : 안전진단 전문기관. 한국시설안전기술공단. 한국건설기술연구원

〈 안전진단절차 〉

안전진단신청 → 안전진단기관 지정 → 안전진단 → 종합판정

시장·군수 및 구청장으로부터 의뢰받은 안전진단기관은 안전진단을 실시하여 안전진단결과보고서를 시장·군수·구청장 및 안전진단실시를 요청한 자에게 제출하여야 한다.

안전진단은 구조안전성에 관한 사항과 건축마감 및 설비노후도에 관한 사항 그리고 비용분석에 관한 사항 등 도시미관·재해위험도·환경성 등 주거환경에 관한 사항 등을 종합적으로 검토하여 유지보수, 조건부 재건축, 재건축 등으로 판정하게 된다.

안전진단 평가

- 평가분야
  - 구조안전성
  - 건축마감 및 설비노후도
  - 주거환경
  - 비용분석
- 판정유형
  - 유지보수
  - 조건부 재건축
  - 재건축

5. 조합설립인가(인가권자 : 시장·군수·구청장)

| 조합설립 절차도 |

① 주민동의서 청구

② 창립총회 및 정관작성

③ 조합설립인가 신청

④ 조합설립인가

조합설립인가 내용

- 정비사업의 시행을 목적으로 결성된 토지등소유자의 단체
- 토지등소유자와 토지면적을 기준으로 도시 및 주거환경정비법에서 정하는 동의율을 득하여 시장·군수 및 구청장의 인가를 받아야 함
- 조합설립인가 신청서류
  - 조합설립인가 신청서
  - 조합정관
  - 조합원 명부(조합원 자격을 증명하는 서류 첨부)
  - 토지등소유자의 조합설립 동의서 및 동의사항 증명서류(인감날인 및 인감증명서 첨부)
  - 창립총회 회의록(총회참석자 연명부 포함)
  - 조합장 선임동의서(인감증명서 첨부) 등 기타 서류

〈 조합설립 절차 〉

동의서 징구 및 창립총회 → 조합설립인가 신청 → 조합설립인가 → 통지 / 열람 → 법인등기

　조합원은 주택재개발사업과 도시환경정비사업에서는 시행하는 정비구역 안의 토지등소유자가 되고, 주택재건축사업에서는 조합이 시행하는 정비구역 안의 토지등소유자로서 조합설립에 동의한 자가 된다.

　조합의 임원은 조합장 1인과 이사, 감사로 구성되는데 이사와 감사의 수에 대해서는 대통령령이 정하는 범위 안에서 조합정관으로 정한다.

　조합의 운영은 정관에 따라 운영하여야 하고, 조합은 조합설립의 인가를 받은 날부터 30일 이내에 주된 사무소의 소재지에 등기함으로써 성립한다.

조합원의 권리와 의무

- 조합원의 권리
  - 관리처분계획에서 정한 주택 등의 분양청구권
  - 총회의 출석권, 발언권 및 의결권
  - 임원의 선임권 및 피선임권
  - 대의원의 선출권 및 피선출권
  - 손실배상 및 손해배상청구권
- 조합원의 의무
  - 정비사업비, 청산금, 부과금과 이에 대한 연체료 및 지연손실금(이주지연, 계약지연, 조합원 분쟁으로 인한 지연 등을 포함) 등의 비용납부 의무
  - 사업시행계획에 의한 철거 및 이주 의무
  - 그 밖에 관계법령 및 정관, 총회 등의 의결사항 준수 의무
  - 조합원 소유의 토지와 건물 등의 현물출자 의무

6. 추진위원회와 조합 비교

┃ 추진위원회와 조합의 법인격 및 법률관계 비교 ┃

추진위원회	조　합
1. 발기인 조합 　- 초기 일부 토지등소유자가 모여 활동 　- 추진위원 상호간에서 법인설립을 목적으로 하는 법률관계 2. 비법인 사단 　목적사항의 이행으로서 구성원의 결정, 추진위원회 승인, 기타 법인설립을 위한 제반요건을 충족하는 행위	1. 사단법인의 성격 　조합을 공법인으로 볼 수 없음 　(서울고법 1990.9.21. 선고 89나48309) 2. 조합과 조합원의 법률관계 　공법상의 권능을 가지는 부분과 관련한 처분, 기타 공권력의 행사에 해당하는 행위에 대해서는 행정심판 및 행정소송의 제기가 가능하나, 그 밖에는 통상의 민사소송에 의해야 함

7. 조합운영

| 조합의 운영기구 |

총 회	운영기구	
	대의원회	주민대표회의
1. 조합에 조합원으로 구성되는 총회를 둔다. 2. 총회개최 및 의결사항 (법 제24조 및 영 제34조) 3. 총회결의의 무효 : 결의의 효력이 없음 　- 무효 : 결의의 내용에 중대한 법령상의 하자가 있는 경우 　- 부존재 : 소집이나 결의방법, 즉 결의의 절차상 중대한 하자가 있는 경우	1. 조합원의 수가 100인 이상인 조합은 대의원회를 두어야 함 2. 총회의 의결사항 중 대통령령이 정하는 사항을 제외하고는 총회의 권한을 대행할 수 있음 3. 총회의 권한 대행 불가사항 (법 제25조 및 영 제35조) 4. 대의원의 수·의결방법·선임방법 및 선임절차(법 제25조 제4항 및 영 제36조)	1. 토지등소유자가 시장·군수 및 구청장 또는 주택공사 등의 사업시행을 원할 경우 주민대표기구를 구성하여야 함 2. 주민대표회 위원 수 및 의견 제시(법 제26조 및 영 제37조) 3. 주민대표회의의 운영·비용부담·위원 선임방법 및 절차(영 제37조) 4. 주민대표회의 구성통보 : 통지서 작성(신청인) → 접수(구) → 검토(구) → 인가(구) → 통지(구)

8. 사업시행인가(인가권자 : 구청장)

사업시행인가의 의미

- 사업시행자는 사업시행계획서에 정관 등과 그 밖의 서류를 첨부하여 시장·군수 및 구청장에게 제출하고 사업시행인가를 받아야 한다.
- 총회를 개최하여 조합원 과반수의 동의를 얻어야 한다.
- 사업시행인가 신청서류
    - 사업인가신청서
    - 정관 등
    - 토지등소유자의 동의서 및 토지등소유자 명부(재건축 제외)
    - 사업시행계획서
    - 수용 또는 사용할 토지 또는 건축물의 명세 및 소유권 외의 권리명세서
    - 인·허가 등의 의제를 받고자 하는 경우 해당 법률이 정하는 관계서류

〈 사업시행인가 절차 〉

사업시행 계획수립 → 사업시행 인가 신청 → 공람공고 의견청취 → 사업시행 인가 → 고시

■ **사업시행계획서의 내용**

① 토지이용계획(건축물배치계획 포함)
② 정비기반시설 및 공동이용시설의 설치계획
③ 임시수용시설을 포함한 주민이주대책
④ 세입자 주거 및 이주 대책(이주대책은 2009년 11월 28일 이후 인가서 제출 시 수립)
⑤ 임대주택의 건설계획
⑥ 건축물의 높이 및 용적률 등에 관한 건축계획
⑦ 정비사업의 시행과정에서 발생하는 폐기물의 처리계획
⑧ 교육시설의 교육환경 보호에 관한 계획(정비구역으로부터 200m 이내에 교육시설이 설치되어 있는 경우에 한함)
⑨ 시행규정(시장·군수 및 구청장 또는 주택공사 등이 단독으로 시행하는 정비사업에 한함)
⑩ 그 밖에 사업시행을 위하여 필요한 사항으로서 대통령령으로 정하는 바에 따라 시·도 조례가 정하는 사항

■ **효과**

① 사업시행예정자의 지위에서 사업시행자 지위로 변경된다.
② 인가에 의해 사업시행계획이 확정된다.
③ 다른 법률의 인·허가가 의제된다.
④ 토지수용권 발생 : 사업시행계획대로 시행하기 위해 이주를 거부하는 자 또는 사업시행을 위해 필요한 토지 등에 대해서 수용권이 발생한다.
⑤ 종전 토지 등의 평가시점의 기준이 된다.
⑥ 공사를 착공(사업시행인가로 인한 본질적 효과)한다.

■ **특례**

존치 또는 리모델링에 관한 내용이 포함된 사업시행계획서를 작성하여 인가신청이 가능하다.

9. 시공자의 선정

시공자 선정방법

- 조합설립인가 이후 경쟁입찰방법으로 선정
- 주택재건축사업
  - 법 개정 전 : 사업시행인가 이후 시공사 선정
  - 2009년 2월 6일 개정법 : 조합설립인가 이후로 조기화
- 토지등소유자 직접 추진 도시환경정비사업
  - 법 개정 전 : 시공사 선정시기 불분명
  - 2009년 2월 6일 개정법 : 사업시행인가 이후 시공사 선정
- 시공보증제도
  - 시공자는 공사의 시공보증을 위하여 국토해양부령이 정하는 기관의 시공보증서를 조합에 제출하여야 함(법 제51조 제1항)
  - 시장·군수 및 구청장은 건축법에 의한 착공신고를 받은 경우에 시공보증서 제출 여부를 확인하여야 함(법 제51조 제2항)

〈 시공자 선정절차 〉

선정준비 → 입찰공고 → 참여제안서 접수 → 심사 → 선정

10. 분양자격

■ 주택만 소유하고 있는 조합원

- 공부가 있는 주택을 소유하고 있는 경우 : 등기나 시장·군수 및 구청장이 관리하는 건축물대장이 있는 경우에는 주택의 면적을 불문하고 분양자격이 있다.

- 기존 무허가건축물을 소유하고 있는 경우 : 기존 무허가건축물을 소유하고 있는 경우도 공부가 있는 주택을 소유하고 있는 경우와 마찬가지로 주택의 면적을 불문하고 분양자격이 있다.

- 신발생 무허가건축물을 소유하고 있는 경우 : 신발생 무허가건축물은 기존 무허가건축물과는 달리 분양자격이 주어지지 않는다.

- 주택과 토지를 분리하여 소유하고 있는 경우
  ① 주택의 준공 시 분리되었는지 주택의 준공 후 분리되었는지에 따라서 달라지는데 주택의 준공 시 분리하여 주택만 소유하고 있는 경우에는 분양대상자에 해당되나 주택준공 후 분리하여 주택만 소유하고 있는 경우에는 분양대상자에 해당되지 않는다.

② 기존 무허가건축물의 경우에는 준공절차가 없으므로 무허가건축물 등재일을 준공일로 간주하고 구별하면 된다.

■ 토지만 소유하고 있는 조합원

– 나대지를 소유하고 있는 경우
  ① 1필지를 단독으로 소유하고 있는 경우 그 면적이 각 시·도별 조례에서 정하고 있는 최소 면적 이상인지 여부와 조례상 조건(면적, 조례 시행일 전·후)에 따라 분양자격이 주어지나 최소 면적에 미달할 경우에는 분양자격이 주어지지 않는다.
  ② 1필지를 공동으로 소유하고 있는 경우 지분의 면적을 기준으로 각 시·도별 조례에서 정하고 있는 최소 면적 이상인지 여부와 조례상 조건(면적, 조례 시행일 전·후)에 따라 판단할 수 있다.
  ③ 1인이 여러 필지를 단독으로 소유하고 있는 경우에는 합필한 면적을 기준으로 각 시·도별 조례에서 정하고 있는 최소 면적 이상인지 여부와 조례상 조건(면적, 조례 시행일 전·후)에 따라 판단할 수 있다.

– 도로(사도)를 소유하고 있는 경우 : 도로(사도)를 소유하고 있는 경우에는 그 면적이 각 시·도별 조례에서 정하고 있는 최소 면적 이상인지 여부와 조례상 조건(면적, 조례 시행일 전·후)에 따라 분양자격이 주어지나 최소 면적에 미달할 경우에는 분양자격이 주어지지 않는다.

– 주택과 분리된 토지를 소유하고 있는 경우 : 주택과 분리된 토지를 소유하고 있는 경우에는 그 면적이 각 시·도별 조례에서 정하고 있는 최소 면적 이상인지 여부와 조례상 조건(면적, 조례 시행일 전·후)에 따라 분양자격이 주어지나 최소 면적에 미달할 경우에는 분양자격이 주어지지 않는다.

■ 단독 주택이나 다가구 주택을 다세대 주택으로 전환한 경우

단독 주택이나 다가구 주택을 다세대 주택으로 전환한 경우에는 이 법 또는 조례상 조건(시행일 전·후)에 따라 분양자격이 주어지는지의 여부가 결정되므로 각 시·도별 조례에 있는 조건에 따라야 할 것이다.

■ 1세대가 여러 개의 부동산을 소유한 경우

– 세대원의 부동산을 모두 합산하여 하나의 분양권만 인정된다.
– 관리처분계획기준일(분양신청 기간이 만료되는 날) 이전에 제3자의 명의로 명의 변경하거나 이혼할 경우에는 각각 분양권이 주어질 수 있다.

■ 주택이 건설되어 있는 토지에서 토지소유자와 주택소유자가 다른 경우

- 국·공유지상에 건물을 소유한 경우 : 건물소유자는 지상권도 소유하고 있는 것이므로 분양자격이 있으며, 건물의 소유자이면서 지상권자가 되므로 국·공유지 우선 매수신청권도 인정된다.

- 부부 간에 토지와 건물을 따로 각자의 명의로 소유한 경우 : 세대 합산의 원칙에 따라 하나의 분양자격이 주어진다.

- 동일인 소유의 토지와 주택 중 주택만을 제3자에게 양도한 경우 : 하나의 분양자격이 주어지므로 이 경우 당사자간의 분쟁이 발생할 수 있다.

11. 분양신청

| 분양신청 절차도 |

분양신청의 의미

- 조합은 사업시행인가 고시가 있은 날(사업시행인가 이후 시공자 선정 시는 계약체결한 날)부터 60일 이내에 토지등소유자(조합원)에게 통지한다(법 제46조 제1항).
- 분양의 대상이 되는 사항을 해당 지역에서 발간되는 일간신문에 공고하여야 한다(법 제46조 제1항).
- 분양신청기간은 그 통지한 날부터 30일 이상 60일 이내로 한다(관리처분계획 수립에 지장이 없는 경우 20일 범위 내에서 연장 가능).
- 분양신청 시 제출서류(법 제46조 제1항)
    - 분양신청서(소유권 내역 명기)
    - 등기부등본(토지 및 건축물) 또는 환지예정지증명원

〈 분양신청 절차 〉

시업시행인가 고시 → 분양신청기간 통지 → 일간신문 공고

분양신청 통지/공고 내용

1. 사업시행인가의 내용
2. 정비사업의 종류·명칭 및 정비구역의 위치·면적
3. 분양신청서(공고는 하지 않음)
4. 분양신청기간 및 장소
5. 분양대상 대지 또는 건축물의 내역
6. 개략적인 부담금 내역(공고는 하지 않음)
7. 분양신청자격 및 신청방법
8. 토지등소유자 외의 권리자의 권리신고방법(통지는 하지 않음)
9. 분양을 신청하지 아니한 자에 대한 조치 등

사업시행자는 사업시행인가의 고시가 있은 날부터 60일 이내에 상기사항을 토지등소유자에게 통지하고 분양의 대상이 되는 대지 또는 건축물의 내역 등을 해당 지역에서 발간되는 일간신문에 공고하여야 한다. 이때 토지등소유자 외의 권리자의 권리신고방법은 통지하지 아니하며, 분양신청서 및 개략적인 부담금 내역은 공고하지 아니한다.

대지 또는 건축물에 대한 분양을 받고자 하는 토지등소유자는 분양신청기간 이내에 사업시행자에게 분양신청을 하여야 하며, 분양신청을 하지 아니한 자는 토지·건축물 또는 그 밖의 권리에 대하여 현금으로 청산하게 된다.

　　조합(사업시행자)은 조합원(토지등소유자)이 다음에 해당하는 경우 그 해당하게 된 날부터 150일 이내에 대통령령이 정하는 절차에 따라 토지·건축물 또는 그 밖의 권리에 대하여 현금으로 청산하여야 한다.
－ 분양신청을 하지 아니한 자
－ 분양신청을 철회한 자
－ 인가된 관리처분계획에 의하여 분양대상에서 제외된 자
[주] 법 제47조 및 영 제48조에 근거하여 주택재개발사업 시 분양신청을 하지 않아 원활한 사업진행에 차질을 빚을 경우에 대비한 것으로, 조합원의 권리·의무와 직결되는 중요한 사항이고 이를 이행하지 않을 경우의 불이익 등에 대해 충분히 설명·고지하여야 할 것이다.

12. 관리처분계획 수립 / 인가(인가권자 : 시장 · 군수 · 구청장)

｜ 관리처분 절차도 ｜

①　관리처분총회

②　공람 및 의견청취

(사업시행자 : 30일 이상 공람)

③　인가신청

(분양신청기간 경과 후)

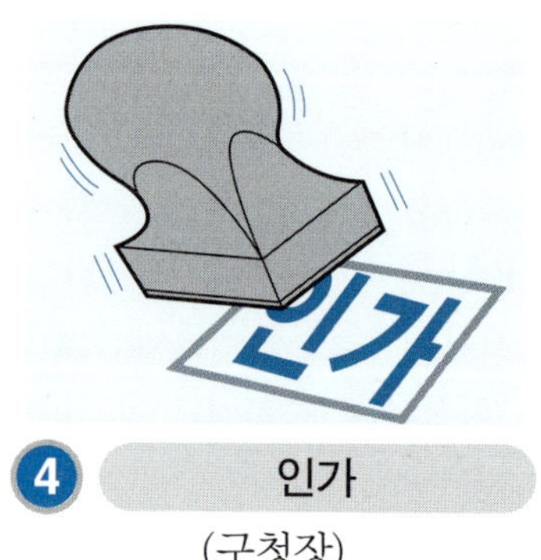

④　인가

(구청장)

관리처분계획인가의 의미

- 관리계획 : 손실 보상, 계약, 수용 등에 의한 취득, 청산 또는 권리의 해지로 소멸시키거나 이행하는 일련의 계획
- 처분계획 : 공공시설의 귀속 및 시행자에게 귀속된 대지 또는 건축시설의 처분에 관한 일련의 계획
- 관리처분계획인가 신청서류
  - 관리처분계획서
  - 총회의결서 사본
- 관리처분계획 변경·중지 또는 폐지인가의 경우
  - 변경·중지 또는 폐지의 사유와 그 내용을 설명하는 서류
- 관리처분계획수립 전 사전이행사항
  - 종전 토지 등의 감정평가 실시
  - 국·공유지 매수신청 및 매입 등

〈 관리처분계획인가 절차 〉

관리처분 계획수립	총회결의 공람 및 의견청취	관리처분계획 인가신청	인가 / 고시	통보 / 통지

■ 관리처분계획의 내용

- 분양설계
- 분양대상자의 주소 및 성명
- 분양대상자별 분양예정인 대지 또는 건축물의 추산액
- 분양대상자별 종전의 토지 또는 건축물의 명세 및 사업시행인가의 고시가 있은 날을 기준으로 한 가격 : 사업시행인가 전에 철거된 건축물의 경우에는 시장 · 군수, 구청장에게 허가 받은 날을 기준으로 한 가격
- 정비사업의 추산액 및 그에 따른 조합원 부담규모 및 부담시기 : 주택재건축사업의 경우『재건축 초과이익 환수에 관한 법률』에 따른 재건축부담금에 관한 사항을 포함
- 분양대상자의 종전의 토지 또는 건축물에 관한 소유권 외의 권리명세
- 세입자별 손실보상을 위한 권리명세 및 그 평가액(2009년 11월 28일 이후 인가서 제출 시 수립)
- 현금으로 청산하여야 하는 토지등소유자별 기존의 토지 · 건축물 또는 그 밖의 권리의 명세와 이에 대한 청산방법
- 정비사업의 시행으로 인하여 새로이 설치되는 정비기반시설의 명세와 용도가 폐지되는 정비기반시설의 명세
- 보류지 등의 명세와 추산가액 및 처분방법
- 토지등소유자가 부담하는 비용의 부담비율에 의한 대지 및 건축물의 분양계획과 그 비용부담의 한도 · 방법 및 시기 등

13. 준공인가 / 이전고시(인가권자 : 시장 · 군수 · 구청장)

❙ 준공검사 절차도 ❙

① 공사완료 보고서의 제출

(시행자)

② 검사필증 교부 및 공사완료 공고

(구청장)

③ 확정측량 및 토지분할 절차

(시행자)

④ 이전고시

(시행자)

⑤ 사업완료

(시행자 → 구청장)

⑥ 등기 및 청산절차 이행

준공인가의 의미

　조합은 재개발사업에 관한 공사를 완료한 때에는 대통령령이 정하는 방법 및 절차에 의하여 구청장에게 공사완료 보고서를 제출하고 준공인가를 받아야 한다.

〈 사업완료 절차 〉

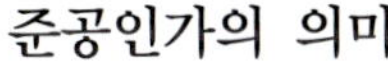

공사완료 보고서 제출	검사필증 교부 공사완료 공고	확정측량 토지분할 절차	내용통지 / 이전고시	사업완료

〈 준공인가 절차 〉

준공인가 신청	준공검사	준공인가	고시(공보)

이전고시의 의미

- 이전고시는 준공인가의 고시로 사업시행이 완료된 이후에 관리처분계획에서 정한 바에 따라 소유권을 귀속시키는 행정처분이다.
- 이전고시는 관리처분계획의 집행행위로서 관리처분계획이 정하는 바에 따라 정비사업으로 조성된 대지 및 건축물 등의 소유권을 분양받을 자에게 이전하는 행정처분이다.
- 이전고시의 법적 효과
  - 대지 및 건축물에 대한 권리의 확정
  - 도시개발법상 환지 또는 보류지로 간주
  - 다른 등기의 제한
  - 청산금 징수 및 지급

14. 청산 및 조합해산

청산 및 조합해산의 의미

- 청산이란 종전에 소유한 토지(또는 건축물)의 가격과 분양받은 대지(또는 건축시설)의 가격에 차이가 있을 때 그 차액에 상당하는 금액을 징수 또는 지급하는 것
- 조합의 해산
  - 조합은 소유권 이전고시 후 대지 및 건축시설 등에 관한 등기절차를 이행하면 대의원회를 소집하여 조합의 해산을 결의
  - 조합의 합병 또는 해산에 관한 사항에 관하여는 조합정관에 따라 정하여 시행

〈 청산 및 조합해산 절차 〉

등기촉탁 청산절차 이행	관계서류 이관	조합해산

〈권고사항으로 각 조합별로 변경 가능〉

1. 조합은 준공인가를 받은 날로부터 1년 이내에 이전고시 및 건축물 등에 대한 등기절차를 완료하고 총회를 소집하여 해산의결을 하여야 한다.
2. 조합이 해산의결을 한 때에는 해산의결 당시의 임원이 청산인이 된다.
   ※ 민법에서는 이사가 청산인이 되는 것으로 규정하고 있고, 재개발·재건축사업의 경우에도 사업이 장기간 소요되어 보통 조합장 등을 청산인으로 하고 있다.
3. 조합이 해산하는 경우에 청산에 관한 업무와 채권의 추심 및 채무의 변제 등에 관하여 필요한 사항은 민법의 관계규정에 따른다.

■ 관련자료의 공개와 보존

– 사업시행자는 정비사업시행에 관한 서류 및 관련 자료를 인터넷을 통하여 공개하여야 하며, 조합원 또는 토지등소유자의 공람요청이 있는 경우에는 이를 공람시켜 주어야 한다.

– 추진위원회위원장, 정비사업전문관리업자 또는 사업시행자(조합의 경우 임원, 토지등소유자가 시행자인 경우 대표자)는 총회 또는 중요한 회의가 있은 때에는 속기록·녹음 또는 영상자료를 만들어 이를 청산 시까지 보관하여야 하며, 공개대상이 되는 서류 및 관련자료의 경우 분기별로 공개대상의 목록, 개략적인 내용, 공개장소, 열람·복사 방법 등을 대통령령으로 정하는 방법과 절차에 따라 조합원 또는 토지등소유자에게 서면으로 통지하여야 한다.

– 사업시행자는 정비사업을 완료하거나 폐지한 때에는 관계서류를 구청장에게 인계하여야 하고, 인계받은 구청장은 당해 정비사업의 관련서류를 5년간 보관하여야 한다.

15. 감독규정

조합이나 정비사업전문관리업자 등 사업시행에 관계된 자가 법령의 규정을 위반한 때 사업의 원활한 시행을 위해 필요한 조치를 할 수 있도록 한 감독규정이다.

감독 대상

추진위원회, 주민대표회의, 사업시행자, 정비사업 전문관리업자

위반행위에 대한 조치

- 처분의 취소 · 변경 또는 정지
- 공사의 중지 · 변경
- 임원의 개선 권고
- 그 밖에 필요한 조치

벌 칙

공무원 의제

- 수뢰, 사전수뢰
- 제삼자 뇌물제공
- 수뢰 후 부정처사, 사후수뢰
- 알선수뢰

벌 금

- 5년 이하 징역 또는 5천만 원 이하 벌금
- 3년 이하 징역 또는 3천만 원 이하 벌금
- 2년 이하 징역 또는 2천만 원 이하 벌금
- 1년 이하 징역 또는 1천만 원 이하 벌금

과태료

- 1000만 원 이하
- 500만 원 이하
- 30일 이내 이의제기 가능

양벌규정

법인 또는 개인에 대하여도 각 해당 벌금형을 가함

1. 조합설립인가 후 취득 물건 : 조합원 자격 없음
   ① 2009년 2월 6일 시행 중인 『도시 및 주거환경정비법』 제19조 제1항 제3호
      에 따르면 조합설립인가 후 1인의 토지등소유자로부터 토지 또는 건축물의
      소유권이나 지상권을 양수하여 수인이 소유하게 된 때는 그 수인을 대표하
      는 1인을 조합원으로 본다.
   ② 예를 들면 갑돌이가 A와 B와 C의 물건을 다수 소유하고 있다가 조합설립
      인가 후 갑순이에게는 B를, 꼴뚜기에게는 C를 양도하였을 경우 조합원자격
      은 갑돌이, 갑순이, 꼴뚜기 가운데 대표하는 한 사람에게만 주어지게 된다.
2. 조합설립인가 후 취득 물건 : 분양권 있음
   ① 위와 같은 경우 분양대상은 어떻게 될까 일반적으로 재개발사업에서 조합원
      은 곧 분양대상자로 간주하기 때문에 조합원이 아니면 분양권도 주어지지
      않는 것으로 생각하기 쉬우나 『도시 및 주거환경정비법』에서 따로 분양대상
      을 제한하고 있지 않기 때문에 이 경우에도 조합원의 자격은 없지만 분양권
      은 주어진다.
   ② 『도시 및 주거환경정비법』 제48조 제2항 제6호에서는 1세대 또는 1인이 1 이
      상의 주택 또는 토지를 소유한 경우 1주택을 공급하고, 같은 세대에 속하지
      아니하는 2인 이상이 1주택 또는 1토지를 공유한 경우에는 1주택만 공급한
      다고 규정하고 있다.
   ③ 조합설립인가 후 1인의 토지등소유자로부터 토지 또는 건축물의 소유권이나
      지상권을 양수하여 수인이 소유하게 된 때에는 조합원 지위가 인정되지 않
      으므로 총회참석권, 의결권, 피선출권 등은 제한되나, 관리처분기준에 관한
      규정에서 따로 분양대상자를 제한하고 있지 않으므로 갑돌이, 갑순이, 꼴뚜
      기 모두를 각각 분양대상자로 보아야 한다.

단계별 주요 관심사항

누구나 알아야 한다 모르면 손해

PART 02

단계별 주요 관심사항

사업준비(계획) 단계

사업준비단계는 크게 기본계획 수립단계와 정비계획 수립단계로 나누어 질 수 있으며, 이 시기에는 재정비사업이 시작된다는 소문이 퍼져 지역주민들에게 궁금증을 유발시키는 시기라고 할 수 있다.

도시 및 주거환경정비 기본계획

기본계획은 정비계획의 상위계획이며, 『국토의 계획 및 이용에 관한 법률』의 도시기본계획의 하위계획이다. 기본계획은 도시기본계획과 연계된 도심 및 주택재정비에 대한 종합계획으로써 정비계획 수립 이전에 재정비 방향과 정비구역을 개략적으로 설정하며, 도시 재정비의 미래상과 목표를 명확히 설정하고 이에 대한 실천 전략을 구체적으로 제시하는 수준의 계획이다.

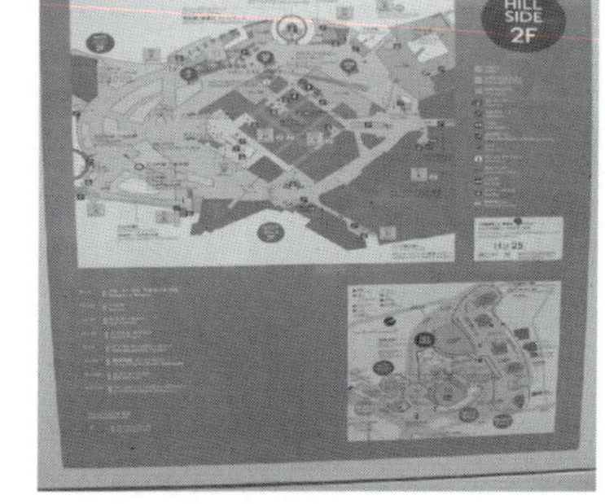

기본계획은 도시기본계획상의 토지이용계획과 부문별 계획 중 도시 및 주거환경의 정비에 관한 내용을 반영하는 것이며, 이러한 기본계획은 정비계획, 도시관리계획 등의 하위계획에 반영되어야 한다.

기본계획은 10년 단위로 수립하는 장기계획이고, 5년마다 타당성을 검토하여 그 결과를 반영한다. 5년 단위로 검토하여 정비하도록 하는 것은 다양한 주변 여건의 변화 등을 제때에 수용하지 못하는 병폐를 방지하기 위한 것으로, 도시관리계획의 검토주기와 동일하다.

정비사업은 기본계획에 따라 추진하여야 하며, 기본계획의 내용에 반영되어 있지 않거나 기본계획과 다른 내용으로 사업을 추진하고자 할 경우에는 기본계획을 먼저 변경하여야 한다.

기본계획은 도시정비에 관한 각종 계획을 수립하는 것으로 행정기관의 내부적인 지침으로서 주민에게 직접적인 효력을 미치는 것은 아니며 행정기관만을 구속하는 계획이다. 하지만, 주민에게 직접적인 효력을 미치는 정비계획이 기본계획에 적합한 범위 안에서 수립되어야 하므로, 기본계획이 행정청을 구속하는 관계에 있다 하더라도 주민에게 간접적인 구속력을 행사하고 있다고 볼 수 있다.

도시 및 주거환경 정비계획

정비구역 지정을 위한 정비계획은 기본계획의 하위계획으로써, 기본계획에 적합한 범위 내에서 정비구역을 지정하거나 변경하여야 한다.

정비구역 지정 및 정비계획 수립은 정비사업이라는 도시계획사업을 시행하기 위한 계획으로, 구도심에서 개별적으로 이루어지는 개발행위를 합리적인 방향으로 유도하는 것으로『국토의 계획 및 이용에 관한 법률』에 의한 도시관리계획에 해당한다. 이러한 정비계획은 사회적 비경제요소를 방지하고 공공복리의 증진을 도모하며, 도시를 효율적으로 이용할 수 있도록 하기 위한 규제이다.

정비계획은 주민에게 직접적인 효력을 미치는 구속적 행정계획으로서 향후 사업시행계획이 정비계획에 적합한 범위 내에서 수립되어야 하므로 정비사업 전반이 정비계획에 따라 진행된다고 볼 수 있어 정비계획은 매우 중요하다 하겠다.

어느날 내가 소유하고 있는 집이 재개발이 된다고 합니다. 집 값이 들썩이더니 집을 사겠다며 팔라는 사람이 있습니다. 한편으로는 팔고도 싶지만 재개발하면 돈번다는 소문을 많이 들었던 터라 어떻게 해야 될지 모르겠습니다. 얼마전에 근처 아파트도 재건축사업을 시작했다는데, 재개발사업 초기에 주의해야 할 점은 무엇인가요?

20년 이상 노후된 일반 주택가나 아파트 단지에서는 재개발이나 재건축과 같은 정비사업의 움직임이 있기 마련인데요, 정비사업을 하기 위해서는 수 명에서 수십 명의 사람들이 모여 (가칭)추진위원회를 결성하고 주민총회 등을 통해 위원장과 추진위원을 선정한 다음 추진위원회를 구성하기 위한 동의서를 징구하러 다닐 것입니다. 이때 추진위원회 사무실을 차리기도 하고 정비사업에 대한 자문을 받기 위해 컨설팅회사를 찾아 다니기도 하는데요, 이러한 움직임이 있으면 정비사업을 시작한 것이라고 볼 수 있겠습니다.

동의서에는 인감을 날인하시고 인감증명서를 첨부하셔야 하는데 동의서를 징구하시는 분이 한꺼번에 여러 장의 동의서에 날인할 것을 요구하는 경우도 있습니다. 이처럼 정비사업을 추진하는 과정에서 동의서를 여러 번 징구하게 되는데요, 동의서를 징구하는 입장에서는 상당히 번거롭기 때문에 처음에 여러 장을 일괄로 징구하려고 하는 경우가 많습니다. 하지만, 동의서 일괄징구는 법에 맞지 않아 한꺼번에 낸 동의서는 사용할 수가 없으므로 한번에 하나씩 필요한 만큼만 동의해 주시는 것이 현명한 방법일 것입니다.

저는 재정비사업의 필요성에 대해서는 공감을 합니다. 그런데 동의서라는 양식에 인감도장을 찍고 인감증명서까지 첨부하여야 한다는 것이 마음에 내키지 않습니다. 인감증명서를 제출하면 제 재산을 다 넘겨주는 것과 같은 기분이 들어 꺼려지는데 동의서 제출 시 꼭 인감증명서를 제출해야 하나요? 제출해야 한다면 몇 번 제출해야 하나요?

토지등소유자들이 인감증명서에 대해 민감한 반응을 보이는 것이 사실입니다. 말씀하신대로 인감증명서를 내주고 나면 자신의 전 재산을 조합 및 추진위원회에 넘겨주는 것과 같은 인식이 들어 토지등소유자들이 인감증명서 제출을 꺼리기 때문에 조합이나 추진위원회가 동의서를 한 번 걷을 때마다 기본적으로 1~2개월, 많게는 5~6개월 이상이 걸리기도 합니다. 이러한 인감증명서 제출요구가 정비사업의 발목을 잡고 있는 상황으로 인식되기도 합니다.

동의서에 인감증명서를 첨부하는 것은 토지등소유자가 직접 의사를 밝혔는지 아닌지를 가리기 위한 것이므로 인감증명서의 제출은 꼭 필요한 것입니다. 그러나 이러한 인감증명서 첨부가 재정비사업의 장애요소가 되어서는 안 된다는 인식하에 정부에서도 동의서에 대한 사실성과 진정성을 파악할 수 있는 범위 안에서 인감증명서의 제출을 최소화하기 위해 『도시 및 주거환경정비법』을 2009년 2월 6일자로 개정하여, 토지등소유자의 동의 시 인감증명서를 1회만 첨부하고 이후에는 인감날인만으로도 동의할 수 있도록 하였습니다. 다만, 이 경우 주민등록증, 여권 등 신분을 증명하는 문서의 사본을 첨부하여야 합니다. 동의는 최소 6번 이상 하셔야 하며, 동의시점은 다음과 같습니다.

① 추진위원회 설립 동의
② 조합 설립 동의
③ 추진위원회 운영규정 작성
④ 정비사업 시행범위의 확대 또는 축소
⑤ 정비사업 전문관리업자 선정
⑥ 개략적 사업시행계획서 작성
⑦ 사업시행인가의 신청·변경·중지·폐지

재개발과 재건축을 정비사업이라고 말씀하신 것 같은데요. 제가 잘 몰라서 그러는데 재개발과 재건축은 무엇을 말하는 건가요?

정비사업이란 오래되고 낡은 건물이 산재되어 있는 주택가와 아파트 단지에서 낡은 건물을 헐고 새로운 건물을 짓는 것을 의미합니다. 재개발은 주택가에서 실시하는 것으로 대부분 아파트를 지으면서 도로나 공원 등의 기반시설을 함께 확충하여 쾌적한 주거환경을 만드는 것이구요, 재건축은 대부분 아파트 재건축을 의미하는데 재개발에 비해 기반시설의 확충은 그다지 크지 않습니다.

수도권에서는 정비사업을 통해 부동산 재테크나 투기 붐이 일어나기도 하는데 이는 신축건물을 건설할 경우 정비사업 구역의 부동산 가격이 상승하여 상당한 경제적 이익을 가져다 주기 때문입니다.

동의서에 날인해달라면서 함께 준 안내장을 보면 재정비사업의 필요성과 노후된 주택에서의 불편함을 호소하는 글로 가득차 있었습니다. 그런데 말미에 가서 현재 우리가 가지고 있는 주택보다 훨씬 더 좋은 아파트를 공짜로 주겠다는 글이 예시와 함께 적혀 있었습니다. 오래된 주택을 허물고 새로 지을 때에는 집주인이 공사비를 부담하는 것이 일반적인 상식인데 현재 가지고 있는 낡은 주택보다 더 크고 좋은 아파트를 공짜로 준다는 말이 도무지 믿음이 가질 않습니다. 들리는 말에 의하면 공사기간 중 이주할 수 있는 전세보증금도 무이자로 빌려준다던데 믿을 수 있는 말인지요?

원래 단독주택이나 아파트, 연립주택 등이 오래되어 낡게 되면 안전에 위험이 발생하므로 건물을 허물고 새로 지어야 합니다. 이때 낡은 기존 건물을 부수고 새로 신축하는 비용은 당연히 그 건물 주인이 부담하여야 하는 것이지요.

하지만, 집을 새로 지으려면 공사기간 동안 다른 집으로 이사를 가야 하고 또 공사비도 만만치 않기 때문에 낡은 주택에 살고 있더라도 집주인은 선뜻 집을 새로 지으려고 하지 못하고 망설이게 됩니다. 그러나 정비사업을 하게 되면 사업을 통해 창출된 이익을 바탕으로 좀더 나은 주택을 소유할 수 있게 됩니다. 물론 부동산 경기에 따라 개인이 부담하는 금액이 발생될 수도 있지만 개인이 자신의 집을 헐고 새롭게 짓는 비용에 비하면 아주 적은 비용일 것입니다.

지분제와 도급제가 무슨말인지 도무지 모르겠습니다. 제가 이해할 수 있도록 쉽게 설명해 주실 수 있는지요?

재개발, 재건축 등의 정비사업을 하다보면 지분제, 도급제 등 일상적으로 접하기 어려운 용어들이 나옵니다. 지분제와 도급제 외에도 무상지분율과 조합원분담금도 반드시 알아야 할 필수용어라 하겠습니다.

우선 공동주택(아파트 등)에서 실시되는 재건축사업에서의 지분제에 대해 설명해 드리겠습니다.

홍길동이 살고 있는 20평형(법개정 3.3㎡) 아파트 20세대를 허물고 30평형(법개정 3.3㎡) 아파트 40세대를 건립하기로 했을 때 평(법개정 3.3㎡)당 공사비를 350만 원이라 한다면 총공사비는 42억 원이 소요됩니다. 또한, 홍길동을 포함한 기존세대에게 30평형(법개정 3.3㎡) 아파트를 1채씩 주고 나머지 20세대를 평(법개정 3.3㎡)당 1천만 원의 분양가로 일반분양한다면, 30평형(법개정 3.3㎡) 아파트 20세대의 일반분양가 총액은 60억 원이 됩니다. 일반분양 수입금 60억 원 중에 총공사비 42억 원을 제외하면 18억 원이 남게 되며, 기타 금융 및 사업비용으로 3억 원이 소요되었다고 가정하더라도 15억 원의 이윤이 남게 됩니다. 물론 15억 원에서 대출금이자, 사업경비, 회사 운영비 등을 제외하여야 하므로 순이익은 줄어들 것입니다. 하지만, 시공회사는 이러한 이윤을 바탕으로 공사기간 동안 이주하도록 하는 임차보증금(전세금) 등을 시공사에서 무이자로 대여해 줄 수가 있는 것이며, 이러한 사업방식이 지분제에 의한 공동주택 재건축사업입니다.

다음은 단독주택지에서 실시되는 재개발사업에서의 도급제에 대해 설명해 드리겠습니다.

만일 사업으로 인한 이익금이 상당히 크다고 예상된다면 그 이익금을 시공사에게 주기보다는 토지와 건축물 소유자들은 재개발사업을 직접 시행하고 그 이익금을 가져가고 싶어질 것입니다. 이러한 사업방식이 바로 도급제입니다. 즉, 앞서 설명드린 재건축사업의 이익금이 15억 원이었는데 도급제로 할 경우 평(법개정 3.3㎡)당 공사비를 400만 원에 계약했다면 총공사비는 48억 원이 소요되므로, 12억 원의 이익이 생기게 되고 바로 이 이익금을 홍길동 등 소유자들이 나누어 갖게 되며 기존 20세대는 30평형(법개정 3.3㎡)의 아파트 외에도 세대당 6천만 원의 이익을 나누어 갖을 수 있게 됩니다. 물론 실제로는 공사비 외에 많은 사업비용이 소요되기 때문에 사업이익금이 보다 적어질 수는 있습니다.

재개발은 권리의 형태가 다양하고 대지지분 등도 천차만별이기 때문에 시공사가 건축공사에 대해서만 책임지고 토지와 건축물 소유자들이 공사간접비용과 부대비용을 부담하고 이익금을 가져가는 도급제 방식으로 시행하게 됩니다. 예를 들어 20평형(법개정 3.3㎡)의 단독주택을 소유하고 있는 갑돌이와 갑순이 집이 재개발사업이 시행되었을 때 만약 갑돌이 집은 10m 도로와 접해 있고 갑순이 집은 가늘고 긴 골목 안쪽에 위치하고 있는 경우에 똑같이 1억 원짜리 부동산을 각각 1채씩 주었다면 갑돌이는 불만을 갖게 되고 분쟁이 일어날 것이기 때문입니다.

참고로, 요즘은 지분제와 도급제를 혼용하는 경우도 있습니다.

공사기간 동안 잠시 이사를 가야 하는데 이때 임차보증금 등으로 사용하라고 대출을 해 주는 대출금을 이주비라고 합니다.

이주비는 시공회사에서 직접 현금으로 지원하는 경우는 거의 없고 주로 은행으로부터 토지 및 건축물 소유자의 이름으로 개인이 대출을 받고 이를 시공회사가 보증하는 방식이며, 대출금에 대한 이자를 시공회사에서 대신 납부해 주기 때문에 소유자 입장에서는 무이자 이주비인 것입니다.

아! 재개발사업을 도급제로 추진하면 분양이 잘 될 경우 상당한 이익을 남길 수 있겠네요. 그렇다면 이윤과 직접적인 연관성이 있는 요소는 무엇이 있는지요?

앞에서 들었던 재건축사업 예를 보며 이해해 보도록 하죠.

이윤이 발생할 수 있었던 첫째 이유는 20평형(법개정 3.3㎡) 아파트 20세대를 허물고 30평형(법개정 3.3㎡)의 아파트 40세대를 건립하여 세대수가 늘어났기 때문이고, 둘째는 가치가 얼마되지 않은 20평형(법개정 3.3㎡) 아파트를 새로 신축하여 1천만 원의 분양가로 분양하였기 때문에 이윤이 남게 된 것입니다. 즉, 세대수와 일반분양가로 인해 이윤이 남게 되는 것입니다. 세대수는 용적률과 연관성이 있는 바 결국 용적률과 일반분양가가 사업의 이익과 직접적인 관계가 있는 것입니다.

용적률이란 토지 위에 건립된 건축물의 면적을 1층부터 최상층까지 전부 합산한 것을 토지면적으로 나눈 비율을 말하는데, 200평(법개정 3.3㎡) 대지 위에 500평(법개정 3.3㎡)의 연면적을 가진 건축물을 지었다면 용적률은 250%(500/200＝2.5)가 되는 것입니다. 용적률이 높을수록 세대를 더 많이 지을 수 있는 것이지요. 용적률은 정비구역 지정 시 지역여건 등을 검토하여 심의과정을 통해 합리적으로 결정하게 되며, 용적률이 결정되면 이를 참고로 해서 분양가를 결정하게 됩니다. 이때 이윤을 많이 남기기 위해 분양가를 너무 높게 책정하면 미분양으로 인한 손실을 볼 수 있으므로 분양가는 주변시세뿐만 아니라 부동산 전반적 경기를 참고하여 신중하게 결정해야 낭패를 보지 않을 것입니다.

이왕에 정비사업을 하는 거 이윤을 소유자가 갖는 도급제가 좋을 것 같았는데 손해를 볼 수도 있다니까 걱정이 되네요.

그렇다면 지분제와 도급제 중 어느 것이 더 주민에게 이익이 되는지요?

사업을 지분제로 할 것인가, 아니면 도급제 방식으로 할 것인가 하는 점은 소유자에게 가장 직접적으로 영향을 미치는 중요한 문제라고 생각됩니다.

앞서 예를 들어 설명 드린 바에 의하면, 홍길동이 살고 있는 20평형(법개정 3.3㎡) 아파트 20세대를 허물고 30평형(법개정 3.3㎡)의 아파트 40세대를 건립하기로 할 경우 지분제 방식은 홍길동을 포함한 기존 20세대에게 30평형(법개정 3.3㎡) 아파트를 1채씩 주고 나머지 세대를 평(법개정 3.3㎡)당 1천만 원의 분양가로 일반분양한 수입금 60억 원 중에 총공사비 42억 원과 기타 금융 및 사업 비용 3억 원을 제외한 15억 원의 이윤이 남게 되며 이 이윤을 시공회사가 가져가게 됩니다. 도급제 방식은 조합과 시공사가 공사비를 계약하고 공사비 외에 간접사업비용과 부대비용 등을 조합이 부담하는 방식으로 기존 소유자(조합원)는 30평형(법개정 3.3㎡)의 아파트 외에도 세대당 6천만 원의 이익을 나누어 갖을 수 있게 됩니다. 여기까지만 볼 경우 도급제가 기존 소유자(조합원)에게 큰 이윤을 주는 것처럼 보입니다.

하지만, 현실의 경우 꼭 그렇지만은 않습니다. 지분제와 도급제 중 어느 방식이 조합원에게 더 이익이 될지는 아무도 모릅니다. 도급제 방식은 사업으로 인해 발생하는 모든 이익을 가져갈 수 있는 잇점이 있지만 손실 또한 조합이 모두 감수해야 하는 불안요소를 갖고 있기 때문입니다. 사업이 순조롭게 진행되고 신축 아파트의 분양이 잘 되면 다행이지만, 그렇지 않고 미분양이 된다거나 분양가가 하락되면 예상했던 수입보다 적어지게 되고, 경우에 따라서는 사업에 따른 손실을 조합원들이 떠안게 됩니다. 또한, 도급공사비 및 사업경비 지급을 위하여 조합원들이 사업 도중에 부담금을 납부해야 하는 경우가 생기기도 합니다. 지분제 사업의 경우에는 도급공사비 및 사업경비를 시공사가 부담하면서 사업을 진행하나, 도급제의 경우에는 도급공사비 및 사업경비를 조합원들이 부담하기 때문에 사업 도중에 많은 금액의 부담금을 납부해야 되는 경우가 있습니다. 시공사가 도급공사비와 사업경비를 우선 감수하고 분양 정도에 따라 지급받거나 분양 후 일괄 지급받기로 할 경우에는 공사는 순조롭게 진행될 수 있겠으나 수백~수천억 원의 공사비가 소요되는 재개발·재건축 사업에서 공사대금을 외상으로 하고 공사를 계속하기에는 시공사 입장에서도 큰 부담이기 때문에 실제 공사가 중단되는 경우도 있고, 공사가 완료된 뒤에도 공사금액을 다 지불하지 못해 입주하지 못하는 경우도 간혹 발생하고 있습니다.

따라서, 무상지분율의 범위에서 일정한 이익을 보고 맘 편하게 사업을 추진하려면 지분제를 선택하고, 위험요소는 있지만 큰 이익을 남기고 싶으면 도급제를 선택하시는 것이 좋겠으나, 여건에 따라서는 지분제의 경우 시공사들이 관심을 보이지 않는 지역도 있으며 요즘은 지분제와 도급제를 혼용하는 경우도 있습니다.

정비사업을 지분제로 할 건지 도급제로 할 건지는 면밀하게 검토하고 심사숙고하여 신중하게 결정해야 될 것 같다는 생각이 듭니다. 이러한 지분제와 도급제의 사업방식은 언제 결정하게 되는지요?

정비사업을 지분제 방식으로 할 건지 아니면 도급제 방식으로 할 건지는 일반적으로 조합총회에서 결정하게 됩니다. 주로 조합총회 의결을 통해 사업방식을 결정한 다음 시공사선정 공고 시 사업방식을 설명해 주어야 시공사들이 그 사업방식에 맞추어 제안서를 낼 수 있기 때문이지요.

사업방식을 결정하지 않고 시공사를 선정하게 될 경우 나중에 조합과 시공사 간의 마찰이 빚어질 것이며, 또한 참여하는 시공사들이 각각의 제안서를 지분제 방식과 도급제 방식을 혼용하여 제출한다면 조합은 시공사를 선정하기가 매우 어려울 것입니다. 그러므로 조합설립을 위한 창립총회를 개최 시 다른 안건과 함께 사업방식에 관한 안건도 상정하여 결의하는 것이 바람직할 것입니다.

사업방식 결정을 하는데 있어서 전문가도 아닌 저희 주민들이 아무리 고민한다고 해도 한계가 있을 것 같습니다. 저희들이 참고할 수 있도록 사업방식(지분제·도급제) 결정의 기준을 제시해 주실 수 있는지요?

먼저 도급제 방식은 공사비와 부대비용 등을 조합원들이 부담해야 하므로 이를 충분히 감당할 수 있을 정도의 경제적 여유가 조합원들에게 있다면 도급제로 추진하여도 원활하게 사업이 추진될 것이나 경제적 여유가 되지도 않는데 도급제로 추진할 경우에는 공사비 분담금을 납부하지 못하여 공사가 중단되거나 준공 후에도 입주를 하지 못하게 되는 등의 문제가 야기될 수 있습니다.

둘째, 정비사업구역의 규모가 크고 조합원들의 숫자가 많을 경우 각종 사업비 조달이 쉬우므로 도급제의 추진이 가능합니다. 이 경우 조합원들이 시공사에게 지급해야 할 공사대금은 물론 각종 사업비를 조합원들에게 직접 납부하도록 하는 것이 아니라 조합이 은행으로부터 대출을 받고, 이 대출에 대해 시공사가 보증하는 방식으로 해결할 수 있습니다.

마지막으로 사업방식은 부동산 경기의 영향을 받습니다. 향후 부동산 가격이 상승할 가능성이 클 경우에는 도급제가 유리하고 부동산 가격이 하락할 가능성이 클 경우에는 지분제가 유리합니다.

그러나 이러한 사항들은 조합보다는 시공사가 더 잘 판단하므로 시공사의 입장과 조합의 입장이 맞지 않을 경우 실제 시공사를 선정하지 못하는 경우도 발생할 수 있으므로 각 구역마다 특성을 잘 살려 적절하게 사업방식을 결정하여야 할 것입니다.

공동주택의 소유자들이 재건축조합을 결성하지 않고 재건축사업을 시행할 수 있는지요?

20호 이상의 공동주택의 건설은『주택법』에 의한 등록사업자 또는 주택조합이 사업계획 승인을 받아 추진하거나『도시 및 주거환경정비법』에 의한 재건축조합이 사업시행 인가를 받아 추진하여야 하는데, 이러한 방식은 임대주택 건설의무 규정이나 규모별 의무건설 비율의 준수 등 까다로운 제한사항이 많이 있습니다.

까다로운 제한사항은『주택법』제16조 단서조항에 의해 건축허가를 받아 공동주택을 건설하는 경우 피할 수 있습니다. 도시지역 중 상업지역(유통상업지역 제외)이나 준주거지역에서 상가 등과 함께 300세대 미만의 공동주택을 주상복합 아파트형식으로 건축하는 경우에는 사업계획의 승인을 받을 필요가 없이 건축허가를 받아 건축할 수 있습니다. 이처럼 건축허가를 받아 건축하는 경우에는 건축허가를 받는 사람이 등록사업자가 아니여도 가능하고 기존 건축물에 대한 안전진단도 필요 없으며, 임대주택을 의무적으로 지을 필요도 없고 건축규모에 대한 제한도 없을 뿐만 아니라 재건축조합을 구성하지 않아도 됩니다.

사업계획 승인을 받은 정비구역지정 대상이 아닌 재건축사업구역의 경우 불가피한 사유로 인접한 연립주택 12세대를 조합에서 매입하여 동 구역에 포함하고자 하는 바, 사업계획변경이 가능한지요?

『도시 및 주거환경정비법 시행령』제6조 제1호의 규정에는 기존 세대수가 20세대 이상인 재건축구역의 경우 지형 여건·주변의 환경으로 보아 사업시행상 불가피한 경우에는 아파트 및 연립주택이 아닌 주택을 일부 포함할 수 있도록 규정하고 있으나, 조합에서 인접지의 공동주택 등을 매입하여 재건축사업에 포함하는 것은 불가피한 사유로 볼 수 없습니다.

지형 여건 및 주변환경으로 보아 사업시행이 불가피한 경우 아파트 및 연립주택이 아닌 주택을 재건축사업에 일부 포함할 수 있는 그 범위(노후도 및 주택호수 또는 부지면적)는 어떻게 됩니까?

『도시 및 주거환경정비법 시행령』제6조의 규정에서 정비구역이 아닌 구역에서의 재건축사업의 대상은『주택법』에 의한 사업계획 승인 또는『건축법』에 의한 건축허가를 얻어 건설한 20세대 이상의 아파트 또는 연립주택으로서,『도시 및 주거환경정비법』제2조 제3호의 규정에 의한 노후·불량 건축물을

말합니다. 이 경우 아파트 또는 연립주택의 해당 여부는『건축법 시행령』별표 1 및 건축물 대장에 기재된 건축물의 용도로 판단합니다.

『도시 및 주거환경정비법 시행령』제6조 단서의 규정에 의하여 지형 여건 및 주변환경으로 보아 사업시행이 불가피한 경우 아파트 및 연립주택이 아닌 주택을 일부 포함할 수 있고 그 범위에 대해서는 명문규정은 없으나 사업시행을 위해 불가피한 것임이 명백하게 입증되어야 하며 민원해소 및 사업 용이성 등의 사유로는 인근부지를 포함할 수 없습니다.

25m 도로를 경계로 인접한 각각의 아파트 단지를 1개의 단지로 보아 1개의 조합을 구성하여 안전진단을 신청할 수 있는지요?

『도시 및 주거환경정비법』제2조 제7호 및 동법 시행령 제5조 제2호의 규정에 '주택단지'라 함은 주택 및 부대·복리 시설을 건설하거나 대지로 조성되는 일단의 토지로서 대통령령이 정하는 범위에 해당하는 일단의 토지를 말하며, 이 토지 중 도시계획시설인 도로, 그 밖에 이와 유사한 시설로 분리되어 각각 관리되고 있는 각각의 토지로 규정되어 있습니다. 따라서, 각각의 필지에 25m 도로로 분리되어 각각의 단지로 사업승인되었다면 각각의 조합을 구성하여 안전진단을 신청하여야 할 것입니다.

『도시 및 주거환경정비법 시행령』에서 노후·불량 건축물을 준공 후 20년이 지난 건축물로 규정하고 있는데 노후·불량 건축물 판정 시 기존 건축물의 준공시점의 적용기준은 언제인가요?

『도시 및 주거환경정비법 시행령』제2조 제2항 제1호에서 노후·불량 건축물은 준공 후 20년이 지난 건축물로 규정하고 있는 바, 준공시점의 적용기준은 준공검사를 하여 인가된 날로 보아야 할 것입니다.

재건축조합설립 추진위원회 구성 및 조합설립인가신청과 관련하여 2개의 주택단지에 하나의 토지가 걸쳐져 있어 단지별로 대지권이 구분되어 있지 않은 경우『도시 및 주거환경정비법』에 의한 토지등소유자의 범위는 어떻게 되는지요?

하나의 토지가 2개의 주택단지에 걸쳐져 있어 주택단지별로 대지권이 구분되어 있지 않은 경우 재건축결의를 위한 각 단지별 토지등소유자의 범위를 구분하기 어려우므로 재건축을 추진하기 위해서는 단지별 대지권 분할이 선행되어야 할 것입니다.

『도시 및 주거환경정비법』 제2조 제9호 가목의 '지상권자' 의미에 금전을 대여한 후 담보목적으로 근저당권을 설정하고 동시에 지상권을 설정한 금융기관이 지상권자에 해당하는지요?

『도시 및 주거환경정비법』 제2조 제9호 가목의 지상권이란 타인의 토지에 건물, 기타 공작물이나 수목을 소유하기 위하여 그 토지를 사용할 수 있는 물건을 말하므로, 금전대여에 따른 담보목적의 지상권은 제외될 것이나 목적을 명확히 확인하여야 할 것입니다.

토지등소유자가 사망하였으나 사정으로 인하여 상속등기를 완료하지 못한 경우에 상속인들이 상속인이라는 입증자료를 첨부하고 대표자를 선임하여 동의서를 제출한다면 동의자로 산정할 수 있는지요?

토지등소유자가 사망한 경우에는 상속등기를 완료한 후 상속자 전원의 동의로 대표자를 선임하는 것이 원칙이며, 상속등기를 완료하지 못한 경우에도 공부상 확인된 상속자 전원이 동의한다면 동의한 것으로 볼 수 있을 것입니다.

주택재건축사업에서 하나의 필지를 2명이 공유하고, 그 필지에 건축물을 건축물관리대장과 등기부등본상에 각각 구분하여 소유한 경우 토지를 분할하지 아니하고 각각 조합원의 자격을 취득할 수 있나요?

『도시 및 주거환경정비법』 제2조 제9호의 규정에 주택재건축사업의 토지등소유자는 정비구역 안에 소재한 건축물 및 그 부속토지의 소유자로 규정하고 있는 바, 적법하게 구분 등기된 건축물과 토지를 공유한 경우라면 각각을 토지등소유자로 볼 수 있을 것이나 사안에 따라서 다르게 판단될 수도 있을 것입니다.

국·공유지 무상양여와 관련하여 『도시 및 주거환경정비법』 제2조의 규정에서 정하고 있는 도로에 대한 용어의 정의는 무엇인가요?

『도시 및 주거환경정비법』 제2조의 규정에서 정하고 있는 기반시설 중 도로의 범위는 도시계획상 도로, 건축법상 도로 등을 말하고, 같은 법 제65조 제2항의 규정에 의한 무상양도는 동일용도의 시설간 맞교환에 한정된 것이며 기존시설의 대체뿐 아니라 기존시설의 확장 등도 인정될 수 있을 것입니다.

정비구역의 지정에 대해 자신이 소유한 주택(상가) 및 토지가 포함되었거나 빠졌다는 이유로 취소소송을 제기할 수 있는지요?

정비구역 지정은 행정행위로서 행정소송에 의해 취소되기 위해서는 첫째로 행정소송의 대상이 되는 처분에 해당되어야 하고, 둘째로 소송을 제기하는 사람에게 소송으로 취소를 구할 자격이 있어야 하며, 셋째로 행정처분이 위법해야 합니다.

토지등소유자는 정비구역이 지정됨으로써 직접적으로 권리와 의무를 침해당하는 사람이므로 소송을 통하여 정비구역 지정 취소를 구할 수는 있습니다. 그러나 정비구역의 지정행위가 위법하려면 행정청의 재량권 일탈이나 남용이 있다고 인정되어야 하는데 인정되는 경우가 흔하지 않으므로 사실상 취소소송은 불가하다고 보아야 합니다.

자신이 소유한 주택(상가) 및 토지가 빠져 있는 경우에는 이를 포함하여 정비구역을 지정해달라고 신청을 한 후 그 신청에 대한 거부처분을 취소해달라는 간접적인 방식을 취할 수는 있습니다.

정비구역이 지정되지 않은 상태에서 개발행위를 제한할 수 있는지요?

정비구역이 지정되면 개발행위가 금지되므로 그 이전에 개발행위를 하기 위해 신청하는 사례가 많습니다. 이 경우 『도시 및 주거환경정비법』은 정비구역이 지정된 이후 개발행위를 제한하는 것이므로 건축허가가 원칙적으로 기속행위이기 때문에 정비구역이 지정되기 전에는 개발행위를 제한할 수 없다고 해석이 됩니다. 그러나 『국토의 계획 및 이용에 관한 법률』에 의하면 건축허가가 단순히 『건축법』상 요건만 충족해야 하는 것이 아니라『국토의 계획 및 이용에 관한 법률』상의 요건도 충족해야 하는 재량행위의 성질을 가지고 있으므로 정비구역지정 이전에는 개발행위를 제한할 수 없는 것으로 확대 해석할 수 없으므로 건축허가를 금지하는 것이 가능합니다(서울행정법원 2005구12800, 서울고등법원 2005누14264).

최근 판례에 의하면(2007구합17601) "다세대주택 신축을 위한 건축허가신청인들의 허가신청 토지가 비록 구청장이 고시한 제한공고상의 허가제한구역 대상토지에 포함되지는 않지만, 위 허가신청토지 일대는 노후주택이 밀집하고, 공공시설의 부족에 따라 정비사업으로 인한 주거환경개선이 요구되며 재정비촉진사업 검토지역에 포함되어 조만간 뉴타운지구 등 도시·주거환경정비계획사업지역에 포함될 가능성이 높은 점, 이러한 상황에서 기존 건축물의 세대수를 증가시키는 건축허가신청이 받아들여질 경우 연쇄적으로 정비사업으로 신축될 아파트분양권 등을 목적으로 동종의 건축허가신청이 남발되어 불량주택을 개발하여 주거환경을 개선하고자 하는 도시관리계획사업의 공익적 취지가 몰각되고, 기존 사업지구 내에서 오래전부터 거주해 오던 주민들의 사업비 부담이 증가하는 등 사업시행 자체에도 중대한 지장을 초래할 개연성이 높은 점, 신청인들이 비록 건축허가를 받더라도 허가신청지 일대가 도시·주거환경정비계획으로 지정·고시되고 이를 근거로 정비사업이 진행될 경우 신축한 건축물들은 철거될 가능성이 높아 신청인들의 건축비 등 불필요한 자원낭비가 초래된다는 점 등을 종합하면, 신청인들의 건축허가신청을 반려한 것은 공익과 사익의 정당한 형량에 따른 적법한 처분이다."라고 판시한 바 있으나, 이에 대해 명확히 하기 위해 2009년 2월 6일 개정된『도시 및 주거환경정비법』에서는 기본계획 수립단계에서부터 건축물의 건축과 토지 분할에 대해서는 행위제한을 할 수 있도록 하고 있습니다.

『도시 및 주거환경정비법』 제28조 제2항의 규정에 의하여 건축심의를 거쳐 사업시행 인가를 얻은 후 토지면적·연면적의 감소(대지면적의 1%)와 배치도 일부를 변경하는 경우 건축심의를 다시 받아야 하는지요?

『도시 및 주거환경정비법』 제28조 제2항의 규정에 의한 건축심의를 거친 후 심의내용을 변경하는 때에는 심의를 받아야 할 것이나 사안에 따라 적절하게 판단하여야 합니다.

주택재개발 정비기본계획상의 1개 구역을 3개 구역으로 분할해 각각의 사업 여건에 맞추어 분리하여 추진이 가능한지요?

『도시 및 주거환경정비법』제4조의 규정에 의한 정비구역은 도시·주거환경 정비기본계획에서 정한 정비예정구역 범위대로 정비구역을 지정하여 추진하여 야 할 것으로 정비구역이 지정되지 않은 상태에서 동 기본계획상 하나의 정비 구역으로 반영되어 있는 구역을 분리하고자 하는 경우 같은 법에서 정한 기본 계획 변경절차를 거쳐 추진하여야 할 것입니다.

환지방식의 주택재개발사업이 추진 중으로 환지처분이 수인을 한 필지로 하는 공동 환지 또는 환지소유자가 주택을 건축하기 위해서는 종전 주택소유자가 철거하여야 가 능하는 등 문제가 많아 사업방식을 바꾸어 일부 구역을 별도로 분할하여 아파트건설 등 공동개발하고자 할 경우 변경이 가능한지요?

기 수립된 재개발기본계획을 변경하여 일부 구역에 대하여 별도의 구역을 지정하여야 하며, 또한 소유권관계가 명확하게 구분되어 문제가 없어야 할 것 입니다.

종전 규정에 의한 아파트지구개발계획이 수립되어 있는 지역에서 재건축사업을 추 진하는 경우 『도시 및 주거환경정비법』부칙 제5조의 규정에 의한 정비계획이 수립 된 지역으로 볼 수 있는지 여부 및 아파트지구 해지절차는 어떻게 되나요?

재건축을 추진하고자 하는 구역으로서 종전 규정에 의해 수립된 아파트지구 개발계획은 『도시 및 주거환경정비법』부칙 제5조의 규정에 따라 같은 법 제4조 의 규정에 의하여 수립된 정비계획으로 보도록 하고 있으므로, 정비구역 변경 절차를 이행하는 것이며 이의 해제절차도 동 변경절차에 따라야 할 것입니다.

도시주거환경 정비사업구역이 2 이상의 용도지역(일반상업지역, 제2종 일반주거지역) 및 용도지구(중심미관지구, 방화지구)에 걸쳐 시행하는 경우 용적률 산정방법은 어떻게 됩니까?

도시·주거환경정비기본계획 수립지침 제4-11-4호의 규정에 의거 하나의 정비예정구역이 2 이상의 용도지역(예 : 일반주거지역 및 상업지역)에 걸쳐 있 는 경우 각각의 용도지역에 해당하는 규정을 적용해야 합니다.

주택재개발기본계획이 수립된 지역으로서 정비구역의 분할은 정비구역 지정 후에만 가능한가요?

『도시 및 주거환경정비법』제4조 제1항의 규정에 의하여 정비구역은 도시·주거환경정비기본계획에 적합한 범위 안에서 지정하는 것이므로, 정비구역의 지정 여부와 관계없이 도시 및 주거환경정비기본계획을 변경하여 정비구역을 분할하는 것은 구역지정 전이라도 가능할 것입니다.

제2종 일반주거지역으로 의제처리된 지역에서 정비계획을 수립하여 정비구역으로 지정한 후『국토의 계획 및 이용에 관한 법률』에 의한 용도지역의 세분화로 2종 일반주거지역에서 3종 일반주거지역으로 변경되었을 경우 정비구역을 변경하여 변경된 용적률을 적용할 수 있는지요?

정비구역이 지정된 후 용도지역의 세분화로 용도지역이 변경되었을 경우 변경된 용적률을 적용하기 위해서는 정비계획을 변경하여야 하며, 정비계획의 변경은 동 사업의 인가기관인 지자체(시장·군수·구청장 등)의 판단사안입니다.

인가권자가 도시관리계획으로 변경 예정인 용적률을 적용하여 정비계획과 정비구역 지정을 할 수 있는지요?

도시관리계획이 진행 중일 경우에는 동 도시관리계획이 완료되어야 정비계획과 정비구역 지정이 가능할 것입니다. 도시관리계획이 진행 중일 경우에 정비계획을 수립한다면 정비계획도 관리계획의 성격이므로 서로 충돌할 가능성을 배제할 수 없기 때문입니다.

단독주택 재건축사업과 관련하여『도시 및 주거환경정비법 시행령』제10조 제1항 별표 1 제3호 나목(2)에서 규정하고 있는 '노후·불량 건축물'은 단독주택만을 의미하는 것인지 아니면 공동주택 등 다른 용도의 건축물도 포함하는 것인가요? 또 단독주택 재건축에서 공동주택도 포함할 수 있는지요?

『도시 및 주거환경정비법 시행령』제10조 제1항 별표 1 제3호 나목(2)에서 규정하고 있는 '노후·불량 건축물'은 단독주택만을 의미하는 것이나 정비계획 수립 및 정비구역은 사업목적 및 지역 여건 등에 따라 공동주택을 포함하여 지정할 수도 있을 것입니다.

『도시 및 주거환경정비법』에 따라 재건축사업시행 인가를 받은 경우 『국토의 계획 및 이용에 관한 법률』에 따른 도시관리계획(제1종 지구단위계획) 결정이 의제처리된 것으로 볼 수 있는지요?

『도시 및 주거환경정비법』제4조 제4항의 규정에 의하여 정비구역의 지정 또는 변경지정의 고시가 있는 경우 당해 정비구역 및 정비계획의 내용에 포함되어 있는 사항 중 『국토의 계획 및 이용에 관한 법률』제52조 제1항 각 호의 1에 해당하는 사항은 같은 법 제49조 및 제51조의 규정에 의한 제1종 지구단위계획 및 제1종 지구단위계획구역으로 결정·고시된 것으로 보도록 규정하고 있으며, 이는 지구단위계획과 정비계획이 일치하는 부분만 간주되는 것입니다.

재건축사업 정비구역 전체에 대해서 동시에 사업착수가 곤란할 경우 재건축사업을 분할하여 시행할 수 있는지요?

『도시 및 주거환경정비법』제34조의 규정에는 시장·군수 및 구청장이 정비사업을 효율적으로 추진하기 위하여 필요하다고 인정하는 경우에는 같은 법 제4조의 규정에 의한 정비구역을 2 이상의 구역으로 분할할 수 있도록 규정하고 있으며, 사업착수 시점에 대하여 정하고 있는 규정은 없으므로 분할사업시행은 가능할 것입니다.

구역지정이 완료된 정비구역의 면적 10% 이하를 변경할 경우 변경신청절차를 이행하여야 하는지요?

『도시 및 주거환경정비법』제4조 제1항 후단의 규정에 정비계획의 내용을 변경할 필요가 있을 때에는 정비구역 지정절차와 같은 절차를 이행하도록 규정하고 있으며, 같은 법 시행령에서는 경미한 변경은 그러하지 않아도 되도록 규정하고 있습니다. 따라서, 당초 인가받은 정비구역면적의 10% 미만의 변경인 경우 정비구역 변경지정절차를 거치지 않아도 되나, 동 조 제2항의 규정에 의한 지방도시계획위원회(2009년 2월 6일 이전에는 도시계획·건축 공동위원회) 심의절차는 거쳐야 합니다.

『도시 및 주거환경정비법』제4조의 규정에 의한 정비계획의 수립 및 정비구역의 지정으로 주거지역의 고도제한을 완화할 수 있는지요?

주거지역의 고도제한에 대하여는 『도시 및 주거환경정비법』에 의한 정비계획 및 정비구역으로 상한선을 완화적용(변경 포함)하는 것이 불가하고 『국토의 계획 및 이용에 관한 법률』에서 규정하는 도시관리계획 변경 등이 선행되어야 할 것입니다.

『도시 및 주거환경정비법』상 주민제안으로 주택재개발사업을 위한 정비계획의 수립 여부를 결정할 수 있는지요?

정비계획의 수립은 시장·군수 및 구청장이 수립하여야 하나 기본계획상의 단계별 정비사업 추진계획과 비교하여 1년 이상 경과하였음에도 불구하고 정비계획이 수립되지 아니한 경우와 토지등소유자가 주택공사 등을 사업시행자로 요청하는 경우 그리고 대도시가 아닌 시 또는 군으로서 조례로 정하는 경우에는 그 조례에 따라 토지등소유자가 시장·군수 및 구청장에게 정비계획의 입안을 제안할 수 있습니다. 참고로 2009년 2월 6일자로 『도시 및 주거환경정비법』이 개정되기 전에는 주민제안에 대한 제한규정이 없어 주민제안의 수용 여부는 입안권자인 시장·군수 및 구청장이 판단할 사안이었으며, 각 지자체 별로 조례에서 주민제안에 필요한 동의요건 등을 정하여 운영하여 왔습니다.

단독주택재건축조합이 조합의 사정으로 사업부지 내의 일부 토지를 제외하고 사업시행 인가가 가능한지요?

단독주택재건축사업의 경우 『도시 및 주거환경정비법』 제4조의 규정에 의하여 단독주택재건축을 위한 정비계획 및 정비구역을 지정하여 동 구역 내에 대하여 사업을 시행하도록 하고 있으므로, 질의의 경우와 같이 정비구역 내의 토지 일부를 제외하고자 할 경우는 정비구역을 변경지정하여야 할 것입니다.

주거환경개선지구 안의 국·공유지 재산관리청으로부터 무상양여 반대(30% 초과분)를 이유로 국·공유지 관리청이 정비구역 지정에 미동의하는 경우 동 국·공유지를 포함하여 정비구역을 지정할 수 있는지요?

정비구역 범위는 토지등소유자의 동의를 기준으로 지정하는 것이 아니라 계획의 합리성 등에 따라 결정하여 지정하는 것이므로 정비구역 지정 시 국·공유지 관리청의 동의가 반드시 필요한 것은 아니며, 『도시 및 주거환경정비법』 제68조 제4항의 규정에 의거 주거환경개선지구 안의 국·공유지의 무상양여는 정비구역 지정과 별도로 협의하여야 할 것입니다.

재건축사업을 위한 교통영향평가 결과 주택단지 진·출입로를 확보하기 위하여 주택단지 밖의 지역을 정비사업구역에 포함하여 지정할 수 있는지요?

『도시 및 주거환경정비법』 제64조의 규정에 정비구역의 진입로 설치를 위하여 필요한 경우에는 진입로 지역과 그 인접지역을 포함하여 정비구역을 지정할 수 있도록 규정하고 있기 때문에 정비구역을 변경지정 절차를 거쳐 변경할 수는 있을 것이나, 변경과정에서 충분한 의견수렴 등을 거쳐 과도하게 소유권을 제한하지는 말아야 할 것입니다.

기 지정된 주거환경개선지구(약 60% 주택개량)의 주변지역을 포함하여 재개발 또는 재건축사업으로 추진할 경우 정비계획 수립 및 구역지정이 되면 지구지정이 해제되는지 아니면 지구지정 해제를 선행하여야 하는지요?

 주거환경개선사업지구를 재개발 또는 재건축으로 사업방식을 변경하여 시행하는 경우 지구지정 해제절차를 선행하는 것이 아니라『도시 및 주거환경정비법』제4조의 규정에 의한 정비계획 및 정비구역 변경절차를 거쳐야 할 것입니다.

 정비기본계획 중 일부분이 전체면적의 10% 미만이 증가되고, 다른 부분이 전체면적의 20% 미만이 감소되어 총량적으로 10% 미만이 변경된 경우 경미한 변경으로 볼 수 있는지요?

 정비기본계획은『도시 및 주거환경정비법』제3조 및 같은 법 시행규칙 제9조 제3항 제5호에서 정비구역으로 지정할 예정인 구역의 면적을 구체적으로 명시한 경우 당해 구역면적의 20% 미만 변경의 경우는 경미한 변경으로 보도록 하고 있습니다. 그런데 질문하신 내용은 당초 면적의 30%가 변경된 것으로 보아야 하므로 경미한 변경에 해당되지 아니합니다.

 정비사업 후에 예정 세대수가 300세대 및 그 부지면적이 1만m^2 미만인 경우 정비구역 지정 없이 재건축사업이 가능한가요?

 공동주택을 재건축하면서 기존 세대수 또는 재건축사업 후의 예정 세대수가 300세대 미만이거나 그 부지면적이 1만m^2 미만인 지역의 노후·불량 건축물은 정비구역의 지정 없이 주택재건축정비사업이 가능하며, 용도지역변경 등 도시관리계획에 관한 내용을 변경하는 경우에는 지구단위계획을 수립하는 등 별도의 절차를 이행하여야 할 것입니다.

『도시 및 주거환경정비법』제4조의 규정에 의하여 정비계획 수립 및 지정 시 도시·건축공동위원회의 심의를 거쳐 용도지역 상향조정이 가능한지요?

『도시 및 주거환경정비법』제4조 제1항 제7의3호의 규정에 의하면『국토의 계획 및 이용에 관한 법률』제52조 제1항 각 호의 사항에 관한 계획을 정비계획 수립 시 포함할 수 있도록 규정하고 있으므로 정비계획의 수립절차에 따라『국토의 계획 및 이용에 관한 법률』에서 허용하는 범위(지구단위계획)에서의 용도지역 변경이 가능한 것입니다.

정비구역 지정고시 후 사업시행인가 시 교통영향평가 결과 연접된 도로폭 확장 및 아파트 진입도로 신설 등 대지의 일부분이 공공용지로 편입되면서, 공공용지 편입에 따른 용적률이 증가되었으나 당초 대지면적 대비 용적률은 증가되지 않은 경우에도 정비계획 변경절차를 이행해야 하는지요?

공공용지 편입을 통한 용적률 완화적용에 따라 당초 대지면적과 대비하여 용적률이 증가된 것이 아니라면 『도시 및 주거환경정비법 시행령』 제12조의 규정에 의한 정비계획의 경미한 변경에 해당합니다. 따라서, 정비계획 변경절차를 이행하지 않아도 됩니다.

수개의 주택단지(공구)를 하나의 정비계획으로 수립 후 용적률을 250% 이하로 하여 정비구역을 지정하였으나 그 중 하나의 단지(공구)가 용적률 250%를 초과할 경우 정비구역 변경대상이 되는지요?

정비계획 용적률이 당해 구역의 허용되는 최대 용적률을 정한 것이 아니라 평균 용적률의 최대 범위를 정하고, 『국토의 계획 및 이용에 관한 법률』 등 관계법령에 적합한 범위라면 정비계획이 변경된 것으로 보지 않을 수 있지만, 이에 해당되는지 등에 대해서는 정비계획수립권자가 판단하여야 할 사항입니다.

주택재건축정비사업을 위하여 도시계획시설 이외의 사도 등을 폐지할 경우 『건축법』 제35조의 규정에 의한 당해 도로에 대한 이해관계자의 동의를 별도로 얻지 아니하고 『도시 및 주거환경정비법』 제4조의 규정에 의한 정비구역지정 절차만으로도 가능한지요?

재건축 사업구역 내 포함된 도로가 『건축법』 제2조 제11호 나목의 규정에 의하여 지정된 도로인 경우에는 『건축법』 제35조의 규정에 의하여 이해관계인의 동의를 얻어야 할 것입니다.

주택재건축사업의 건축위원회 심의과정에서 건폐율·용적률·최고 높이·최고 층수 등의 변경 없이 불가피하게 지하주차장이 증가된 경우는 정비계획의 경미한 변경에 해당하는지요?

『도시 및 주거환경정비법 시행령』 제12조의 규정에 의하여 정비계획의 경미한 변경 여부를 판단하여야 할 것이나 지하주차장 면적이 증가되었다면 경미한 변경에 해당하지 않는 것입니다.

주택재개발사업의 정비구역 지정이 완료된 후에 인근 노후·불량 주택에 해당되지 아니한 주택단지 및 단독주택을 편입하고자 하는 경우 편입하고자 하는 지역의 주민동의는 몇 %를 받아야 하나요?

편입되는 주택단지는 정비계획 수립요건에 해당되어야 하는 것이며, 조합을 설립하고자 할 경우 또는 설립된 경우라면 각각 편입되는 단지의 토지등소유자의 동의요건을 충족하여야 할 것입니다.

정비계획의 수립 및 정비구역의 지정을 완료한 후에 건축물의 배치 및 평면을 변경한 경우 건폐율·용적률·연면적·최고 높이·최고 층수 등은 정비계획의 경미한 변경에 속하나, 건축물의 위치·단지 내 도로·조경선형 등의 배치를 많이 변경한 때에도 정비계획의 경미한 변경에 해당하는지요?

『도시 및 주거환경정비법 시행령』 제12조 각 호 중 어느 하나에 해당된다고 하여 반드시 정비계획의 경미한 변경으로 볼 수는 없는 것이며, 각 호 간의 연관성 등을 종합적으로 검토하여 판단하여야 할 것입니다. 따라서, 건축계획을 변경하는 경우에는 정비계획의 경미한 변경에 해당되지 아니한 것입니다.

회사(제조업)가 소유한 사택(250세대)에 대하여 주택재건축사업이 가능한지요?

『도시 및 주거환경정비법』 제13조 제1항에서 정비사업을 시행하고자 하는 경우에는 토지등소유자로 구성된 조합을 설립하도록 규정하고 있으므로, 회사가 소유자인 사택은 동 규정에 적합하다고 볼 수 없어 『도시 및 주거환경정비법』에 의한 주택재건축사업이 불가능합니다.

『국토의 계획 및 이용에 관한 법률』에 의거 제1종 일반주거지역으로 종세분된 지역에 대하여 주거환경개선구역으로 지정이 될 경우 민간업자 및 개인이 시행하는 공동주택사업의 경우에도 제2종 일반주거지역으로 사업시행이 가능한지요?

제1종 일반주거지역으로 종세분된 지역에 대하여 『도시 및 주거환경정비법』 제6조 제1항 제1호의 요건에 해당하는 주거환경개선구역으로 지정되면 제2종 일반주거지역으로 간주되어 정비계획 및 관계법령에 따라 현지개량 또는 공동주택 건설이 가능할 것입니다.

도시환경정비사업을 토지등소유자가 건설업자 등과 공동으로 시행하고자 하는 경우에 『도시 및 주거환경정비법』 제13조 제1항 단서조항을 적용하여 조합을 구성하지 아니하고 사업을 시행할 수 있는지요?

『도시 및 주거환경정비법』 제13조 제1항의 단서규정에 의하면 토지등소유자가 도시환경정비사업을 단독으로 시행하고자 하는 경우에는 조합을 설립하지 아니한다고 규정하고 있는바, 도시환경정비사업에서 『도시 및 주거환경정비법』 제8조 제3항의 규정에 의하여 토지등소유자가 시행(공동으로 시행하는 것을 포함한다)하는 경우 조합을 설립하지 않아도 됩니다.

주상복합건물을 건설하려는 주택건설시행사에서 사업예정지 내에 있는 재건축조합과 공동으로 사업을 추진할 수 있는지요?

『도시 및 주거환경정비법』 제8조 제1항에 의거 주택재건축사업은 조합이 시행하거나 조합이 조합원의 과반수 동의를 얻어 시장·군수 및 구청장 또는 주택공사 등과 공동으로 시행할 수 있도록 규정되어 있습니다.

주택재개발사업의 추진위원회에서 공동시행자를 선정할 수 있는지요?

『도시 및 주거환경정비법』제8조 제1항의 규정에 의하여 주택재개발사업은 조합이 시행하거나 조합이 조합원 과반수의 동의를 얻어 시장·군수 및 구청장, 주택공사 등, 『건설산업기본법』제9조의 규정에 의한 건설업자, 『주택법』제12조 제1항의 규정에 의한 건설업자로 보는 등록사업자 등과 공동으로 시행할 수 있으며, 주택재개발사업의 시공자는 같은 법 제20조 및 제24조의 규정에 의하여 정관이 정하는 바에 따라 총회의 의결을 거쳐 선정하여야 할 것입니다.

시공자가 공동시행자가 되는 경우 공사계약서는 필요가 없는 것인지, 공동시행자인 건설회사가 이익금 배분을 요구할 수 있는지요?

『도시 및 주거환경정비법』제20조의 규정에 시공자의 선정 및 계약서에 포함될 내용은 정관에 정하도록 규정되어 있으며, 공동으로 시행하는 경우의 이익금 배분 등은 당사자간의 계약내용에 따라 판단하여야 할 것입니다.

2인 공동소유의 상가를 그 중 1인을 대표자로 선임하여 주택재건축사업의 조합원으로 가입하였으나 공유자 1인이 매매한 경우 대표조합원의 자격이 상실되는지요?

『도시 및 주거환경정비법』제10조의 규정에 사업시행자와 정비사업과 관련하여 권리를 갖는 자의 변동이 있은 때에는 종전의 사업시행자와 권리자의 권리·의무는 새로이 사업시행자와 권리자로 된 자가 이를 승계하도록 규정하고 있는 바, 소유권 또는 구분소유권의 공유자 일부가 소유권을 이전하더라도 대표조합원의 자격은 상실되지는 아니할 것입니다.

2003년 6월 30일 종전 법령에 의하여 재건축아파트 사업계획승인을 받은 조합이 기 선정된 시공자와 분쟁으로 계약파기하고 새로운 시공자를 선정할 경우 수의계약으로 가능한지요?

『도시 및 주거환경정비법』부칙 제7조 제2항의 규정에 의거 조합설립의 인가를 받은 조합으로서 토지등소유자 2분의 1 이상의 동의를 얻어 시공자를 선정하여 이미 시공계약을 체결한 정비사업이거나 또는 2002년 8월 9일 이전에 토지등소유자 2분의 1 이상의 동의를 얻어 시공자를 선정한 주택재건축사업인 경우 시장·군수 및 구청장에게 신고하여 기 선정된 시공자를 인정받을 수 있는데, 이렇게 인정받은 시공자라 할지라도 시공자를 교체하고자 하는 경우에는 같은 법에 의해 경쟁입찰로 선정하여야 할 것입니다.

시공자 선정과정에서 단독으로 입찰한 회사를 시공자로 선정하였을 경우 『도시 및 주거환경정비법』에 의한 시공자로 볼 수 있는지요?

『도시 및 주거환경정비법』제11조의 규정에 시공자의 선정은 조합의 정관 등이 정하는 경쟁입찰의 방법으로 선정하도록 규정하고 있는 바, 경쟁입찰은 2인 이상의 유효한 입찰로 성립하는 것이므로 단독입찰로 선정된 시공자는 같은 법에 의한 시공자가 아닙니다.

『도시 및 주거환경정비법』시행 이전에 사업계획승인을 받은 재건축주택조합에서 공동사업주체를 변경할 때 전 시공사의 포기각서 없이 조합에서 변경할 수 있는지요?

『주택건설촉진법령』에서 공동사업주체 변경 시 전 시공사의 동의 여부에 관하여는 별도로 규정한 바가 없으므로 공동사업주체인 시공사의 변경은 재건축사업 주체인 조합에서 조합규약 및 시공사 간의 계약내용 또는 약정내용에 따르면 될 것입니다.

조합정관을 변경하였으나 변경인가를 받지 아니한 상태에서 시공자를 선정할 경우 적법한지요? 또 시공자의 선정 시 3회 이상 유찰된 경우 수의계약이 가능한지요?

조합정관변경인가를 받기 전이라도 『도시 및 주거환경정비법』제11조의 규정에 따라 시공자를 선정하였다면 적법한 것으로 여겨지며, 경쟁입찰의 방법에 의한 시공자 선정 시 미응찰 등의 이유로 3회 이상 유찰된 경우에는 총회의 의결을 거쳐 수의계약을 할 수 있을 것입니다.

주택재건축사업의 시공자 선정을 경쟁입찰의 방법으로 선정하기 위하여 일간신문에 공고하고 현장설명회를 개최하여 3개 업체가 등록하였습니다. 대의원회에서 3개 업체에 대한 참여조건을 비교하여 2개 업체를 선정하고 총회에서 1개 업체를 선정하기로 의결하였으나 총회 개최 전에 1개 업체가 포기하였을 경우 1개 업체만을 대상으로 선정할 수 있는지요?

『도시 및 주거환경정비법』 제11조의 규정에 따라 시공자는 조합의 정관 등이 정하는 경쟁입찰의 방법으로 선정하여야 합니다. 2개 업체 중 1개 업체가 포기하여 1개 업체만을 대상으로 시공자를 선정하는 경우 경쟁입찰의 방법으로 볼 수 없습니다.

1985년도에 준공된 주택단지로 재건축사업을 추진하고자 하나 안전진단평가를 통과하지 못하였습니다. 이 경우 재건축조합설립 인가 등 재건축사업추진이 가능한지요?

주택재건축사업의 안전진단은 『도시 및 주거환경정비법』 제12조의 규정 및 같은 법 시행령 제20조의 규정에 따라야 하며, 재건축안전진단평가를 통과하지 못하였을 경우에는 재건축조합설립 인가 등 재건축사업의 추진을 할 수 없을 것입니다.

단독주택을 일부 포함한 다세대주택에 대하여 안전진단을 구청에 신청할 수 있는지요?

『도시 및 주거환경정비법』 제12조 및 같은 법 시행령 제20조의 규정에 의하여 주택재건축사업을 위한 안전진단은 공동주택을 대상으로 하며, 시장·군수 및 구청장은 안전진단의 신청이 있은 때에는 건축물의 노후·불량 정도 등에 대한 현지조사와 건설안전전문가의 의견청취 등을 거쳐 안전진단실시 여부를 결정하도록 규정하고 있습니다. 또한, 노후·불량 건축물에 해당하지 아니함이 명백하다고 인정하는 경우에는 그 사유를 명시하여 반려할 수 있습니다.

단독주택 재건축사업구역 안에 공동주택이 있는 경우 안전진단을 실시하여야 하는 지요?

단독주택 재건축사업의 정비구역 안에 공동주택이 포함된 경우 『도시 및 주거환경정비법 시행령』 제20조 제1항의 규정에 의하여 안전진단을 받아야 할 것입니다.

노후·불량 건축물수에 관한 기준을 충족한 경우 잔여 건축물에 대하여는 안전진단을 받을 필요가 없는지요?

『도시 및 주거환경정비법 시행령』 제20조의 규정에 의하여 별표 1 제3호 가목(4) 및 나목(2)의 규정에 의한 노후·불량 건축물 수에 관한 기준을 충족한 경우 잔여 건축물에 대하여는 안전진단 대상에서 제외됩니다.

도시환경정비사업의 토지등소유자가 조합을 설립하지 않고 단독으로 시행하는 경우와 토지등소유자가 조합을 구성하여 정비사업을 시행하는 경우의 토지등소유자는 어떻게 구분하는 것인지요?

도시환경정비사업의 토지등소유자는 정비구역 안에 소재한 토지 또는 건축물의 소유자 또는 그 지상권자를 말하는 것이며, 도시환경정비사업은 주택지역을 대상으로 하는 것이 아니고 도심지 또는 상업지역 등을 대상으로 시행하므로 이해당사자가 많지 않아 조합을 구성하지 않고 토지등소유자가 단독으로 시행할 수 있는 경우를 포함한 것입니다. 따라서, 당해 토지등소유자가 조합 또는 단독으로 정비사업을 추진할 것인지 여부를 결정해야 할 것입니다.

　시공사 선정은 정비사업 추진에 필요한 자금을 조달하는 것과 밀접한 관계가 있다. 정비사업의 추진위원회 운영자금과 사업시행을 위한 자금을 조달하는 방법으로는 현행법상 토지등소유자들의 갹출에 의한 방법, 도시·주거환경정비기금 지원, 금융기관 및 정비사업전문관리업자 등으로부터의 차입 등의 3가지 방법으로 나눌 수 있다. 토지등소유자들로부터 갹출하는 방법은 사업에 대한 불확실성과 추진위원회에 대한 불신 등으로 인한 주민들의 자발성 부족으로 현실적으로 불가능하며, 도시·주거환경정비기금의 지원은 서울특별시에서만 가능할 뿐 나머지 광역자치단체에서는 지원할 엄두조차 내지 못하고 있는 실정이므로 대부분의 구역은 추진위원회 단계에서 선정할 수 있는 정비업체로부터 초기 자금을 대여받는 형태로 자금을 조달하고 있으나 이것도 여의치 않아 전국의 정비사업장들은 초기 자금난에 허덕이고 있다. 이러한 자금난을 해결하기 위해 추진위원회는 직·간접적으로 시공사와 연결하고 있어 이로 인한 민원과 소송이 끊이지 않는 것이 현실이다.

　조합에서의 시공사 선정은 현행법상 조합설립인가 이후로 규정되어 있으나 정비사업의 초기 자금난을 해결하기 위해서는 아예 추진위원회 때 시공사를 선정할 수 있도록 해주는 것이 가장 효과적이라고 필자는 생각한다.

정비구역이 지정된 이후 정비사업을 추진하기 위한 가장 보편적인 방법으로는 조합을 설립하여 추진하는 것인데 이러한 조합을 설립하기 위해서는 토지등소유자의 75% 이상 및 토지면적의 50% 이상의 동의를 얻어야 하며, 이러한 동의를 단번에 얻기 어렵기 때문에 전 단계에서 조직을 구성하여 조합설립을 위한 업무를 추진할 수 있도록 하는 법정단체가 추진위원회인 것이다.

조합설립 추진위원회는 토지등소유자의 과반수 동의를 얻어 시장·군수 및 구청장의 승인을 받아야 하며, 현행법상 추진위원회의 설립승인을 받지 않고 조합설립 인가를 받을 수 없다.

이때 추진위원회란 토지나 건축물을 소유하고 있는 토지등소유자를 말하는 것이 아니라 토지등소유자 중에서 조합설립을 위한 업무를 추진할 수 있도록 하기 위한 대표들을 뽑아 놓은 법정단체를 말하는 것으로 법원은 추진위원회를 법인격 없는 사단으로 보고 독립성을 인정하고 있다.

추진위원회가 승인되었는데요 추진위원회가 운영규정을 신고하지 않은 상태에서 『도시 및 주거환경정비법』 제14조 제항의 규정에 의한 추진위원회 업무를 수행했다고 합니다. 그 수행한 업무가 효력이 있는지요?

정비사업조합설립 추진위원회를 설립하여 시장·군수 및 구청장으로부터 설립승인을 받은 후 업무를 개시하기 전에 반드시 추진위원회 운영규정을 작성하여 토시등소유자들로부터 소정의 동의를 얻어 시장·군수 및 구청장에게 신고하여야 하며, 신고된 운영규정에 따라 업무를 추진하여야 합니다. 운영규정의 신고는 추진위원회 설립승인을 받을 당시 함께 신고하여도 됩니다(2009년 8월 7일부터는 운영규정을 추진위원회설립승인 당시 함께 신고하여야 합니다).

추진위원회가 수행할 수 있는 업무를 큰 골자로 보면 정비사업 전문관리업자의 선정, 개략적인 정비사업 시행계획서의 작성, 토지등소유자의 동의서 징구, 조합정관 초안의 작성, 조합의 설립을 위한 창립총회의 준비 및 개최, 그 밖에 추진위원회 운영규정이 정하는 사항입니다. 이러한 업무를 운영규정 신고 이전에 수행하였다면 효력이 어떠한가에 대해 건별로 살펴보겠습니다.

　먼저 정비사업 전문관리업자는 정비사업 전반에 걸쳐 컨설팅하는 업체로 매우 중요한 역할을 담당하는 조력자입니다. 이러한 정비사업 전문관리업자는 주민총회의 의결에 의하여 경쟁입찰의 방법으로 선정하여야 하므로 운영규정이 제정되지 않은 상태에서 정비사업 전문관리업자를 선정하였다면 무효일 가능성이 높습니다.

　둘째, 개략적인 정비사업 시행계획서는 계속해서 검토해 나갈 업무이므로 운영규정이 제정되지 않은 상태에서 정비사업 시행계획서를 작성해 놓았다 하더라도 무효가 될 가능성은 적습니다.

　셋째, 조합설립인가를 위한 동의서 징구에 대해서는 정비구역 지정 고시 이전이라면 당연 무효이지만, 정비구역이 지정 고시된 이후라면 운영규정이 제정되지 않은 상태에서 징구한 동의서가 무효인가 유효인가에 대해서는 법적인 논쟁이 있을 수 있습니다.

　넷째, 조합정관 초안의 작성은 비록 운영규정이 제정되기 전에 작성되었다 하더라도 계속해서 검토·수정·보완해 나갈 수 있으므로 무효가 될 가능성은 적습니다.

　마지막으로 조합의 설립을 위한 창립총회의 준비 및 개최는 그냥 단순한 준비만을 하였다면 문제가 없을 것으로 보이나, 운영규정이 제정되기 이전에 창립총회를 개최하였다면 창립총회는 굉장히 중요한 업무이기 때문에 무효일 가능성이 매우 높다 하겠습니다.

승인받은 추진위원회가 운영규정을 작성하지 않고 추진위원회 업무를 수행하였을 경우 수행한 추진위원에게 형사책임을 물을 수 있는지요?

　추진위원회 업무와 관련되어 형사책임을 져야 하는 경우가 『도시 및 주거환경정비법』 제84조 내지 86조까지 명문화되어 있으나 운영규정을 작성하지 않고 추진위원회의 업무를 수행한 경우에 대해서는 규정하고 있는 바가 없기 때문에 형사책임을 지울 수는 없습니다.

재개발조합설립 추진위원회 위원을 추가선출(추진위원 1/10 이상)할 경우 추진위원회의 운영규정을 정하지 않은 상태에서 임의로 업무규정을 정해 동 임의규정에 의하여 추진위원을 추가선출하는 것이 가능한지요?

　정비사업조합설립 추진위원회 운영규정〈국토해양부 고시 제2003-165호〉 제3조 제1항에서는 추진위원회는 『도시 및 주거환경정비법』 제14조 제1항의 규정에 의한 업무를 추진하기 전에 운영규정을 작성하여 『도시 및 주거환경정비법』에서 정하고 있는 동의율 이상의 동의를 얻어야 하며 시장·군수 및 구청장에게 신고하여야 합니다. 따라서, 임의로 업무규정을 정해 동 업무규정에 의하여 추진위원을 추가선출할 수 없습니다.

주택재건축(재개발)정비사업을 위한 토지등소유자가 구성한 (가칭)조합설립 추진위원회가 같은 구역 내 2개 이상 존재할 때, 동의서를 징구하는 과정에서 토지등소유자 중 일부가 각각의 추진위원회에 중복하여 동의서를 제출하는 경우 중복동의서가 유효한지요?

『도시 및 주거환경정비법』 제13조의 규정에 의하여 조합을 설립하고자 하는 경우에는 토지등소유자 과반수의 동의를 얻어 위원장을 포함한 5인 이상의 위원으로 조합설립 추진위원회를 구성하여 시장·군수 및 구청장의 승인을 얻도록 규정하고 있으나 2개 이상의 추진위원회에 대한 중복동의를 금지하고 있지 않으므로 2개 이상의 추진위원회의 승인신청이 있는 경우에는 먼저 접수된 추진위원회가 우선 승인대상이 될 것입니다.

「정비사업조합설립 추진위원회 운영규정」 제2조 제2항 제3호의 경우 토지등소유자 1/10 이상의 추진위원을 구성하도록 하였는데 위 기준에 미달하여 11명의 추진위원만으로도 추진위원회 설립을 위한 동의서 징구가 가능한지요?

『도시 및 주거환경정비법』 제13조 제2항의 규정에 의하면 위원장을 포함한 5인 이상의 위원으로 추진위원회를 구성하여 시장·군수 및 구청장의 승인을 얻어야 한다고 하고 있으므로 5인 이상의 추진위원으로 추진위원회의 구성이 가능하며, 추진위원회 승인을 받은 후 운영규정에 따라 추가로 선출하면 되는 것입니다.

추진위원회 구성을 위하여 「도시 및 주거환경정비 기본계획」의 확정고시 이전에 주민들로부터 징구한 동의서가 유효한지요?

최근 판례에 의하면 추진위원회의 설립을 위한 동의서는 사업 초기에 토지등소유자가 사업을 참여할 것인가, 말 것인가를 결정하는 기준으로 토지등소유자들은 재산권이 걸린 문제인 만큼 정비기본계획 고시 후 믿을 수 있을 만한 자료를 토대로 수립된 계획을 따져보고 사업에 참여하는 것이 바람직한 것이나 정비기본계획 고시 전에 동의서를 걷었다 하더라도 공람·공고 등을 통해 공포되고 본질적인 부분에서 별다른 차이가 없다면 동의서는 인정될 수 있을 것입니다. 하지만 공람·공고 이전에 받은 동의서에 대해서는 효력이 없으며, 동의서 내용 중 변동사항이 있는 경우에는 동의서를 다시 받아야 할 것입니다.

직무와 관련하여 형사고발되어 추진위원 전원이 벌금형을 받은 경우 벌금형을 받은 추진위원이 재선임될 수 있는지요?

선임된 위원이 직무와 관련하여 형사사건으로 기소되어 「정비사업조합설립 추진위원회 운영규정」에 의한 벌금형에 해당되는 경우에는 추진위원회의에서 신임 여부를 의결하여 자격상실 여부를 결정하도록 하고 있으므로, 추진위원 전원이 벌금형을 받은 경우에는 추진위원회 운영규정에 따라 새로운 추진위원을 선임해 추진위원회를 개최하여 벌금형 받은 위원들에 대하여 자격상실 여부를 결정하여야 할 것입니다.

승인된 재건축조합설립 추진위원회가 재건축조합설립인가를 받기 위한 재건축동의서의 내용 중 평형이 달라진 경우 동의서 제출자가 동의서 철회를 신청하면 동의서가 무효로 되는지요?

재건축동의서 제출 당시와 설계서 내용이 달라진 경우 이미 얻은 동의서는 철회가 가능한 것이며 철회 시 당연히 무효가 됩니다. 이와 같은 경우 법원 판결에서 재건축결의 자체가 무효로 되는 경우가 있습니다.

운영규정동의서 서식이 있는지요? 또 추진위원회 운영규정에 신청인 대표자와 추진위원의 간인을 반드시 찍어야 하는지요?

운영규정동의서 서식과 운영규정에 간인을 찍는 지에 대하여는 『도시 및 주거환경정비법』에서 별도로 규정하고 있지 아니하므로 합리적으로 일정한 동의서 서식을 작성·사용하여야 하며, 동의서 간인 여부는 받는 사람과 날인한 사람 간의 계약관계의 문제이나 운영규정의 훼손 등을 방지하기 위하여 간인을 찍는 것이 바람직할 것입니다.

조합설립 추진위원회 승인신청 시 인감증명서의 용도를 추진위원회 동의용으로 받은 것을 추진위원회 운영규정 동의용 인감증명서로 사용할 수 있는지요?

인감증명서는 용도대로 사용하여야 효력이 있을 것이므로 추진위원회 구성 동의용의 인감증명서를 운영규정 동의용으로는 사용할 수 없다 하겠습니다.

재개발사업과 관련하여 토지등소유자가 교회 등 비법인사단인 경우 그 단체의 정관(규약 또는 회칙)에 따라 정한 대표자가 추진위원회(정비사업조합)의 위원 또는 임원이 될 수 있는지요?

추진위원은 「정비사업조합설립 추진위원회 운영규정」에서 정한 자격에 합당한 토지등소유자 중에서 선출하여야 하며, 토지등소유자가 교회 등의 비법인사단인 경우에는 그 단체의 정관 등에 따라 토지등소유자로서의 법률행위를 위임받은 대표자가 추진위원회의 위원 등이 될 수 있을 것입니다.

재정비사업을 추진하면 동의나 의결의 절차가 많이 나오잖아요. 이때 개인 물건의 경우 동의자가 많을 경우 대표자를 선정하여 대표자의 의견에 따라 동의 여부와 의결권이 결정되는데요 교회와 같은 비법인사단의 경우에도 동의 여부와 의결권이 대표자의 의견에 따르는지요?

교회가 소유하고 있는 물건에 대한 재개발조합설립 및 사업시행에 대한 동의절차는 특별한 사정이 없는 한 그 대표자가 교인들 총회의 과반수가 결의한 결의서가 첨부된 동의서를 제출하는 방법에 의하여야 할 것입니다. 이는 교회가 일반적으로 권리능력이 없는 사단이고 그 재산의 귀속형태는 총유로 봄이 상당하므로 교회재산의 관리와 처분은 그 교회의 정관, 기타 규약에 의하고 그것이 없는 경우에는 그 소속교회 교인들 총회의 과반수 결의에 의하여야 하기 때문입니다.

정비구역 안에 있는 교회의 경우 위임장을 받은 장로가 추진위원의 자격이 있는지요?

토지등소유자가 법인 등의 경우에는 그 단체의 정관 등에 따라 토지등소유자로서의 법률행위를 위임받은 대표자가 추진위원회의 위원 등이 될 수 있을 것이나 자격 등은 「정비사업조합설립 추진위원회 운영규정」에 적합하여야 합니다.

교회가 다수의 필지·주택을 소유한 경우 다수의 주택을 공급할 수 있는지요?

『도시 및 주거환경정비법』 제48조 제2항의 규정에 의하여 1세대가 1 이상의 주택을 소유한 경우 1주택을 공급하고, 2인 이상이 1주택을 공유한 경우에는 1주택만 공급하여야 합니다. 다만, 투기과열지구 안(2009년 11월 28일부터는 수도권 과밀억제권역)에 위치하지 아니하는 주택재건축사업의 토지등소유자나 근로자숙소·기숙사 용도로 주택을 소유하고 있는 토지등소유자 그리고 국가, 지방자치단체 및 주택공사 등에 대하여는 소유한 주택수만큼 공급할 수 있으므로 교회가 다수 주택을 소유하고 있는 경우라 하더라도 위의 경우에 해당되지 않는다면 1주택만 공급하여야 합니다.

1994년 재개발기본계획이 수립되어 1998년도에 조합설립 추진위원회를 승인받았습니다. 이후 추가로 기본계획의 범위가 확대되었는 바, 이 경우 추가된 구역을 포함하여 토지등소유자의 과반수 동의를 득하여 추진위원회의 변경승인이 가능한지요?

여러 상황 등을 종합적으로 고려하여야 할 것이나, 추가대상지역이 재개발기본계획에 당해 추진위원회와 동일한 사업구역이며 시행예정시기도 동일하다면 구역 전체에 대하여 토지등소유자의 과반수 동의를 받아 조합설립 추진위원회의 변경이 가능할 것입니다.

재개발기본계획구역을 대부분 포함하고 불량주택이 산재한 인접지를 포함하여 토지등소유자의 과반수 동의를 득한 경우 추진위원회 승인이 가능한지요?

주택재개발사업은 재개발사업 정비구역 안에 소재한 노후·불량 건축물이 밀집한 지역에 대하여 시행하는 것인 바, 사업구역 밖의 일부 불량주택을 포함하고자 하는 경우는 재개발기본계획의 변경절차를 거쳐야 합니다.

조합설립 추진위원회의 승인을 해당 지자체에 신청하였으나 추진위원장의 자격 미달로 반려된 경우 위원장만 교체하고 종전 동의서 및 인감증명서를 사용할 수 있는지의 여부와 다른 추진위원회에 동의서를 제출할 수 있는지요?

『도시 및 주거환경정비법』제13조의 규정에 조합을 설립하고자 하는 경우에는 토지등소유자의 과반수 동의를 얻어 위원장을 포함한 5인 이상의 위원으로 조합설립 추진위원회를 구성하여 시장·군수 및 구청장의 승인을 얻도록 규정되어 있으므로 위원장이 변경되었다면 동의서를 새로 징구하여야 할 것입니다.

정비사업조합설립 추진위원회를 설립한다면서 동의서에 인감을 날인해 달라고 합니다. 그런데 사업추진이 원활하기 위해서는 동의절차가 많아 번거로우니 향후 계속 제출해야 되는 정비구역지정 및 정비계획동의서·조합설립동의서·사업시행동의서를 한꺼번에 인감날인하여 제출해달라고 합니다. 동의서를 한꺼번에 여러 장 징구할 수 있는지요?

동의서는 각각의 추진단계별(조합설립 추진위원회, 조합설립인가, 사업시행인가 등)로 징구하여야 하며, 승인받은 추진위원회에서 조합설립을 위한 동의서를 징구하여야 할 것입니다.

「정비사업조합설립 추진위원회 운영규정」 [별지 1호 서식] 정비사업조합설립 추진위원회 동의서와 [별지 3-2호 서식] 정비사업조합설립 동의서를 통합하였을 경우 각각의 동의용으로 사용할 수 있는지요?

정비사업조합설립 추진위원회 운영규정에 의한 별지의 동의서식은 사업절차의 투명화로 각종 분쟁을 방지하기 위하여 그 단계마다 조합원의 동의를 받도록 한 것이므로 통합하여 사용할 수 없습니다.

인감증명서 1통으로 조합설립 추진위원회 동의 및 조합설립, 조합정관, 사업계획, 시행인가 동의용으로 사용할 수 있는지요?

인감증명서는 그 용도 및 본인 의사에 따라 사용되어야 하므로 각 단계별로 별도의 원본 인감증명서를 사용하여야 할 것입니다. 다만, 조합설립이나 최초 동의시에만 인감증명서를 제출하고 이후 동의에 대해서는 인감날인으로 대체할 수 있으며, 시장·군수 및 구청장이 필요하다고 인정하는 경우에는 인감증명서 첨부를 요구할 수 있습니다.

「정비사업조합설립 추진위원회 운영규정(안)」을 주민에게 배포하지 아니하고 사무실에만 비치하고 있으면서 동의서를 징구하고 있습니다. 이것이 타당한지요?

운영규정을 작성할 때는 사업시행구역 안의 토지등소유자의 의견을 충분히 수렴하여야 하는 바, 주민에게 배포하는 것이 바람직할 것입니다.

당초 추진위원회 구성에 동의했지만, 사업을 추진하는 것이 제가 생각하던 것과 달라 추진위원회 승인신청 전에 추진위원회 설립을 위한 추진 주체에게 내용증명으로 동의철회를 요청하였으나 수취인 부재 등의 사유로 동의철회가 되지 않은 경우 동 동의철회자를 승인권자가 동의자 수에서 제외할 수 있는 것인지요?

추진위원회 구성에 대한 동의철회서는 추진 주체에게 제출하는 것으로 당해 지자체에 제출하는 것은 아닙니다. 다만, 추진 주체에서 이를 접수처리하지 않아 동의를 철회한 자가 당해 지자체에 행정지도를 요구한 경우 내용증명의 수취인 부재 사유로 추진 주체가 접수하지 않은 것으로 인정되는 경우에는 철회서가 접수된 것으로 보아야 할 것입니다. 또한, 2009년 2월 6일 이후 추진위원회 구성 동의분부터는 조합설립에 동의한 것으로 보며 이 경우 추진위원회에 동의하면 조합설립에도 동의한 것으로 간주된다는 내용을 『도시 및 주거환경정비법 시행령』이 정하는 방법 및 절차에 따라 설명하고 고지하여야 합니다. 다만, 조합설립인가 신청 전에 시장·군수·구청장 및 추진위원회에 조합설립에 대한 반대의 의사표시를 한 추진위원회 동의자의 경우에는 동의한 것으로 보지 않습니다.

『도시 및 주거환경정비법 시행령』 제28조 제1항 제1호 가목의 규정에 1필지의 토지 또는 하나의 건축물이 수인의 공유에 속하는 때에는 그 수인을 대표하는 1인을 토지등소유자로 산정하도록 규정되어 있으나, 그 수인이 추진위원회를 구성할 때 대표자를 선임하지 아니하고 공유자 전원이 동의서를 제출한 경우 토지등소유자의 동의자 수 1인으로 산정할 수 있는지요?

『도시 및 주거환경정비법 시행령』 제28조의 규정은 같은 법 제13조 내지 제16조의 규정에 의한 토지등소유자의 동의자 수 산정방법에 대한 기준으로서, 추진위원회를 구성할 때 1필지의 토지 또는 하나의 건축물이 수인의 공유에 속하는 경우에는 공유자 전원이 인감도장을 날인한 서면(인감증명서 첨부)에

의한 방법으로 동의하여야 하는 바, 공유자 전원이 추진위원회 설립에 동의하는 경우 그 공유자들이 대표자를 선임하지 아니하였다고 하여 추진위원회의 구성에 동의하지 아니한 것으로 볼 수는 없을 것입니다. 다만, 그 공유자들이 자신들의 권한을 행사할 때에는 대표소유자를 선임하여야 할 것입니다.

구청에서 승인받은 추진위원회가 있는데 또다시 추진위원회를 구성하겠다며 동의서를 받고 다닙니다. 승인받은 추진위원회가 있는 정비구역에서 다른 추진위원회를 구성할 수 있는 것인지요?

과거 재정비사업 시행을 위해 일부 토지등소유자들이 추진위원회를 결성하여 추진하였으며, 이 과정에서 한 구역에 여러 개의 추진위원회가 동시에 구성되어 대립과 많은 분쟁을 일으키던 것을 개선하고자 하나의 구역에 하나의 추진위원회만 설립할 수 있도록 하여 초기단계에서 분쟁발생 가능성을 최소화하도록 하였는 바, 이미 추진위원회가 승인되어 있는 경우에는 새로운 추진위원회는 승인을 얻을 수 없습니다.

재개발기본계획에는 반영되어 있으나 재개발구역으로 지정되지 않은 곳을 임의로 2개로 분할하여 1개 구역에 대해서 추진위원회를 승인받을 수 있는지요?

「도시·주거환경정비 기본계획」에 하나의 사업구역으로 수립되어 있는 경우 정비구역은 『도시 및 주거환경정비법』 제4조의 규정에 의하여 「도시·주거환경정비 기본계획」에 적합하게 지정되어야 하므로 「도시·주거환경정비 기본계획」을 임의로 변경해 2개의 정비구역으로 분할하여 추진위원회를 승인할 수는 없는 것입니다.

추진위원회 위원의 임기를 선임된 날을 기준으로 한다고 되어 있는데 이는 '주민총회에서 선임된 날'을 말하는 것인지, 아니면 '운영규정을 신고한 날'을 말하는 것인지요?

『도시 및 주거환경정비법』 제13조 제2항 및 「정비사업조합설립 추진위원회 운영규정」 제15조 제3항에 위원의 임기는 주민총회에서 선임된 날부터 2년까지 하도록 규정되어 있습니다.

추진위원회에서 정비사업 전문관리업자나 설계자에게 각각 계약금을 지급할 수 있는 것인지요?

추진위원회의 예산집행은 당해 추진위원회 운영규정에서 정하는 범위 내에서 추진위원회의 의결내용에 의하는 것이며, 설계자는 조합에서 선정할 수 있는 것이므로, 추진위원회에서 설계자에게 계약금을 지급할 수는 없는 것이며 다만, 『도시 및 주거환경정비법』 제14조에 의한 개략적인 정비사업시행계획서의 작성을 위해 선정한 설계자에게는 해당 계약금을 지급할 수 있을 것입니다. 또한, 정비사업 전문관리업자는 추진위원회에서 선정할 수 있는 것이므로 추진위원회의 구성에 찬성한 토지등소유자의 2분의 1 이상의 동의를 얻어 선정하였다면 계약금을 지급할 수 있을 것입니다.

주택재개발기본계획이 수립되어 추진위원회가 승인되었으나 정비구역으로 지정되지 않은 상태에서 조합창립총회를 개최하여 임원(조합장 등)을 선출할 수 있나요?

추진위원회는 정비구역이 지정된 다음에야 조합설립인가를 위한 임원선출이 가능합니다.

대부분 상가로 구성된 도시환경정비사업에 사업자등록을 하고 수년간 한의원 등 영업을 하고 있는 자를 1년 이상 거주한 자로 보아 추진위원장 등에 선임될 수 있는지요?

추진위원회

다른 정비사업과는 달리 도시환경정비사업의 경우에는 동 지역에서 사무실 등을 1년 이상 운영하였다면 추진위원장의 1년 이상 거주요건을 갖춘 것으로 보아야 할 것입니다.

법인의 대표자도 추진위원이 될 수 있는지요?

토지등소유자가 법인 등의 경우에는 그 단체의 정관 등에 따라 토지등소유자로서의 법률행위를 위임받은 대표자가 추진위원으로 선임될 수 있을 것입니다.

최초 추진위원은 누가 선임하며 「정비사업조합설립 추진위원회 운영규정」 제13조 제항 제2호의 규정에 의한 토지등소유자의 권리·의무 중 추진위원의 피선임 및 피선출권의 보장은 어떻게 되는지요?

『도시 및 주거환경정비법』 제13조 제2항의 규정에 조합을 설립하고자 하는 경우에는 토지등소유자 과반수의 동의를 얻어 위원장을 포함한 5인 이상의 위원으로 조합설립 추진위원회를 구성하여 시장·군수의 승인을 얻어야 하는 바, 질의의 경우는 당해 토지등소유자가 추진위원을 선임하여 동의를 얻어야 할 것이며, 「정비사업조합설립 추진위원회 운영규정」 제13조 제1항 제2호의 규정에 의한 추진위원회 위원의 선임·선출권 및 피선임·피선출권은 추진위원회 구성에 동의한 자에 한합니다.

추진위원회에서 토지등소유자의 동의를 필요로 하는 사항에 비용부담을 수반하는 것이나, 권리·의무에 변동을 발생시키는 것인 경우가 구체적으로 어떤 것인지요?

토지등소유자의 동의를 필요로 하는 사항에 비용부담을 수반하는 것이나, 권리·의무에 변동을 발생시키는 것이라 함은 추진위원회 운영규정의 작성, 정비사업 범위의 확대 또는 축소, 정비사업 전문관리업자의 선정 등『도시 및 주거환경정비법 시행령』제23조 제1항의 규정 및 「정비사업조합설립 추진위원회 운영규정」제8조의 규정에서 정한 사항을 말하는 것입니다.

저희 구역이 추진위원회가 구성되기 전에 정비사업 전문관리업자를 선정한 것으로 알고 있습니다. 추진위원회 승인 후 별도 선정하지 않을 경우 기 선정된 정비사업 전문관리업자가 유효한지요?

  정비사업 전문관리업자의 선정은 「정비사업조합설립 추진위원회 운영규정」 제28조에 규정된 내용에 따라 경쟁입찰 방법으로 선정하여야 할 것입니다. 따라서, 추진위원회 승인 전에 선정된 정비사업 전문관리업자는 인정할 수 없으며, 귀하의 추진위원회 운영규정에 의하여 다시 선정되어야 할 것입니다.

  주택재건축사업의 토지등소유자로부터 위임받은 배우자 · 직계존비속 또는 형제자매 등이 추진위원으로 선임될 수 있는지요?

  『도시 및 주거환경정비법』 제14조 및 「정비사업조합설립 추진위원회 운영규정」 제15조 제2항 · 제26조 제2항의 규정에 의하여 추진위원은 토지등소유자 중에서 선출하여야 하므로 토지등소유자로부터 위임받은 배우자 · 직계존비속 또는 형제자매는 추진위원으로 선임될 수 없습니다.

  추진위원이 대리인을 통하여 출석 및 의결을 행사할 수 있는지요?

  위원은 대리인을 통한 출석을 할 수 없습니다.

  재건축구역 내에 주택 및 상가를 소유한 결혼한 누나의 권한을 위임(위임장 제출) 받은 남동생이 추진위원회에서 토지등소유자의 권한을 행사할 수 있는지요?

  「정비사업조합설립 추진위원회 운영규정」 제13조 제2항 제1호의 규정에는 토지등소유자가 권한을 행사할 수 없어 배우자 · 직계존비속 · 형제자매 중에서 성년자를 대리인으로 정하여 위임장을 제출하는 경우에는 그 권한을 대리할 수 있도록 규정하고 있으므로, 남동생이 결혼한 누나에게 적법하게 권한을 위임받아 위임장을 제출하였을 경우에는 법령과 추진위원회의 운영규정에 적법한 범위와 위임받은 범위 안에서 권한을 대리할 수 있을 것입니다.

구조물해체사업분야의 직원으로 근무하는 사람이 정비사업조합설립 추진위원회 위원을 겸할 수 있는지요?

『도시 및 주거환경정비법』제13조 제2항의 규정에 의한 「정비사업조합설립 추진위원회 운영규정」제17조 제7항의 규정에 위원은 동일한 목적의 사업을 시행하는 다른 조합·추진위원회 또는 정비사업 전문관리업자 등 관련단체의 위원 또는 직원을 겸할 수 없도록 규정하고 있습니다.

재개발추진위원회 설립을 위하여 국토해양부 고시(제65호)에 따른 운영규정(안)에 따라 운영규정을 제정할 경우 추진위원회 위원 중 총무를 별도의 호로 추가할 수 있는지요?

추진위원회의 위원 중 총무를 별도의 호로 추가하는 경우는 국토해양부 고시 제2003-165호 「정비사업조합설립 추진위원회 운영규정」제3조 제2항 제3호에 의거 가능할 것입니다.

재개발추진위원회 설립을 위하여 국토해양부 고시(제65호)에 따른 운영규정(안)에 따라 운영규정을 제정할 경우 위원이 대리인을 출석시켜 위원의 임무를 수행할 수 있도록 단서조항을 둘 수 있는지요?

위원은 토지등소유자의 동의를 얻어 선출되는 것이므로 대리인을 출석시켜 위원의 임무를 수행하도록 하는 것은 선출취지에 맞지 않고, 이러한 조항 신설도 타당하지 않습니다.

추진위원회가 회계감사를 받아야 하는 금액과 시기는 언제인지요?

『도시 및 주거환경정비법 시행령』 제67조 제1항 제1호에서는 추진위원회에서 조합으로 인계되기 전 7일 이내에 인계 전까지 납부 또는 지출된 금액이 3억5천만 원 이상인 경우에는 회계감사를 받도록 규정하고 있으므로, 동 규정에 따라야 할 것입니다.

「정비사업조합설립 추진위원회 운영규정」 제17조 제6항에서 사무집행을 위하여 사무국을 둘 수 있도록 하고 있는 바, 사무국의 업무·인력구성·운영규정 등을 따로 정하여 운영할 수 있는지요?

「정비사업조합설립 추진위원회 운영규정」상에는 "추진위원회는 그 사무를 집행하기 위하여 필요하다고 인정되는 때에는 추진위원회 사무국을 둘 수 있으며, 사무국에 상근하는 유급직원을 둘 수 있다. 이 경우 사무국의 운영규정을 따로 정하여 주민총회의 인준을 받아야 한다."고 규정하고 있으므로, 사무국의 업무, 인력구성, 사무국의 운영규정, 사무국의 필요성 등은 『도시 및 주거환경정비법』 등에서 정한 범위 안에서 당해 추진위원회에서 판단하여 구성할 수 있을 것입니다.

「정비사업조합설립 추진위원회 운영규정」 조항을 신설하여 소위원회를 둘 수 있는지요?

소위원회 신설은 국토해양부에서 고시한 「정비사업조합설립 추진위원회 운영규정」상 불가한 것입니다.

추진위원회 의사록 관리방법은 어떻게 되는지요?

추진위원회의 의사록에는 위원장·부위원장 및 감사가 기명날인하도록 되었으나 모두 해임되는 경우에는 발의자 대표의 임시 사회자로 선출된 자 등이 기명날인하면 될 것이며, 위원의 선임과 관련된 의사록을 관할 시장·군수 및 구청장에게 송부하고자 할 때에는 위원의 명부와 그 피선자격을 증명하는 서류를 첨부하여야 합니다.

「정비사업조합설립 추진위원회 운영규정」조항을 신설하여 상근하지 아니하는 위원 등에 대하여 보수를 회계규정을 따로 정하여 지급할 수 있는지요?

비상근 추진위원에게의 보수지급은 국토해양부에서 고시한 「정비사업조합설립 추진위원회 운영규정」상 불가합니다.

추진위원회의 승인 이후에 동의서를 제출한 토지등소유자는 정비사업 전문관리업자의 선정 등 추진위원회의 구성에 찬성한 자의 동의가 필요한 사항 등에 대한 의견제시 및 권리주장을 할 수 없는지요?

추진위원회의 승인을 얻은 후에 추진위원회의 구성에 찬성하였다면, 구성원이 된 이후부터 찬성한 자로서의 권리와 의무를 갖을 수 있을 것입니다.

주택재개발사업에 추진위원장을 공동으로 선임할 수 있는지요?

『도시 및 주거환경정비법』제15조 제1항의 규정에 의거 추진위원회는 추진위원회를 대표하는 위원장 1인을 두도록 규정하고 있으므로 추진위원장을 공동으로 선임할 수는 없습니다.

추진위원회 감사가 자진사퇴서를 제출할 경우 사퇴서 제출 즉시 감사자격이 없어지는지요?

조합감사의 자격상실에 대하여는 「정비사업조합설립 추진위원회 운영규정」제18조 제4항에 규정된 해임절차 등을 이행하여 해임되어야 자격이 상실되는 것입니다.

기존 공동주택을 재건축하기 위해 승인받은 추진위원회를 재개발추진위원회로 변경이 가능한지요?

기존의 건축물이 『도시 및 주거환경정비법』 제2조 제9호 및 같은 법 시행령 제6조의 규정에 의한 공동주택인 경우에는 주택재건축사업으로 시행하여야 할 것입니다.

추진위원회가 비법인사단으로 알고 있는데 사업자등록증 발급이 가능한지, 또 추진위원회가 꼭 사업자등록증을 발급받아야 하는지요?

승인받은 추진위원회는 세무서로부터 사업자등록신청을 한 후 등록증을 교부받을 수 있으며, 반드시 하여야 하는 것은 아닙니다. 하지만, 추진위원회가 사업자등록을 함으로써 부가세 환급문제, 4대 보험 등 유익한 점이 많으며 불이익은 거의 없습니다. 또한, 투명한 회계처리를 위해 사업자등록은 매우 바람직하다 할 것입니다.

추진위원회가 사업자등록을 하면 유리한 점이 무엇이며 불리한 점은 무엇인지요?

승인받은 추진위원회가 사업자등록을 할 경우 특별한 단점은 없고 유리한 점은 매우 많습니다. 그럼 추진위원회의 사업자등록에 따른 유리한 점에 대해 설명드리겠습니다.

첫째, 일반분양분 중에 국민주택을 초과하는 아파트가 있는 사업인 경우 사업비와 운영비 지급 시 발생한 매입에 대해 부가가치세 환급이나 공제를 받을 수 있습니다. 단, 원칙적으로 사업자등록 신청일 이후(20일 이내 포함)에 발생한 매입세액만 공제가 가능하므로, 사업자등록 신청일 이전에 발생한 매입부가가치세액은 환급 및 공제가 불가능할 수도 있습니다. 조합원분만 시공하는 재건축사업과 같이 일반분양분이 전혀 없는 사업의 경우에 사업자등록번호 대신에 사업자고유번호증을 부여받게 되는데 이 경우 부가세 환급 등 유리한 혜택을 받을 수 없습니다.

둘째, 건강보험, 국민연금, 고용보험, 산재보험 등의 4대 보험에 가입하여 연금 및 보험혜택을 볼 수 있게 됩니다.

셋째, 세금계산서 발행이나 발급이 가능하여 세법상 각종 가산세 부과를 방지할 수 있습니다.

마지막으로 상근임원의 급여지급에 따른 갑근세 보고가 가능하며, 추진위원회 명의로 법인 신용카드를 발급받아 사용함으로써 각종 비용지출의 지출증빙이 쉬워 투명한 회계처리가 용이합니다.

추진위원회에서 사업자등록증을 발급받으려면 법인 여부 및 업태, 종목은 어떻게 해야 하며, 또 필요한 서류는 무엇인지요?

비법인사단의 성격을 갖는 추진위원회라 할지라도 일반분양분 중 국민주택 규모 초과분이 있는 경우에는 부가세 과세대상인 일반사업자인 법인으로 해야 하므로, 사업자등록증은 일반 수익사업이 없는 자에게 교부하는 사업자 고유번호증과는 다른 법인사업자로 교부받아야 합니다. 업태는 건설업 종목은 주택신축판매업으로 하시면 됩니다. 사업자등록 신청 시 필요한 서류는 사업자등록신청서, 추진위원회 인가증 사본, 총회책자, 추진위원회 운영규정, 위원장 선출관련 회의록 등입니다.

추진위원회에서 사업자등록증을 발급받으려 하는데 고유번호는 어떻게 해야되는지요?

예전에는 개인 공동사업자로 여러 사람 명의로 등록할 수 있었으나 지금은 법인으로 대표자가 등록하여야 합니다. 법인으로 등록하지 않고 고유번호증을 발급받게 되면 세금계산서를 발행하거나 부가세 환급을 받을 수 없게 되며, 오직 4대 보험처리만 가능하므로 법인으로서 고유번호를 받아야 할 것입니다.

정비사업조합이란 기반시설이 불량하고 노후·불량 주택이 밀집되어 있는 구역에서 노후주택을 철거한 후 기반시설을 정비하고 새로운 건축물을 건설함으로써 쾌적하고 살기 좋은 도시환경을 개선하여 주거생활의 질을 높이기 위한 정비사업의 시행을 목적으로 하는 토지등소유자들의 단체를 말한다.

주택재개발사업과 주택재건축사업은 조합이 시행하는 것을 원칙으로 하며, 도시환경정비사업을 토지등소유자가 단독으로 시행하고자 하는 경우에는 조합을 구성하지 않고 시행하여도 된다.

조합이 『도시 및 주거환경정비법』에 의한 정비사업을 시행하는 경우 『주택법』 제38조의 주택의 공급규정을 적용함에 있어서는 조합을 『주택법』 제2조 제5호의 사업주체에 관한 규정에 의한 사업주체로 본다. 『주택법』 제2조 제5호의 사업주체란 『주택법』 제16조의 규정에 의한 주택건설사업계획 또는 대지조성사업계획의 승인을 얻어 그 사업을 시행하는 자로 국가, 지방자치단체, 『대한주택공사법』에 의한 대한주택공사, 『한국토지공사법』에 의한 한국토지공사, 『주택법』 제9조의 규정에 의하여 등록한 주택건설사업자 또는 대지조성사업자 및 『주택법』에 의하여 주택건설사업 또는 대지조성사업을 시행하는 자를 말한다.

조합설립 창립총회란 무엇이며, 무엇을 해야 하나요?

조합설립 창립총회란 말그대로 조합설립인가를 받기 전에 추진위원회단계에서 조합을 설립하기 위한 사항을 의결하기 위해 개최한 총회로서, 조합설립인가 후에 개최하는 조합총회와는 구별됩니다. 조합창립총회는 단지 조합을 창립하기 위한 총회이므로 조합정관 등 법인결성을 위한 중요한 사항

을 결정하고 조합장을 선출하는 등 단체로서의 조직을 갖추게 되나, 조합총회에서 결의할 사항을 조합창립총회에서 결의할 수는 없습니다.

조합설립 추진위원회에서 창립총회를 개최하여 조합정관 제정 및 임원·대의원을 선출한 것이 적법한지요?

추진위원회에서 정비사업조합설립 동의서, 조합정관 작성 등 준비단계가 마무리되면 창립총회를 개최하여 조합정관 등 법인결성을 위한 중요한 사항을 결정하고 조합장을 선출하는 등 단체로서의 조직을 갖추게 되는 것입니다.

주택재건축사업의 창립총회는 재건축추진위원장 또는 그 직무를 대행하는 자가 소집하여야 하는지요?

「정비사업조합설립 추진위원회 운영규정」 제5조 규정에 추진위원회의 업무내용으로서 '조합의 설립을 위한 창립총회의 준비 및 개최'가 규정되어 있으므로 정비사업조합의 창립총회는 정비사업 추진위원회의 위원장 또는 그 직무를 대행하는 자가 소집하는 것입니다. 추진위원장은『도시 및 주거환경정비법 시행령』제22조의 규정에 의하여 추진위원회에서 정비사업조합설립 동의서, 조합정관 작성 등 준비단계가 마무리되면 창립총회를 개최하여 조합정관 등 법인결성을 위한 중요한 사항을 결정하고 조합장을 선출하는 등 단체로서의 조직을 갖추게 되는 것입니다.

창립총회의 소집권자가 추진위원장이라면 위원장이 총회를 소집하지 않을 경우에는 추진위원장 외에는 창립총회를 소집할 수 없는 것인지요?

조합창립총회를 개최하여도 될 정도의 준비가 마무리되고 구역 내 주민들의 분위기도 갖추어졌음에도 불구하고 창립총회를 소집하지 않을 경우에는 「정비사업조합설립 추진위원회 운영규정」 제20조에 의거 토지등소유자 5분의 1 이상이 주민총회의 목적사항을 제시하여 청구하거나, 추진위원 3분의 2 이상이 개최요구를 하면 되고 이 경우 추진위원장은 해당일로부터 2월 이내에 주민총회를 개최하여야 합니다.

만일, 추진위원장이 2개월 이내에 총회를 개최하지 않는 경우에는 감사가 지체 없이 소집하여야 하며, 감사도 총회를 소집하지 않을 경우에는 소집을 청구한 자의 대표가 시장·군수 및 구청장의 승인을 얻어 이를 소집할 수 있습니다.

구청으로부터 승인받은 재건축추진위원회가 일부의 토지를 소유한 주택업자를 공동사업자로 선정하였고, 조합의 설립인가 등도 받지 않고 조합창립총회에서 시공사, 철거업자, 설계업자 등과 계약 등을 의결할 경우 가능한지요?

추진위원회가 관할 관청에 조합설립인가를 신청하기 위해서는 일정 요건을 갖추어야 하며 이러한 요건을 갖추기 위해서 창립총회를 개최하여 조합임원(조합장, 감사, 이사) 선출, 대의원 선출, 조합정관 제정 등의 안건을 다루게 됩니다. 조합창립총회는 조합설립을 위하여 추진위원회가 개최하는 조합설립을 위한 준비총회이므로 『도시 및 주거환경정비법』 제14조에서 규정하고 있는 추진위원회의의 업무범위에 포함되지 아니하는 시공자, 철거업자, 설계업자 선정에 관한 사항은 의결할 수 없으며, 시공사를 창립총회에서 선정하는 것은 『도시 및 주거환경정비법』 제11조의 위반으로 형사처벌대상이 되므로 주의하여야 합니다.

정비사업조합 추진위원회에서 조합설립을 위한 창립총회를 개최하여 안건의결 시 추진위원회 운영규정에 따라야 하는지 아니면 표준정관에 따라야 하는지요?

정비사업조합 추진위원회에서 조합설립을 위한 창립총회를 개최하여 안건의결 시 「정비사업조합설립 추진위원회 운영규정」을 따라야 할 것입니다.

조합창립총회의 참석대상 범위는 어떻게 되는지요?

주택재건축사업의 경우 『도시 및 주거환경정비법』 제19조에 의거 재건축사업에 동의한 토지등소유자를 조합원으로 하도록 규정하고 있으나 주택재개발사업 및 도시환경정비사업의 경우에는 동의 여부와 상관없이 토지등소유자 모두가 조합원이 되도록 규정하고 있습니다. 따라서, 주택재건축사업의 경우 조합설립을 위한 창립총회는 토지등소유자 전원으로 구성되는 주민총회와는 다르게 조합설립에 동의한 사람들만의 총회라고 할 수 있고, 주택재개발사업과 도시환경정비사업의 경우에는 주민총회와 유사하게 토지등소유자 전원을 조합창립총회 참석대상으로 보아야 합니다.

조합창립총회 참석대상

대법원 2005다19552, 2005다19569판결

재건축조합이 최초 설립 당시부터 총구분소유자의 과반수 이상을 조합원으로 삼아야만 설립될 수 있는 것은 아니고, 재건축조합 설립 당시에는 조합원 수가 총구분소유자의 과반수에 미달하였다고 하더라도 그들이 우선 비법인사단의 실체를 갖춘 재건축조합을 설립한 다음에 다른 구분소유자들이 조합규약 등에 동의하여 재건축조합에 가입하는 것도 얼마든지 가능하다는 이유로, 재건축조합 창립총회의 개의정족수가 총구분소유자의 과반수에 이르러야 함을 전제로 한 피고들의 창립총회 결의무효 주장을 배척한 조치도 정당하고, 거기에 상고이유의 주장과 같이 집합건물법이나 민법상의 사원총회의 개의정족수나 서면결의 등에 관한 법리를 오해한 위법이 있다고 할 수 없다.

조합창립총회가 적법하게 개최되기 위한 정족수는 토지등소유자의 과반수이어야 하는지요?

조합창립총회를 개회하기 위한 정족수를 의사정족수라고 하며, 총회 참여자가 의사정족수 이상이 되어야만 유효한 총회가 되는 것입니다.

주택재건축사업의 경우 『도시 및 주거환경정비법』 제19조에 의거 재건축사업에 동의한 토지등소유자를 조합원으로 하도록 규정하고 있으나, 수택재개발사업 및 도시환경정비사업의 경우에는 동의 여부와 상관없이 토지등소유자 모두가 조합원이 되도록 규정하고 있으므로, 주택재건축사업의 경우에는 조합설립에 동의한 사람들 중 과반수가 참석하면 조합창립총회의 개회가 가능하고, 주택재개발사업과 도시환경정비사업의 경우에는 토지등소유자 전원이 당연 조합원이 되기 때문에 토지등소유자의 과반수가 참석하여야 창립총회가 유효한 것입니다.

총회 도중 안건 하나를 상정하여 결의할 당시 총회석상에 남아 있는 참석자들이 자리를 비워 의사정족수가 일시적으로 부족한 상태였습니다. 이 결의가 유효한지요?

총회 안건을 결의하기 위한 정족수를 의결정족수라고 하며, 일반적으로 총회 참석자의 과반수 의결에 의하면 결정됩니다. 하지만, 안건을 상정할 당시 의사정족수가 일시 부족한 경우라면 의결정족수가 채워졌다 하더라도 결의된 당해 안건이 무효가 될 가능성도 배제할 수는 없습니다.

총회 도중 참석자들이 자리를 비우는 등 일시적으로 의사정족수의 변화가 있는 상태에서 2개의 안건을 의결하였습니다. 이 경우 의결정족수는 어떻게 산정하여야 하는지요?

개별 안건에 대하여 의결을 할 당시에 총회석상에 남아 있는 참석자들의 숫자를 기준으로 의결정족수를 산정하면 됩니다.

총회를 2008년 11월 20일에 개최하려 합니다. 총회에 따른 총회소집통지문을 7일 전까지 발송하려면 언제까지 발송을 마쳐야 되는지요?

총회 개최일 7일 전까지 발송하여야 하므로 늦어도 총회 개최일 이전 8일째는 발송을 마쳐야 합니다. 즉, 20일에서 8일을 빼면 12일이 되므로, 2008년 11월 12일 자정까지는 총회소집통지문을 발송하여야 합니다.

2009년 8월 13일부터는 총회 개최 10일 전까지 등기우편으로 발송·통지하여야 하며, 등기우편이 반송된 경우 지체 없이 1회에 한하여 추가발송하여야 합니다.

총회소집통지문에 기재된 안건 이외의 것을 총회에서 결의할 수는 없는지요?

회의의 목적사항을 기재하는 취지는 조합원들이 결의할 안건에 대해 사전에 충분히 인지하고 총회 참석 여부 및 안건에 대한 찬반의사를 미리 준비할 수 있도록 하는데 있으므로 회의의 목적사항으로 한 것 이외에는 결의할 수 없습니다.

총회 시 다룰 안건에 대해 총회소집통지문에는 어느 정도 구체적으로 기재하여야 하는지요?

회의의 목적사항을 기재하는 취지는 조합원들이 결의할 안건에 대해 사전에 충분히 인지하고 총회 참석 여부 및 안건에 대한 찬반의사를 미리 준비할 수 있도록 하는데 있는 것으로, 조합원들이 안건을 이해할 수 있을 정도로 기재하여야 합니다.

총회 시 다루는 안건을 보면 항상 기타 사항이라는 것이 있습니다. 기타 사항에 포함시킬 수 있는 안건의 범위는 어디까지인지요?

기타 사항은 당해 회의의 기본적인 목적사항과 관계되는 사항이나 일상적인 운영을 위하여 필요한 사항에 국한된 내용이어야 합니다.

총회소집통지가 법에서 정하고 있는 기한보다 1일 지연되었지만, 조합원들이 회의 목적사항을 알고 있습니다. 이 경우에도 무효인지요?

총회 개최에 일정의 유예기간을 두고 소집통지를 하도록 규정한 취지는 그 구성원의 토의권과 의결권의 행사를 보장하기 위한 것이므로 회원에 대한 소집통지가 단순히 법정기한을 1일이나 2일 지연하였을 뿐이고 회원들이 사전에 회의의 목적사항을 알고 있는 등의 사정이 있었다면 회원의 토의권 및 결의권의 적정한 행사는 방해되지 아니한 것이므로 이러한 경우에는 그 총회결의는 유효하다는 대법원의 판례가 있으나 총회 유·무효 여부는 여러 정황에 따라 달라지는 것이므로 법정기한을 지키어 총회소집통지문을 발송하는 것이 중요합니다.

총회 당일 부득이한 사정으로 인해 총회장소와 개회시간을 변경하여 개최하였습니다. 총회장소와 개회시간을 변경하여 개최한 총회가 유효한지요?

개회시간에 참석한 사람들이 변경된 개회시각까지 기다려 참석하는 것이 곤란하지 않고 당초 총회장소에 출석한 사람들로 하여금 변경된 장소에 모일 수 있도록 상당한 방법으로 알리고 이동에 필요한 조치를 다 하였다면 절차상 하자가 되지 않는다는 대법원의 판례가 있으나 여러 정황에 따라 달라질 수 있으므로 총회장소와 시간은 지키는 것이 바람직합니다.

총회 당일 부득이한 사정으로 인해 총회를 개최하지 못하고 해산하였습니다. 그러나 일부 사람들이 남아서 같은 날 다른 시각에 총회를 개최하였습니다. 이 총회가 유효한지요?

남아서 총회를 개최한 참석자들의 수가 많아 의사정족수와 의결정족수에 맞다고 하더라도 돌아간 나머지 일부 참석자들에게는 그 회의의 참석과 토의, 의결권 행사의 기회를 전혀 배제한 결과가 되기 때문에 이는 정관에서 정한 총회소집절차를 무시한 것이므로 무효라는 대법원의 판례가 있습니다.

조합정관에 보면 총회소집공고를 2개의 일간신문에 공고하도록 규정하고 있는데 1개의 일간신문에만 공고하였습니다. 이 경우 총회가 무효인지요?

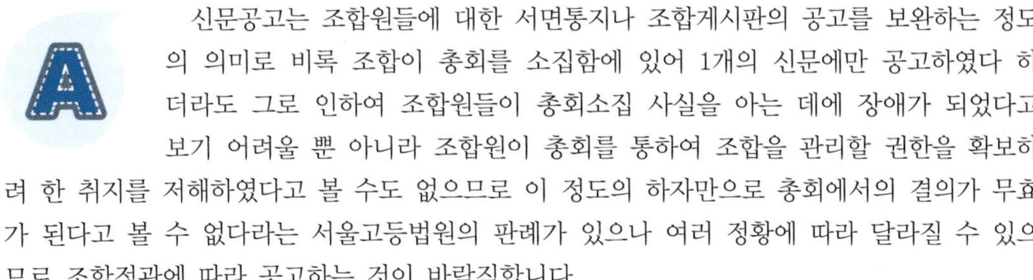

신문공고는 조합원들에 대한 서면통지나 조합게시판의 공고를 보완하는 정도의 의미로 비록 조합이 총회를 소집함에 있어 1개의 신문에만 공고하였다 하더라도 그로 인하여 조합원들이 총회소집 사실을 아는 데에 장애가 되었다고 보기 어려울 뿐 아니라 조합원이 총회를 통하여 조합을 관리할 권한을 확보하려 한 취지를 저해하였다고 볼 수도 없으므로 이 정도의 하자만으로 총회에서의 결의가 무효가 된다고 볼 수 없다라는 서울고등법원의 판례가 있으나 여러 정황에 따라 달라질 수 있으므로 조합정관에 따라 공고하는 것이 바람직합니다.

총회에 참석할 자격이 없는 자가 총회에 참석하여 발언하고 표결도 참여하였습니다. 이 경우 총회가 유효한지요?

총회에 참석할 자격이 없는 자의 수와 발언의 내용이 결의에 영향을 미칠 정도에 이르지 아니하면, 특별한 사정이 없는 한 유효하다는 대법원의 판례가 있습니다.

총회에 참석한 사람 중에 회의진행을 방해한 사람이 있어 상당한 시간 동안 총회를 진행하지 못했습니다. 이 경우 형법상 업무방해죄가 될 수 있는지요?

총회를 주재하는 의장의 의사진행업무가 당일에 한하는 1회성을 갖는다고 하더라도 의장의 지위에서 업무수행의 일환으로 행하여진 것이므로 이러한 의사진행업무도 형법상 업무에 해당되는 것인 바, 이를 방해하는 행위는 업무방해죄에 해당된다는 대법원의 판례가 있습니다.

총회 안건에 대한 서면결의서의 양식유형과 제출방법 및 개봉일시는 어떻게 되는지요?

서면결의서의 구체적 양식은 없으므로 각 안건에 대하여 구체적으로 찬반의 의사표시를 할 수 있을 정도의 형식을 갖추면 될 것이고, 제출방법은 본인이 직접 조합에 제출하거나 우편송부를 하셔도 되며 기타 조합정관에 정하는 바가 있으면 그에 따르면 됩니다. 서면결의서의 개봉은 총회 당일 그 안건에 대한 투표의 개표 시 개봉하는 것이 원칙입니다.

 서면결의서를 제출한 조합원이 총회 당일 직접 참석한 경우에도 서면결의서의 효력은 인정되는지요?

 서면결의서는 조합원이 총회 당일 참석하는 것에 대신하여 출석 및 의결권을 표현한 의사표시이므로 해당 조합원이 총회 당일 참석하면 서면결의서는 무효가 되는 것이 원칙입니다. 다만, 그 참석대상자가 총회에 참석하였으나 참관만 하고 서면결의서로 자신의 의사표시를 대신 하겠다고 할 경우에는 기 제출한 서면결의서가 유효할 것입니다.

 구청으로부터 승인받은 재건축추진위원회가 일부의 토지를 소유한 주택업자를 공동사업자로 선정할 수 있는지요?

 재건축사업에서 철거업자·설계자는 『도시 및 주거환경정비법』 제24조에서 조합의 설립인가를 받은 조합의 총회에서 당해 정관이 정하는 바에 따라 선정하도록 규정하고 있고, 시공자는 조합설립인가를 받은 조합이 사업시행인가를 받은 후에 조합의 정관 등이 정하는 절차에 따라 경쟁입찰의 방법으로 선정하는 것이므로 일부 토지를 소유하고 있는 시공사와의 공동사업은 불가하며, 다만 경쟁입찰에 의해 선정될 경우에는 가능할 것입니다.

 재건축조합부지 경계에 붙어 있는 단독주택 또는 연립주택의 지역조합이 있는 경우 재건축조합과 지역조합이 연합 또는 합병하여 재건축할 수 있는지요?

 『도시 및 주거환경정비법』에 의한 재건축조합과 『주택법』에 의한 지역조합은 규정 법률이 서로 다르고 조합원의 자격 및 사업방식 등이 다르므로, 재건축조합과 지역조합의 합병이나 연합은 불가합니다.

조합총회 시 조합정관 변경안을 상정하여 의결을 거친 후 변경된 조합정관에 의거 조합임원을 해임하고 임원을 재선출하여 조합설립변경인가 신청을 한 경우 적법한지요?

　　변경된 정관이 관계법에서 정한 인가요건에 해당하여 적합한 경우라면, 조합총회에서 변경·의결된 정관에 따라 선출된 임원에 대하여 조합설립변경인가 신청이 가능할 것입니다.

　　주택재개발 정비사업조합 표준정관에 있는 임원 등의 자격조항을 추진위원회에서 자의적으로 삭제하고 정관을 작성할 수 있는지요?

　　표준정관(안)은 하나의 예시로 법적 구속력은 없으며 조합의 특징과 여건에 따라 관련조항을 추가·삭제 및 수정하여 달리 규정할 수 있으므로, 관계법령을 위반하지 않는 범위 내에서 조항을 수정 및 삭제할 수 있을 것입니다.

　　『도시 및 주거환경정비법』시행 전에 조합설립인가를 받은 조합으로서 조합총회에서 정비사업 전문관리업체 선정 및 계약에 관한 사항을 대의원회에 위임하여 대의원회에서 선정한 것이 법에 위배되는지요?

　　『도시 및 주거환경정비법』제24조 제3항의 규정에 의하면 정비사업 전문관리업자 선정 및 변경 사항을 총회의결사항으로 규정하고 있고, 같은 법 시행령 제35조의 규정에 의하면 대의원회가 대행할 수 없는 사항에 포함되어 있으므로 동 사항을 총회에서 대의원회로 위임하여 선정할 수 없습니다.

　　『도시 및 주거환경정비법』에 의한 회계감사의 시기는 동법에서 정한 기일 이내에 착수하면 되는지 아니면 완료해야 하는지요?

　　회계감사의 시기는 『도시 및 주거환경정비법』제76조 각 호에서 정한 기간 내에 착수하면 될 것입니다.

『도시 및 주거환경정비법』 시행 전에 사업시행인가를 받은 조합정관도 『도시 및 주거환경정비법』에 따라 변경절차를 이행하여야 하는지요?

『도시 및 주거환경정비법』 시행 전에 사업시행인가를 받았다 하더라도 조합 정관의 변경은 『도시 및 주거환경정비법』에서 정한 절차에 따라야 합니다.

토지등소유자의 동의방법

토지등소유자의 동의(동의철회 및 반대의사 표시 포함)는 인감도장을 사용한 서면동의 방법에 의하며, 인감증명서를 첨부하여야 한다. 이 경우 인감증명서를 종전에 제출한 경우에는 이를 첨부하지 아니할 수 있으나, 인감도장의 변경 등으로 인하여 인감증명서의 첨부가 필요하다고 인정하는 경우에는 첨부하여야 하며, 외국인인 경우에는 동의서에 서명을 하고, 『출입국관리법』 제88조의 규정에 의한 외국인등록사실증명을 첨부하면 된다. 인감증명서를 종전에 제출하여 인감증명서를 첨부하지 아니하여도 되는 경우에는 인감증명서 대신 주민등록증, 여권 등 신분을 증명하는 문서의 사본을 첨부하여야 한다.

정비사업에 동의한 소유자가 변동된 경우의 동의 효력에 관하여는 새로운 소유자가 이해관계인의 공람기간이나 인가처분 전에 주무관청에 대하여 새로이 부동의를 한다거나 종전 소유자의 동의를 철회하는 등 특별한 사정이 없는 한 종전 소유자의 동의를 묵시적으로 승인하여 동의한 것으로 볼 수 있다(대법원 선고 97누9949).

재건축조합설립에 동의한 조합원이 토지 등을 매도하였을 경우 매수인이 다시 동의하지 않아도 동의권이 승계되는 것으로 보아 그 동의서에 효력이 있는지요?

『도시 및 주거환경정비법 시행령』 제28조 제2항의 규정에 추진위원회 또는 조합의 설립에 동의한 자로부터 토지 또는 건축물을 취득한 자는 추진위  원회 또는 조합의 설립에 동의한 것으로 보도록 규정되어 있으므로 관련법 규정에 따라 적법하게 처리한 동의서의 경우 동의자가 철회하기 전에는 효력이 있을 것입니다.

정비구역 안에 국유지, 시유지, 구유지가 있을 경우 그 각각의 관리청을 토지등소유자로 볼 수 있는지요?

정비구역 안에 국·공유지가 포함되어 있을 경우 그 각각의 관리청을 토지등소유자로 보아야 할 것입니다.

주택재건축사업의 조합을 설립하고자 하는 경우 국·공유지에 대하여 별도의 절차 없이 동의자 수 및 동의토지면적에 포함할 수 있는지요?

정비구역 안에 국·공유지가 있는 경우 그 각각의 관리청을 토지등소유자의 동의자 수 산정에 포함하여야 하는 것으로 사업시행 동의 여부 등에 대한 협의절차를 거쳐야 할 것입니다. 아울러 『도시 및 주거환경정비법』 제66조 제3항의 규정에 "정비구역 안의 국·공유 재산은 정비사업 외의 목적으로 매각하거나 양도할 수 없다."라고 규정되어 있는 바, 사업구역 내 국·공유지에 대하여는 협의과정에서 국·공유지 소관청이 특별히 의견을 제시하지 않는 한 당해 사업시행에 동의한 것으로 보아야 할 것입니다.

토지등소유자가 행방불명자일 경우에 사업시행자가 토지 등에 대한 평가금액을 공탁하였다면 이 행방불명자를 동의자로 볼 수 있는지요?

정비사업구역 안의 토지등소유자 중 행방불명이 되어 그 토지 등을 공탁하고 사업을 추진하는 경우에도 행방불명자는 본인의 의사로 동의한 사실이 없으므로 미동의자로 보아야 할 것입니다.

1인이 다수의 지상권을 보유한 경우 조합원 수를 산정하는 방법은 무엇인지요?

『도시 및 주거환경정비법 시행령』 제28조 제1항 제1호 나목에서 토지에 지상권이 설정되어 있는 경우 토지의 소유자와 해당 토지의 지상권자를 대표하는 1인을 토지등소유자로 산정하도록 하고 있으므로 지상권자도 토지나 건축물의 소유자와 같은 개념에서 토지등소유자를 산정하면 될 것입니다.

토지등소유자가 단독소유와 공유 부동산이 있는 경우 토지등소유자는 2인으로 볼 수 있는지요?

『도시 및 주거환경정비법 시행령』 제28조 제1항 제1호 다목에서 1인이 다수 필지의 토지 또는 다수의 건축물을 소유하고 있는 경우에는 필지나 건축물의 수에 관계없이 1인을 토지등소유자로 선정하도록 하고 있으므로 이에 따라 산정하여야 하며, 토지등소유자는 공유자의 상황에 따라 달라질 수 있습니다.

공유부동산은 대표자를 반드시 선정해야 하는지요?

『도시 및 주거환경정비법』 제19조 제1항에서 정비사업의 조합원은 토지등소유자로 하되, 토지 또는 건축물의 소유권과 지상권이 수인의 공유에 속하는 때에는 그 수인을 대표하는 1인을 조합원으로 보도록 하고 있으니 동 규정에 따라 선임된 대표자 1인을 조합원으로 보아야 할 것이며, 대표자를 선정하여야 의결권을 행사할 수 있을 것입니다.

토지등소유자가 사망하였으나 상속 등의 절차가 이행되지 않은 상태에서 상속인이 여러 명 있을 경우 동의서 징구는 어떻게 해야 하는지요?

토지등소유자가 사망하여 상속인이 여러 명 있을 경우에는 상속인 중 대표 소유자로 선정된 자로부터 동의를 받아야 할 것입니다.

조합설립동의서는 승인받은 추진위원회가 징구하여야 하는지 아니면 추진위원회 구성 직후부터 징구해도 법적 하자가 없는지와 정비구역지정고시가 있은 후부터 징구해야 하는지요?

조합설립동의서는 승인된 추진위원회에서 징구하여야 하며, 『도시 및 주거환경정비법 시행령』 제26조에 의하면 조합설립인가 동의는 ① 건설되는 건축물의 설계의 개요, ② 건축물의 철거 및 신축에 소요되는 비용의 개략적인 금액, ③ 비용의 분담에 관한 사항, ④ 사업완료 후의 소유권 귀속에 관한 사항, ⑤ 조합정관 등이 기입된 동의서에 동의를 받도록 규정되어 있는 바, 정비계획이 수립되어 정비구역이 지정되기 이전에는 위 5개항을 다 기입할 수 없으므로 정비구역지정 이전에 받은 동의서는 무효일 가능성이 높습니다. 또한, 동의서는 조합설립추진위원회, 조합설립인가, 사업시행인가 등 각 추진단계별로 징구하는 것이 바람직합니다.

조합을 설립하기 위해 토지등소유자의 동의를 얻고자 하는 때에 '신축건축물의 설계개요와 건축물의 철거 및 신축비용 개산액'을 제외하고 동의를 받는 것이 가능한지요?

『도시 및 주거환경정비법』제16조 및 같은 법 시행령 제26조의 규정에 의하여 추진위원회가 조합을 설립하고자 할 경우 토지등소유자의 동의는 건설되는 건축물의 설계개요 등이 기재된 동의서에 동의를 받는 방법에 의하여야 하므로 '신축건축물의 설계개요와 건축물의 철거 및 신축비용 개산액'을 제외하고 동의를 받을 수 없습니다.

1필지의 토지 또는 건축물을 다수가 공유한 경우 다수의 의사에 관계없이 선임된 대표자의 의사표시에 따라 동의 또는 미동의 1인으로 산정하는지요?

1필지의 토지 또는 하나의 건축물이 수인의 공유에 속하는 때에는 『도시 및 주거환경정비법 시행령』제28조 제1항에서 그 수인을 대표하는 1인을 토지등소유자로 산정하도록 하고 있으므로, 수인의 공유자로부터 선임된 대표자 1인의 동의 여부에 따라 동의 또는 미동의 1인으로 산정하는 것입니다.

정비구역 안의 토지등소유자가 추진위원회의 승인 또는 조합설립의 인가에 대한 동의를 철회하고자 할 경우 동의철회가 가능한지요?

『도시 및 주거환경정비법』제28조 제1항에서 정비구역 안의 토지등소유자가 추진위원회의 승인신청 전 또는 조합설립의 인가신청 전에 동의를 철회하는 경우 동의자의 수에서 제외하도록 규정하고 있으며, 조합설립인가 동의서의 경우 동의서상에 기재된 사항이 변경 없을 경우에는 동의자의 수에서 제외하지 아니합니다.

2개의 재개발사업추진위원회가 구성되어 동의서를 각각 징구하고 있는 바, 종전에 A의 추진위원회에 동의서를 제출하였으나 동의를 철회(인감증명서 첨부)하고, B에 다시 동의서를 제출할 경우 A에 대한 동의철회가 가능한지요?

추진위원회에 대한 동의철회는 추진위원회의 승인신청 전에 제출하면 동의자 수에서 제외될 것이나 인감도장을 사용한 서면의 방법(인감증명서 첨부)에 의하여야 할 것이며, 동의철회서는 당해 추진위원회에 제출하여야 합니다. 물론 동의를 철회하고자 하는 자는 동의 시 인감증명서를 기 제출한 것이므로 인감날인만으로도 철회할 수 있으며 주민등록증, 여권 등 신분을 증명하는 문서의 사본을 첨부하여야 합니다.

하나의 건축물을 수인이 공유한 때 그 수인이 대표자를 선임하지 아니하고 일부가 동의한 경우 동의자 수에 포함하는지요?

『도시 및 주거환경정비법 시행령』 제28조 제1항 제1호의 규정에 의하여 주택재개발사업 또는 도시환경정비사업의 경우 하나의 건축물이 수인의 공유에 속하는 때에는 그 수인을 대표하는 1인을 토지등소유자로 산정하도록 되어 있으므로 일부만 동의한 경우 동의자 수 산정에 포함할 수 없을 것입니다.

소재가 불확실한 토지등소유자를 사업에서 제외하고자 할 때 방법 및 절차는 어떻게 되는지요?

『도시 및 주거환경정비법 시행령』 제28조 제1항 제4호의 규정에 의하여 토지등기부등본·건물등기부등본·토지대장 및 건축물관리대장에 소유자로 등재될 당시 주민등록번호의 기재가 없고, 기재된 주소가 현재 주소와 상이한 경우로서 소재가 확인되지 아니한 자는 토지등소유자의 수에서 제외할 수 있으며, 조합설립인가 후 소유자 확인이 곤란한 건축물 또는 토지에 대한 처분은 같은 법 제45조에 따라 전국적으로 배포되는 2개 이상의 일간신문에 2회 이상 공고하고, 그 공고한 날부터 30일 이상이 지난 때에는 그 소유자의 소재확인이 현저히 곤란한 건축물 또는 토지의 감정평가액에 해당하는 금액을 법원에 공탁하고 정비사업을 시행할 수 있습니다.

주택재개발사업을 위한 추진위원회 설립동의서를 제출한 후에 매매 또는 증여할 경우 제한이 없는지요?

주택재개발사업의 조합원 자격이전은 『도시 및 주거환경정비법』에서 별도로 제한하고 있지 않습니다.

주택재개발사업의 정비예정구역 안에 토지소유자 10명이 동일한 신탁회사와 처분신탁계약을 체결하고 등기부등본에 토지의 소유권이 신탁회사의 명의로 되어 있는 경우 추진위원회의 동의자 수 산정 시 신탁회사 1인으로 봐야 하는지 아니면 위탁자 10인으로 보아야 하는지요?

『신탁법』상의 신탁은 위탁자가 수탁자에게 특정의 재산권을 이전하거나 기타 처분하여 수탁자로 하여금 신탁 목적을 위하여 그 재산권을 관리·처분하게 하는 것이므로, 부동산의 신탁에 있어서 수탁자 앞으로 소유권 이전등기를 마치게 되면 대내·외적으로 소유권이 완전히 이전되고, 위탁자와의 내부관계에 있어서 소유권이 위탁자에게 유보되어 있는 것은 아니라 할 것입니다. 따라서, 신탁회사를 토지등소유자로 산정하여야 할 것입니다.

토지를 신탁(계약만 하고 잔금은 지급하지 않은 상태임)받은 토지등소유자(법인)의 경우 동의자 수 산정 시 신탁받은 동의자 수로 인정하는 것인지요?

토지를 신탁받은 토지등소유자(법인)의 동의자 수 산정에 대하여는 『도시 및 주거환경정비법』에서 따로 규정하고 있지 않으나, 계약만 한 상태를 토지 또는 건축물의 토지등소유자로 인정할 수는 없을 것입니다.

재건축아파트의 복리시설에 대한 동의자 수를 산정함에 있어 상가부분이 수인에게 각각 구분등기되어 있을 경우 각각의 동으로 보는지요?

재건축아파트의 복리시설에 대한 동의자 수 산정방법은 『도시 및 주거환경정비법』 제16조 내지 제17조 및 같은 법 시행령 제28조 각 항의 규정에 따라야 하며, 같은 법 제16조 제2항에는 "복리시설의 경우에는 주택단지 안의 복리시설 전체를 하나의 동으로 본다."고 규정되어 있습니다.

공동주택과 단독주택이 혼재되어 있는 곳을 정비구역으로 지정받을 예정이며, 이 경우 조합설립인가를 받을 때 토지등소유자의 동의는 공동주택과 단독주택지 안의 상가를 1동으로 산정하여야 하는지요?

『도시 및 주거환경정비법』 제16조의 규정에 의하여 주택재건축사업의 추진위원회가 조합을 설립하고자 하는 때에는 주택단지 안의 공동주택의 각 동(복리시설의 경우에는 주택단지 안의 복리시설 전체를 하나의 동으로 본다)별 구분소유자의 각 3분의 2 이상 및 토지면적의 2분의 1 이상의 토지소유자의 동

의(공동주택의 각 동별 구분소유자가 5 이하인 경우는 제외한다)와 주택단지 안의 전체 구분소유자의 4분의 3 이상 및 토지면적의 4분의 3 이상의 토지소유자의 동의를 얻어야 하며, 주택단지가 아닌 지역이 정비구역에 포함된 때에는 주택단지가 아닌 지역 안의 토지 또는 건축물 소유자의 4분의 3 이상 및 토지면적의 3분의 2 이상의 토지소유자의 동의를 얻어야 합니다.

참고로 주택재개발사업 및 도시환경정비사업의 조합설립을 위한 동의요건은 토지등소유자의 4분의 3 이상 및 토지면적의 2분의 1 이상입니다.

조합설립을 위한 동의서를 조합설립인가 신청 후 보완하거나 추가할 수 있는지요?

『도시 및 주거환경정비법 시행령』 제28조 제1항 제5호에서 조합설립에 대한 동의철회의 기한을 인가신청 전으로 규정하고 있는 점을 감안할 때 동의할 수 있는 기한을 조합설립인가 신청 전까지로 보는 것이 동의철회의 기한과 균형을 맞춰 합리적이므로 조합설립인가 신청 후 동의서의 보완이나 추가는 불가합니다.

조합원이란 조합의 구성원으로 인정되는 정비구역 안의 토지등소유자라고 정의할 수 있으며, 주택재건축사업의 경우 조합설립에 동의한 토지등소유자만이 조합원이 되고 주택재개발 및 도시환경정비사업의 경우에는 조합설립의 동의에 상관없이 모든 토지등소유자가 조합원이 된다.

조합원의 자격요건 및 공유자에 관한 내용은 조합원의 권리와 의무 및 총회의 의사결정 과정에서 매우 큰 역할을 담당하는 것인 바,『도시 및 주거환경정비법』제19조에서 조합원의 자격을 엄격하게 규정하고 있다. 그 내용은 투기과열지구 안에서 주택재건축조합설립인가 후 재건축단지 안의 주택 또는 토지를 양수한 자에 대하여는 조합원자격을 취득할 수 없도록 하고 조합설립인가일을 기준으로 현금 청산하도록 하며, 생계상의 이유로 다른 곳으로 이전하는 때 등 불가피한 사유가 발생한 경우에는 예외를 인정해 줌으로써 재산권침해를 최소화하고 있다.

조합원 자격 《『도시 및 주거환경정비법』 제19조》

1. 토지등소유자는 조합원이다.
2. 수인을 대표하는 1인을 조합원으로 보는 경우
   ① 토지 또는 건축물의 소유권과 지상권이 수인의 공유에 속하는 때
   ② 수인의 토지등소유자가 1세대에 속하는 때(이 경우 동일한 세대별 주민등록표상에 등재되어 있지 아니한 배우자 및 미혼인 20세 미만의 직계비속은 1세대로 보며, 1세대로 구성된 수인의 토지등소유자가 조합설립인가 후 세대를 분리하여 동일한 세대에 속하지 아니하는 때에도 이혼 및 20세 이상 자녀의 분가를 제외하고는 1세대로 본다)
   ③ 조합설립인가 후 1인의 토지등소유자로부터 토지 또는 건축물의 소유권이나

　　지상권을 양수하여 수인이 소유하게 된 때

3. 투기과열지구 안에서의 주택재건축사업의 경우 조합설립인가 후 당해 정비사업의 건축물 또는 토지를 양수한 자는 조합원이 될 수 없다. 다만, 다음의 양도자로부터 건축물 또는 토지를 양수한 자는 조합원으로 본다.

① 세대원(세대주가 포함된 세대의 구성원 포함)의 근무 또는 생업상의 사정이나 질병치료·취학·결혼으로 인하여 세대원 전원이 당해 사업구역이 위치하지 아니한 특별시·광역시·시 또는 군으로 이전하는 경우

② 상속에 의하여 취득한 주택으로 세대원 전원이 이전하는 경우

③ 세대원 전원이 해외로 이주하거나 세대원 전원이 2년 이상의 기간 동안 해외에 체류하고자 하는 경우

④ 그 밖의 불가피한 사정으로 양도하는 경우로서 다음에 해당되는 경우(『도시 및 주거환경정비법 시행령』의 내용으로 바뀔 수 있음)

　－ 조합설립인가일부터 2년 이내에 사업시행인가 신청이 없는 주택재건축사업의 건축물을 2년 이상 계속하여 소유하고 있는 경우

　－ 사업시행인가일부터 2년 이내에 착공하지 못한 주택재건축사업의 토지 또는 건축물을 2년 이상 계속하여 소유하고 있는 경우

　－ 착공일부터 3년 이내에 준공되지 아니한 주택재건축사업의 토지를 3년 이상 계속하여 소유하고 있는 경우

　－ 토지등소유자로부터 상속·이혼으로 인하여 토지 또는 건축물을 소유한 자

　－ 국가·지방자치단체 및 금융기관에 대한 채무를 이행하지 못하여 주택재건축사업의 토지 또는 건축물이 경매 또는 공매 되는 경우

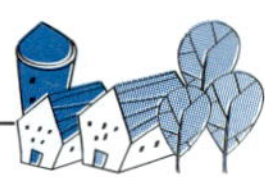

토지나 건축물을 수인이 공유하고 있는 경우 분양자격이 1개만 존재하는 것으로 알고 있습니다. A와 B가 2필지의 토지와 1개의 건축물을 공유하고 있을 경우 분양자격은 1개인지요 2개인지요?

A와 B가 토지와 건축물을 모두 함께 공유하고 있으므로 분양자격은 하나인 것입니다.

제가 3필지의 토지를 갖고 있는데 각 필지의 면적이 분양자격을 인정받을 수 있는 최소 면적에 미달됩니다. 하지만 3필지 면적을 모두 합하면 최소 면적을 넘습니다. 이 경우 분양자격이 있는지요?

 정비구역 내에서 소유하고 있는 토지의 면적 합이 분양자격이 인정되는 최소 면적 이상일 경우 분양자격이 있는 것이므로, 3필지 토지의 면적 합이 최소 면적을 넘으므로 분양자격이 있습니다.

 5필지의 토지에 공유지분을 갖고 있고 공유지분의 합이 분양자격을 인정받을 수 있는 최소 면적을 넘을 경우 분양자격이 있는지요?

 정비구역 내에서 소유하고 있는 토지의 면적 합이 분양자격이 인정되는 최소 면적 이상일 경우 분양자격이 있는 것이므로, 5필지 토지의 지분 합이 최소 면적을 넘는다면 분양자격이 있습니다.

 투기과열지구가 아닌 재건축사업지구 내에서 조합설립인가 후에 건축물과 토지를 양수하였습니다. 조합원자격이 있는지요?

 투기과열지구 안에서의 재건축사업의 경우 조합실립인가 후에 건축물과 토지를 양수할 경우 그 양수자는 조합원이 될 수 없으나 투기과열지구가 아닌 지역에 대해서는 이러한 제한이 없으므로 조합원자격이 있다 하겠습니다. 또한, 법 개정으로 2009년 11월 28일부터는『수도권정비계획법』에 따른 수도권 과밀억제권역이 아니라면 투기과열지구라고 하더라도 분양자격이 있다 하겠습니다.

 등기부등본 등에는 존재하나 실제건축물이 존재하지 않는 경우 건물소유자에게 조합원자격이 주어지는지요?

 정비계획수립 및 정비구역지정대상의 경우 정비구역지정 시 또는 조합설립인가 시 지정 및 인가권자가 등기부등본 등 관계서류와 현지현황을 사실 판단하여 부존재증명원 등을 활용하여 처리할 사항이며, 실제건축물이 존재하지 않는 경우 조합원자격이 주어질 수는 없는 것입니다.

무허가주택소유자에게 재건축사업의 조합원자격 및 분양권이 있는지요?

재건축사업의 조합원자격은『도시 및 주거환경정비법 시행령』제30조 제1항 제2호의 규정에 따라 정비구역 안의 토지등소유자로서 조합설립에 동의한 자를 조합원으로 보며, 조합원의 자격이 있어야 분양권이 있습니다. 관계법상 인정된 주택 및 부속토지의 소유자로서 재건축사업에 동의한 자라야 조합원자격 및 분양권이 있는 것이므로 각 지자체별「도시 및 주거환경정비 조례」에서 규정하고 있는 기존 무허가건축물에 해당할 경우 조합원자격과 분양권이 주어지며, 신발생 무허가건축물의 경우 조합원자격이 주어지지 않습니다.

재개발구역 내 건축물대장은 있으나 등기가 되지 아니한 주택소유자도 조합원자격이 있는지요?

『도시 및 주거환경정비법 시행령』제30조 제1항 제1호의 규정에 재개발조합의 조합원자격은 조합이 시행하는 정비구역 안의 토지등소유자로 규정하고 있으므로 건축물이 존재하고 실질적으로 소유하고 있다면 조합원자격이 있습니다. 미등기라 하더라도 무허가건물의 소유자와는 달리 건축허가를 받아 건물을 신축한 것이므로 미등기소유자도 조합원자격을 인정하는 것이 타당할 것입니다.

투기과열지구의 재건축구역 안에 2채의 상가소유자로서 2003년 12월 9일 적법하게 조합에 조합설립동의서를 제출한 후 2003년 12월 17일 두 자녀에게 증여하였으며, 2003년 12월 23일 등기필증이 자녀명의로 교부된 경우 두 자녀에게 조합원자격이 있는지요?

재건축조합원은 2003년 12월 31일 개정·공포·시행된『도시 및 주거환경정비법』제19조의 부칙 규정에는 개정안 시행 전에 조합인가를 받은 재건축주택은 조합원 명의변경이 1회에 한하여 가능하도록 규정하고 있으며, 같은 법 시행령 제30조 제2항의 규정에 "조합설립인가 후 양도·증여·판결 등으로 인하여 조합원의 권리가 이전된 때에는 조합원의 권리를 취득한 자를 조합원으로 본다."고 규정하고 있으므로 관계법상 적법하게 조합원의 토지 등을 증여받은 경우에는 조합원자격이 있을 것입니다.

2000년 1월 조합설립인가를 받은 투기과열지구 안의 재건축조합의 경우 2003년 12월 31일 이후 조합원 명의변경이 가능한지요?

투기과열지구 안의 재건축조합원 명의변경 제한은 2003년 12월 31일 개정·공포·시행된 『도시 및 주거환경정비법』 제19조의 규정에 따라야 하며, 동 규정에는 이 법 시행일 이전까지 조합인가를 받지 못한 재건축조합은 주택 등을 양수한 자에 대하여 조합원 명의변경이 전면적으로 금지되며, 같은 법 부칙 규정에는 개정안 시행 전에 조합인가를 받은 재건축주택은 조합원 명의변경이 1회만 가능하도록 규정하고 있으므로 2003년 12월 31일 이전부터 재건축조합원이거나, 재건축조합원의 주택 등을 2003년 12월 31일 이전 양수(잔금청산일과 소유권 이전등기 중 빠른 날을 기준)한 경우에는 1회에 한하여 명의변경이 가능할 것입니다.

2003년 12월 31일 이전에 조합설립인가를 받은 투기과열지구 내 재건축조합의 미동의자의 주택을 2003년 12월 31일 이후 양수한 자의 경우 조합원 명의변경이 가능한지요?

투기과열지구 내 재건축조합원 명의변경 제한은 2003년 12월 31일 개정·공포·시행된 『도시 및 주거환경정비법』 제19조의 규정에 따라 이 법 시행일 이전까지 조합인가를 받지 못한 재건축조합은 주택 등을 양수한 자에 대하여 조합원 명의변경이 전면적으로 금지되며, 같은 법 부칙 규정에는 개정안 시행 전에 조합인가를 받은 재건축주택은 조합원 명의변경이 1회만 가능하도록 규정하고 있습니다. 따라서, 2003년 12월 31일 이후 재건축조합 미동의자의 주택 등을 양수한 경우에는 조합원자격을 취득할 수 없으므로 현금청산대상이 됩니다.

재건축구역 내 연립주택의 지하실(실제용도는 주택)소유자에게 조합원자격이 있는지요?

재건축사업의 조합원자격은 『도시 및 주거환경정비법 시행령』 제30조 제1항 제2호의 규정에 정비구역 안의 토지등소유자(건축물 및 그 부속토지의 소유자)로서 조합설립에 동의한 자로 규정하고 있으므로 연립주택 지하실의 건축법 등 관련법상의 용도가 주택인지 여부와 부속토지의 유·무 여부를 확인하여 판단할 사항입니다.

2001년 12월 31일 사업승인을 받은 투기과열지구 내 재건축사업장의 경우 2003년 12월 31일 이후 조합원 명의변경이 가능한지 여부 및 일반분양자의 경우에도 동 규정이 적용되는지요?

투기과열지구 내 재건축조합원 명의변경 제한은 2003년 12월 31일 개정·공포·시행된 『도시 및 주거환경정비법』 제19조의 규정에 따라야 하며, 동 규정에는 이 법 시행일 이전까지 조합인가를 받지 못한 재건축조합은 주택 등을 양수한 자에 대하여 조합원 명의변경이 전면적으로 금지되며, 같은 법 부칙 규정에는 개정안 시행 전에 조합인가를 받은 재건축주택은 조합원 명의변경이 1회만 가능하도록 규정하고 있습니다. 따라서, 2003년 12월 31일 이전부터 재건축조합원이거나 재건축조합원의 주택 등을 2003년 12월 31일 이전 양수(잔금청산일과 소유권 이전등기 접수일 중 빠른 날을 기준)한 경우에는 1회에 한하여 명의변경이 가능할 것이며, 동 규정은 재건축조합원에게 적용되는 규정으로 일반분양자와는 상관없습니다.

투기과열지구 내 재건축조합원 명의변경 금지규정이 시행되기 이전에 인가된 조합원에게 토지 등을 양수하여 조합원자격을 취득하였을 경우 양도·양수일의 기준일은 언제인가요?

양도·양수의 기준은 매매계약 체결 후 잔금청산일과 소유권 이전등기 접수일 중 빠른 날로 하며, 법 시행 전에 조합원자격을 취득하였다면 1회에 한하여 명의변경이 가능할 것입니다.

국가(법무부)가 소유한 관사(3세대 아파트)에 대하여 『도시 및 주거환경정비법』 제19조의 규정에 의거 조합원자격을 부여해야 하는지 아니면 같은 법 제66조의 규정에 의한 국·공유지의 처분에 따라 처리하여야 하는지요?

『도시 및 주거환경정비법』상의 조합원은 주택 등의 소유자로 하고 있으므로 조합원으로 보아야 할 것이나 국유재산 소유기관의 관리의지에 따라야 할 것입니다.

2003년 12월 30일 이전에 2세대의 아파트를 소유한 투기과열지구 내 재건축조합원이 1세대를 제3자에게 양도할 경우 그 양수자가 조합원자격을 가질 수 있는지요?

2003년 12월 30일 이전에 설립된 투기과열지구 내 재건축조합의 조합원은 1회에 한하여 조합원자격을 이전할 수 있도록 하고 있는 바, 양수자가 1회는 조합원자격을 가질 수 있을 것입니다.

2003년 12월 31일 설립된 수도권 안에 위치한 투기과열지구 내 재건축사업에서 조합설립에 미동의한 아파트소유자가 생계상의 이유로 수도권이 아닌 지역으로 이전하고자 할 경우 그 양수자가 직접 조합설립동의서를 제출하면 조합원이 될 수 있는지요?

『도시 및 주거환경정비법』제19조 제2항 제1호의 예외규정에 해당한다면 미동의자로부터 재건축주택을 양수한 후 조합설립동의서를 제출하여 조합원이 될 수 있으며, 이 경우가 동호의 예외규정에 해당하는지 여부는 면밀히 검토하여야 할 사항입니다.

부득이한 사정으로 투기과열지구 내 재건축조합 미동의자로 분류되었다가 2004년 4월 조합에 동의서를 제출하여 조합원이 되었는데 관련 건축물 및 그 부속토지를 매각할 경우 그 양수자가 조합원이 될 수 있는지요?

재건축에 동의하지 아니하여 조합원이 아닌 토지등소유자가 재건축에 동의할 때에는 조합원으로 추가가입이 가능할 것이나 『도시 및 주거환경정비법』제19조 제2항의 규정에 의거, 동항 각 호의 1의 경우에 해당하는 사유가 아닌 경우로서 이를 양수한 자는 조합원이 될 수 없습니다.

투기과열지구 내 재건축정비사업의 조합원이 아닌 미동의자로부터 2004년 3월 2일 아파트를 구입한 경우 조합원승계가 되지 않는지요?

2003년 12월 31일 시행 『도시 및 주거환경정비법』부칙 제2항에서 이 법 시행 전에 투기과열지구 안의 주택재건축정비사업의 조합설립인가를 받은 정비사업의 조합원으로부터 건축물 또는 토지를 양수한 자는 조합원자격을 취득할 수 있다고 규정되어 있으나, 미동의자는 조합원이 아니므로 위 규정을 적

용할 수 없어 미동의자로부터 소유권을 이전받은 경우에는 조합원이 아닌 현금청산대상자로 분류되는 것입니다.

12년 동안 재건축추진 중인 투기과열지구 내의 수도권아파트에 살다가 2002년 4월 강원도로 세대 전부가 이주한 경우 생업상 이유로 보아 양수자에게 조합원자격 이전이 가능한지요?

투기과열지구로 지정된 지역 안에서의 주택재건축사업의 경우 『도시 및 주거환경정비법』 제19조 제2항 제1호에서 세대원의 근무 또는 생업상의 사정 등으로 인하여 세대원 전원이 당해 사업구역이 위치하지 않은 특별시·시 또는 군으로 이전하는 경우에 그 양도자로부터 그 건축물 또는 토지를 양수한 자는 조합원자격의 이전이 가능하도록 하고 있습니다. 그러나 이 경우는 이 법 시행일인 2003년 12월 31일 전에 이전한 경우로서 위 규정에 해당되지 않으므로 양수자는 조합원자격을 취득할 수 없는 것입니다.

조합원의 자격은 재건축동의서 제출 시로 보는지 아니면 설립인가권자로부터 설립인가를 받은 후로 보아야 하는지요?

주택재건축사업의 조합설립은 『도시 및 주거환경정비법』 제16조 제2항에 따라 동의 및 구비서류 등을 시장·군수 및 구청장의 인가를 받도록 하고 있습니다. 따라서, 조합원으로 인정되는 시기는 조합원명부 등에 등록된 조합원의 조합이 설립되고 당해 시장·군수 및 구청장으로부터 인가를 받은 후로 보아야 할 것이며, 조합설립인가를 받은 후에는 미동의자의 경우 동의서를 조합에 제출하면 조합원의 지위를 갖은 것으로 볼 수 있을 것입니다.

재건축에 미동의한 자의 경우 개정법률시행 이전에 조합에 동의서를 제출하였으나 조합에서 관할구청에 조합원변경신고를 하지 않았을 경우에도 조합원자격 취득일을 법 시행 이전으로 볼 수 있는지요?

재건축에 미동의한 자가 법 시행 이전에 조합에 동의서를 적법하게 제출하였을 경우에는 그 제출일로부터 조합원자격을 취득한 것으로 볼 수 있으며 제출일은 조합접수일, 우편발송의 경우는 소인이 찍힌 날로 볼 수 있을 것입니다.

2001년 1월 5일 조합원의 사망으로 당해 투기과열지구 내의 재건축아파트를 상속받을 자가 2004년 2월 상속등기 후 제3자에게 매도할 경우 제3자는 조합원이 될 수 있는지요?

투기과열지구로 지정된 지역 안에서 재건축조합설립인가 후 재건축사업단지 내의 주택 또는 토지를 양수한 자에게는 조합원자격취득을 금지하고, 예외적으로 상속받은 자는 조합원이 될 수 있으나 상속받은 아파트를 매도한 경우에는 상속아파트를 매수한 제3자는 조합원이 아닌 현금청산자로 분류됩니다.

외국시민권자가 재건축구역 내의 토지 등을 소유하고 있을 경우 동 사업의 동의서에 첨부되는 외국인등록사실증명서를 거주확인사실증명서로 갈음할 수 있는지요?

『도시 및 주거환경정비법』상 서면동의서에 인감증명 또는 외국인등록사실증명서를 첨부하도록 한 것은 동의에 대한 본인 증명과 토지등소유자가 사업추진방법 및 사업계획의 내용을 정확히 알고 동의를 하도록 하여 추후 사업추진과 관련된 민원을 방지하기 위한 것입니다. 따라서, 외국인의 경우 거주확인사실증명서로 본인 여부 등을 확인할 수 있다면 외국인등록사실증명서로 갈음할 수 있을 것입니다.

조합설립인가 후 양도·양수, 법원의 판결, 증여 등으로 조합원이 변경이 되었을 경우 조합원변경신고가 경미한 변경인지요?

재건축조합원 명의변경은 『도시 및 주거환경정비법 시행령』 제27조 제2호의 규정에 따라 경미한 변경에 해당하므로 같은 법 제16조 제2항 후단의 규정에 따라 조합원의 동의 없이 시장·군수 및 구청장에게 신고하고 변경할 수 있습니다.

위법·부당한 방법으로 조합원으로 가입한 후에 재건축조합이 승인되었다면 조합원자격을 취소할 수 있는지요?

위법하게 취득한 조합원의 자격은 비록 인가를 받았다 하더라도 취소처분되어야 하는 것입니다.

조합정관에 조합원탈퇴에 대한 특별한 규정이 없는데 재건축사업에 동의한 조합원이 사업계획의 변경으로 조합에서 탈퇴하고자 할 경우 자진탈퇴가 가능한지요?

『도시 및 주거환경정비법』 제20조 제1항 제3호의 규정에 의하면 조합원의 제명·탈퇴 및 교체에 관한 사항은 조합정관에서 정하도록 규정하고 있으므로 설립된 재건축조합의 조합원이 조합에서 탈퇴하고자 할 경우에는 당해 조합의 정관에서 정하는 바에 따라야 할 것입니다. 그러나 당해 조합의 정관에 조합원탈퇴에 대하여 정하는 사항이 없는 경우에는 탈퇴가 가능하다 할 수 있습니다.

2002년도에 사업계획승인된 재건축조합에서 조합원가입 가능시기를 조합규약에서 '입주자 모집공고일까지'로 규정한 경우 미동의자의 동의를 받아도 되는 시기가 아파트 모집공고일까지인지 아니면 상가입주자 모집공고일까지인지요?

재건축조합의 조합원가입 가능시기는 조합원분양 신청완료 전까지 가능할 것이나 위 기간의 범위 내에서 조합정관(규약 포함)으로 별도로 정하고 있는 경우에는 당해 조합정관이 정하는 바에 따라야 할 것입니다.

종전법인 『주택건설촉진법』에 의하여 사업계획승인을 받은 재건축조합의 미동의자에게 매도청구소송 2심 진행 중에 미동의자가 조합설립동의서를 제출하였을 경우 조합원가입 가능시기 및 법원의 재판에 의한 경우도 동일하게 적용할 수 있는지요?

종전법(주택건설촉진법)의 규정에 의하면 조합원의 자격은 주택(그 부속토지 포함) 및 복리시설(그 부속토지 포함)의 소유자로서 재건축사업에 동의를 할 경우 조합원이 되며, 조합원가입시기에 대해서는 별도 규정된 바가 없습니다. 따라서, 매도청구소송 진행 중 미동의자의 조합원가입에 대해서는 조합이 자체적으로 처리하여야 할 것이며, 다만 법원의 재판에 의한 경우는 그 재판결과에 따라야 할 것입니다.

2003년 6월 30일 설립인가된 투기과열지구 내 재건축조합의 조합원으로부터 2003년 10월경 양수한 자는 조합원 명의변경을 신청할 경우 양수관계 서류만 첨부하고 조합설립동의서는 첨부하지 않아도 되는지요?

『도시 및 주거환경정비법 시행령』 제28조 제2항에서는 "조합의 설립에 동의한 자로부터 토지 또는 건축물을 취득한 자는 조합설립에 동의한 것으로 본다."로 규정하고 있으므로, 위 규정에 따라 양수관계 서류만 첨부하여도 조합원자격 이전이 가능할 것입니다.

재개발정비구역 지정 전에 다가구주택(6가구 2점포)을 다세대주택(6가구 2점포)으로 전환한 경우 6세대 전원에게 조합원자격이 주어지는지요?

재개발정비구역 지정 전에 다세대주택으로 전환되어 소유자가 서로 다른 경우 그 세대(6세대)들에 대하여 각각의 조합원자격이 주어질 수 있을 것입니다.

투기과열지구 안에서 설립인가된 재건축조합의 상가조합원지분을 분할한 경우 분할된 지분소유자가 조합원이 될 수 있는지요?

투기과열지구 안에서는 조합원자격이 이전되지 않으며, 『도시 및 주거환경정비법』 제19조 제1항의 규정에 의하면 건축물의 소유권이 수인의 공유에 속하는 때에는 그 수인을 대표하는 1인만 조합원으로 인정하므로 분할 등으로 인하여 조합원자격이 인정되지 않을 것입니다.

『도시 및 주거환경정비법』 부칙(법률 제7056호, 2003.12.31) 제2항의 규정에 의하여 투기과열지구 내에서 조합원의 자격을 이전할 수 있는 조합원으로부터 2005년 1월 13일 부동산 매매계약을 체결하고 계약금을 지급하였으나 조합원이 2005년 1월 19일 사망하여 상속자에게 소유권 이전등기를 하고 다시 매수자에게 소유권을 이전할 경우 매수자가 조합원의 자격을 취득할 수 있는지요?

『도시 및 주거환경정비법』 제19조 제2항의 규정에 의하여 투기과열지구로 지정된 지역 안의 재건축조합으로 설립인가된 경우 당해 정비사업의 건축물 또는 토지를 2003년 12월 31일 이후에 사망을 원인으로 하여 상속받은 자로부터 주택을 양수받은 자는 조합원자격을 취득할 수 없습니다. 다만, 동법 부칙 〈제7056호, 2003.12.31〉 제2항의 규정에 의한 적법한 조합원으로부터 매매계약을 체결하였으나 당해 조합원(양도자)의 사망을 원인으로 계약의 이행이 불가능하여 불가피하게 상속받은 자로부터 주택을 양수받는 경우 양수자는 조합원자격을 취득할 수 있을 것입니다.

투기과열지구 내에 거주하고 있는 주택재건축사업의 조합원이 직장을 퇴직하고 생업상의 이유로 경상북도로 이주할 때 자녀는 학교문제로 남겨두고 주민등록상의 주소는 세대원 전원을 옮긴 경우 조합원의 자격을 이전(매매)할 수 있는지요?

『도시 및 주거환경정비법』 제19조의 규정에 의하여 세대원(세대주가 포함된 세대의 구성원을 말한다)의 근무 또는 생업상의 사정이나 질병치료 · 취학 · 결혼으로 인하여 세대원 전원이 당해 사업구역이 위치하지 아니한 특별시 · 광역시 · 시 또는 군으로 이전하는 경우 등을 제외하고는 양도 · 양수에 따른 조합원자격취득을 예외적으로 인정하기가 곤란합니다.

1세대에서 2주택을 각각 다른 명의로 소유한 경우에 2명의 조합원으로 볼 수 있는지요?

2009년 2월 6일자로 개정된 『도시 및 주거환경정비법』에서는 수인의 토지등소유자가 1세대에 속하는 때에는 수인을 대표하는 1인을 조합원으로 보도록 하고 있으므로, 1인의 조합원으로 보아야 합니다.

투기과열지구 내 주택재건축사업지구의 건축물 및 토지를 2004년 8월에 매입하고, 2005년 5월에 양도한 경우 양수한 자가 조합원의 자격을 취득할 수 있는지요?

『도시 및 주거환경정비법』 제19조 제2항의 규정에 의하여 투기과열지구로 지정된 지역 안에서의 주택재건축사업의 경우 조합설립인가 후 당해 정비사업의 건축물 또는 토지를 양수한 자는 조합원이 될 수 없습니다.

투기과열지구의 주택재건축사업에 조합원의 동·호수 추첨을 모두 마치고, 현재 곧 조공사를 진행 중에 있는 경우 조합원의 종후재산(신축되는 아파트) 권리등기를 하기 전에 조합으로 신탁된 토지와 분양권만으로 권리양도가 가능한지요?

『도시 및 주거환경정비법』 제19조 제2항의 규정에 투기과열지구로 지정된 지역 안에서 주택재건축사업의 경우 세대원 전원이 해외로 이주하는 등 불가피한 사정으로 양도하는 경우를 제외하고는 조합설립인가 후 당해 정비사업의 건축물 또는 토지를 양수한 자는 조합원이 될 수 없으며, 조합원의 자격이전 제한기간은 조합설립인가일부터 소유권 이전등기일까지입니다.

투기과열지구로 지정된 주택재건축사업에 2004년 12월 30일 조합설립인가 후 당해 정비사업의 건축물 및 토지를 2005년 3월 3일 경매로 낙찰받은 경우 조합원의 자격을 취득할 수 있는지요?

『도시 및 주거환경정비법』 제19조 제2항의 규정에 의하여 『주택법』 제41조 제1항의 규정에 의한 투기과열지구로 지정된 지역 안에서의 주택재건축사업의 경우 조합설립인가 후 당해 정비사업의 건축물 또는 토지를 매매·증여, 그 밖의 권리의 변동을 수반하는 일체의 행위를 통해 양수한 자는 조합원이 될 수 없으나, 상속·이혼으로 인한 양도·양수의 경우를 제외합니다.

투기과열지구로 지정된 주택재건축사업의 조합원이 2005년 12월 27일 아들에게 증여하였으나 당사자간의 합의에 의하여 2006년 1월 2일 증여한 재산을 다시 반환받는 경우 조합원의 자격이 회복되는지요?

『상속세 및 증여세법』 제31조의 규정에 의하여 증여를 받은 후 그 증여 받은 재산(금전을 제외한다)을 당사자간 합의에 따라 증여받은 날부터 3월 이내에 반환하는 경우에는 처음부터 증여가 없었던 것으로 보도록 규정(다만, 반환하기 전에 제76조의 규정에 의하여 과세표준과 세액의 결정을 받은 경우에는 그러하지 아니하다)하고 있는 바, 이에 해당한다면 조합원의 자격이 회복될 수 있을 것입니다.

주택재건축사업의 조합원이 당해 건축물 및 토지에 대하여 매매계약을 체결하고 계약금 및 중도금을 지급받았으나 매도자와 매수자 간의 다툼이 있어 매수자가 잔금을 공탁한 경우 조합원의 변경시기를 공탁일로 볼 수 있는지요?

주택재건축사업은 당해 정비구역 안에 소재한 건축물 및 그 부속토지의 소유자 등이 조합설립에 동의하는 경우 조합원의 자격을 취득할 수 있습니다. 이 경우 공탁의 법적 성질은 여러 가지가 있고 각 성질의 공탁마다 변제 등의 효과를 달리하므로 구체적인 법률적 효과 등은 법률전문가와 협의하여야 할 것입니다.

2003년 5월 조합설립인가를 받은 주택재건축사업의 조합원이 이혼(2006년 3월 31일)으로 인하여 당해 정비사업의 아파트를 위자료로 배우자에게 양도한 경우 그 배우자가 당해 아파트를 매도하는 때에 양수자가 조합원의 자격을 취득할 수 있는지요?

『도시 및 주거환경정비법』 제19조 제2항 및 같은 법 시행령 제30조 제3항 제4호의 규정에 의하여 법률 제7056호 『도시 및 주거환경정비법』 중 개정법률 부칙 제2항의 규정에 의한 토지등소유자로부터 상속 · 이혼으로 인하여 토지 또는 건축물을 소유한 자는 조합원의 자격을 이전할 수 있습니다.

하나의 주택에서 1/2은 주택 재건축사업구역으로, 나머지 1/2은 도시환경정비구역으로 양분되는 경우 2개 정비사업에 조합원의 자격이 있는지요?

주택재건축사업의 조합원은 정비구역 안에 소재한 건축물 및 그 부속토지의 소유자가 주택재건축사업에 동의하는 경우, 도시환경정비사업은 토지 또는 건축물의 소유자 또는 그 지상권자(토지의 소유자와 해당 토지의 지상권자를 대표하는 1인)를 조합원으로 보나 정비예정구역은 불가피한 경우를 제외하고는 경계선이 건축물에 저촉되지 않도록 하여야 하는 바, 정비구역을 변경하여 추진하여야 할 것입니다.

2002년 조합설립인가를 받은 투기과열지구 내 주택재건축사업의 조합원(상가를 2명이 공유)이 공유자의 지분을 2005년에 양수하여 단독으로 소유하고 이후 당해 상가를 매매하는 때에 양수자가 조합원의 자격을 취득할 수 있는지요?

『도시 및 주거환경정비법』 부칙〈제7056호, 2003.12.31〉 제2조의 규정에 의하여 이 법 시행 전에 투기과열지구 안에서의 주택재건축정비사업조합의 설립인가를 받은 정비사업의 토지등소유자(2003년 12월 31일 전에 건축물 또는 토지를 취득한 자에 한한다)로부터 건축물 또는 토지를 양수한 자는 같은 법 제

19조 제2항의 개정규정에 불구하고 조합원자격을 취득할 수 있는 바, 이 경우와 같이 조합원으로부터 상가를 양수한 자는 조합원의 자격을 취득할 수 있을 것입니다.

재건축대상 아파트의 복도나 계단 등의 공용부분이 최초의 건축주 명의로 등기된 경우나 공용부분의 용도가 변경되어 매매를 통해 이를 취득한 자가 있는 경우 공용부분의 소유자도 조합원의 자격이 인정되는지요?

공용부분이란 복도나 계단, 지하대피소, 관리소, 지하주차장 등과 같은 구조 및 이용상 구분소유자의 전원 또는 일부의 공용에 제공되는 건물부분을 말하며 이러한 공용부분은 구분소유자 전원의 공유에 속할 뿐 구분소유의 목적으로 할 수 없고, 공유자는 그가 가지는 전유부분과 분리하여 공용부분에 대한 지분을 처분할 수 없으므로 건물의 일부인 공용부분을 주거용 방 등으로 개조하여 이를 매도하더라도 공용부분이 따로 구분소유의 목적이 되는 것은 아니라는 서울지방법원의 판례가 있는 바, 공용부분은 구분소유의 목적으로 할 수 없고 공용부분에 대한 등기는 특별한 사정이 없는 한 원칙적으로 무효이므로 공용부분의 소유자를 조합원으로 인정할 수는 없습니다.

공동주택의 지하층을 소유하고 있는 경우 조합원으로 인정받을 수 있는지요?

공동주택의 지하층을 소유한 경우 지하층의 본래의 용도와 지하실의 구조 및 이용상 독립성을 가지고 있는가를 종합적으로 판단하여 결정할 수 있습니다.
지하층이 별도의 용도로 호수가 부여되어 독립적으로 등기되어 있는 경우는 독립적으로 소유권을 인정받을 수 있으므로 조합원의 자격이 주어질 수 있으며, 연립주택에 딸린 지하층으로서 주거용으로 사용하면서 지분등기로 되어 있는 경우와 창고 등의 용도를 개조하여 지분등기로 되어 있는 경우는 지상층 소유자와의 공유자로 인정받을 수 있습니다. 또한, 아파트에 딸린 지하층으로서 대피소, 보일러실, 관리직원의 숙소 등의 소유자 공용으로 사용되는 경우와 주거용으로 용도를 변경하여 매각 사용하고 있는 경우는 독립적 소유권이 인정되지 않으므로 조합원으로 인정받을 수 없습니다.

재개발구역 내에 상가를 소유하고 있습니다. 상가소유자에게는 상가분양권만 주어지는지요?

재개발구역 내의 상가소유자는 아파트 또는 상가를 선택할 수 있으며, 권리가액이 많을수록 상가분양순위에서 우선권을 갖을 수 있을 것입니다.

재개발구역 내에 상가를 소유하고 있습니다. 아파트와 상가를 모두 분양받고 싶은데 가능한지요?

재개발구역 내의 상가소유자가 아파트를 분양받을 경우 아파트분양가격을 제외한 가액이 상가분양건축물 최소 분양단위규모의 추산액 이상이 된다면 아파트와 상가를 모두 분양받을 수 있을 것입니다.

재개발지역 내에 원룸을 다수 소유하고 임대사업을 하고 있습니다. 원룸 수만큼의 아파트분양권을 받을 수 있는지요?

임대사업자 등록을 필하고 원룸이 각각 구분등기가 되어 있다면 소유하고 있는 원룸 수대로 아파트분양권이 나올 수 있을 것이나, 만약 구분등기가 되어 있지 않다면 아파트분양권은 1개만 인정될 것입니다.

조합정관 및 조합임원

조합정관

　조합정관이란 조합의 운영, 결의방법 및 조합원의 권리와 의무 등에 대한 규칙을 규정하는 것으로 조합총회의 결의에 따라 조합정관을 정해야 한다.

　조합정관은 구체적인 조항이 『도시 및 주거환경정비법』상의 강행규정에 적합한 범위 내에서 조합원을 구속하게 되는 조합 내부의 근본규범으로, 국토해양부장관이 표준정관을 작성하여 고시하고 있다. 표준정관은 법적 구속력이 없는 하나의 예시적인 정관(안)이므로 각 조합의 특징과 여건에 따라 관련 사항을 추가하거나 삭제 및 수정할 수 있다.

　조합정관을 변경하고자 하는 경우에는 총회를 개최하여 『도시 및 주거환경정비법』에 규정되어 있는 동의요건에 해당되는 동의율을 득하여 시장·군수 및 구청장의 인가를 받아야 하며, 대통령령이 정하는 경미한 사항에 해당하는 변경의 경우에는 『도시 및 주거환경정비법』 또는 정관으로 정하는 방법에 따라 변경하고 시장·군수 및 구청장에게 신고하면 된다.

　조합정관을 내용면으로 볼 때 필요적 기재사항과 임의적 기재사항으로 나눌 수 있으며, 필요적 기재사항의 경우에는 어느 한 요소라도 누락될 경우 정관으로서 효력이 발생하지 않고, 임의적 기재사항의 경우 『도시 및 주거환경정비법』 및 조합의 본질에 반하지 않는 한 조합의 상황에 맞게 자유롭게 기재할 수 있는 사항이다.

필요적 기재사항

1. 정비사업의 시행
   ① 조합의 명칭 및 주소
   ② 정비사업 예정구역의 위치 및 면적
   ③ 조합의 비용부담 및 조합의 회계
   ④ 정비사업의 시행연도 및 시행방법
   ⑤ 공사비 등 정비사업에 소요되는 비용의 부담시기 및 절차
   ⑥ 정비사업이 종결된 때의 청산절차
   ⑦ 시공자·설계자의 선정 및 계약서에 포함될 내용

2. 조합과 조합원
① 조합원의 자격에 관한 사항
② 조합원의 제명, 탈퇴 및 교체에 관한 사항
③ 조합의 임원의 수 및 업무의 범위
④ 조합임원의 권리·의무·보수·선임 방법·변경 및 해임에 관한 사항
⑤ 대의원의 수, 의결방법, 선임방법 및 선임절차
⑥ 청산금의 징수·지급 방법 및 절차

3. 총회
① 총회의 소집절차, 시기 및 의결방법
② 총회의 개최 및 조합원의 총회소집요구에 관한 사항

4. 기타
① 정관의 변경절차
② 그 밖에 정비사업의 추진 및 조합의 운영을 위하여 필요한 사항으로서 대통령령이 정하는 사항

조합임원

조합임원이란 조합장·이사 및 감사로 구성되는 조합의 업무집행, 의사결정 및 감독업무를 수행하는 자를 말하며, 조합원은 자연인과 법인 모두 가능하나 조합임원은 그 성질상 자연인만이 될 수 있다.

조합임원은 같은 목적의 사업을 하는 다른 조합이나 추진위원회 또는 당해 사업과 관련된 시공자, 설계자, 정비사업 전문관리업자 등 관련단체의 임원 및 위원 또는 직원을 겸할 수 없다.

조합장은 조합을 대표하고 조합사무를 총괄하며 총회와 대의원회 및 이사회의 의장이 된다. 다만, 조합장과 이사는 자신을 위한 조합과의 계약이나 소송에 대해서는 직무가 제한되고 이 경우 감사가 조합을 대표하게 된다.

주택재개발사업의 조합설립인가 후 임시총회 또는 정기총회 시 서면결의서를 제출할 때 인감도장 및 인감증명서를 첨부하여야 하는지요?

『도시 및 주거환경정비법』 제20조의 규정에 총회의 소집절차·시기 및 의결 방법 등에 관한 사항은 당해 조합정관에 정하도록 규정되어 있는 바, 당해 조합의 정관에 따라야 할 것입니다.

표준정관에 임원의 임기가 2년으로 규정되어 있으나 이를 4년으로 변경할 수 있는 지요?

표준정관(안)은 하나의 예시로 법적 구속력은 없으며 조합의 특징과 여건에 따라 관련 조항을 추가·삭제·수정하여 달리 규정할 수도 있으나, 조합원의 권익과 관계되는 사항 등은 치밀한 검토와 전체적인 합의절차 등을 거쳐 신중하게 결정하여야 할 것입니다.

주택재건축사업의 조합장이 직무권한을 배우자에게 위임(조합정관에 이사회는 대리인 참석불가)하고, 그 배우자가 조합업무를 수행할 수 있는지요?

『도시 및 주거환경정비법』 제20조의 규정에 조합임원의 권리·의무·보수·선임 방법·변경 및 해임에 관한 사항, 업무의 범위 등은 조합정관에 정하도록 규정되어 있는바, 당해 정관에 따라 업무를 수행하여야 하는 것입니다.

주택재건축사업에 30평형(3.3m² 당) 아파트를 24평형(3.3m² 당)으로 변경하여 사업시행인가를 변경하는 때에 주민총회의 의결을 거쳐야 하는지요?

『도시 및 주거환경정비법』 제20조 및 같은 법 시행령 제31조의 규정에 의하여 총회의 개최 및 소집절차·시기·의결방법과 사업시행계획의 변경에 관한 사항은 정관에 정하도록 규정되어 있으며, 또한 같은 법 제28조 제4항의 규정에 의하여 사업시행인가를 변경하고자 하는 경우 미리 정관 등이 정하는 바에 따라 토지등소유자의 동의를 얻어야 합니다.

조합정관에 따라 조합원 1/5 이상이 총회의 목적사항을 제시하여 총회소집을 요구하였으나 조합장이 안건 일부를 거부하는 경우 이사회에서 총회안건 일부를 제외하고 총회를 소집할 수 있는지요?

『도시 및 주거환경정비법』 제20조의 규정에 총회의 개최 및 조합원이 총회 소집요구에 관한 사항은 정관에 정하도록 규정하고 있는 바, 이 경우와 같이 조합장이 안건 일부를 거부하는 경우 당해 정관이 정하는 바에 따라 소집하거나 법원의 허가를 받아 소집할 수 있을 것입니다.

주택재건축사업의 조합장이 형사사건으로 기소되어 직무를 정지하고 부조합장이 직무를 수행하는 경우 부조합장이 총회를 소집하거나 신탁등기 · 분양신청서 등의 서류를 접수할 수 있는지요?

『도시 및 주거환경정비법』 제20조 및 같은 법 시행령 제31조의 규정에 조합임원의 임기, 업무의 분담 및 대행 등에 관한 사항은 정관에 정하도록 규정되어 있는 바, 질의의 경우는 당해 조합정관에 따라 판단하여야 할 것입니다.

『도시 및 주거환경정비법』 제23조 제4항 · 제5항 및 표준정관 제18조 제3항의 규정에 의한 총회에서 임원을 해임할 경우 행정당국이나 법원의 판결 없이 발의자 대표의 절차에 의한 소집과 사회가 가능한지요?

『도시 및 주거환경정비법』 제23조 제4항의 규정에 의하여 조합임원의 해임은 조합원 10분의 1 이상의 발의로 소집된 총회에서 조합원 과반수의 출석과 출석 조합원 과반수의 동의를 얻어 할 수 있습니다. 또한, 법에 규정된 것을 제외하고는 민법 중 사단법인에 관한 규정을 준용하여 판단하여야 할

것이며, 정관에서 해임에 관하여 별도로 정한 경우에는 정관이 정하는 바에 따라야 합니다.

조합원총회란 조합원 전원으로 구성되는 일종의 회의체로서, 『도시 및 주거환경정비법』과 정관에 정해진 사항에 관하여 조합의 의사를 결정하는 조합 최고의 의사결정기관으로 반드시 필요한 기관이다.

조합원총회는 시기에 따라 창립총회, 정기총회 및 임시총회로 구분되며 총회의 소집절차나 시기, 투표권의 수 및 결의방법 등은 정관으로 정한다.

창립총회는 정비구역지정 이후 추진위원회에서 개최하는 것으로, 창립총회에서는 조합정관 및 중요사항을 결정하고 조합장 등 집행기관을 선출하며 정비사업의 시행을 결의하는 등 법인으로서의 조직을 갖추게 된다.

정기총회는 조합설립인가 이후 1년에 1회 이상 정기적으로 소집하고, 통상 매년 1회, 회계연도 종료일부터 2월 이내에 개최하며, 정기총회에서는 재무제표나 예산 등의 승인이 주요 의제가 되며, 정관의 변경(경미한 사항의 변경의 경우 『도시 및 주거환경정비법』 또는 정관에서 총회의결사항으로 정한 경우), 자금의 차입과 그 방법·이율 및 상환방법, 정비사업비의 조합원별 분담내역, 사업시행계획서의 수립 및 변경(정비사업의 중지 또는 폐지 포함, 경미한 변경 제외), 철거업자·시공자·설계자 등의 선정 및 변경, 정비사업전문관리업자의 선정 및 변경, 조합임원의 선임 및 해임, 관리처분계획의 수립 및 변경, 청산금의 징수·지급과 조합해산 시의 회계보고, 그 밖에 조합원에게 경제적 부담을 주는 사항 등의 주요한 사항을 결정한다.

임시총회는 시기에 상관없이 긴급한 사안이 발생된 경우나 소집권자가 필요하다고 생각할 때에 임시로 소집하는 총회로서, 의결사항은 정기총회와 동일하게 다룰 수 있다.

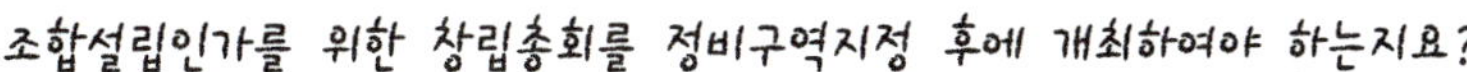

조합설립인가를 위한 창립총회를 정비구역지정 후에 개최하여야 하는지요?

『도시 및 주거환경정비법 시행령』 제22조의 규정에 조합설립을 위한 창립총회의 준비 및 토지등소유자의 동의서 징구 등은 추진위원회의 업무로 규정되어 있으며, 같은 법 시행령 제26조의 규정에 조합을 설립하고자 하는 경우 토지등소유자의 동의는 건설되는 건축물의 설계개요 및 조합정관 등이 기재된

동의서에 동의를 얻도록 규정하고 있으므로 건축물의 주용도·건폐율·용적률·높이·층수 및 연면적에 관한 계획 등이 결정되는 정비구역지정 이후에 창립총회를 개최하여야 합니다.

『도시 및 주거환경정비법』제23조 제3항 제5호의 규정에 예산으로 정한 사항 외에 조합원의 부담이 될 계약은 총회의 의결을 거쳐 결정하여야 하는데 이를 이행하지 않고 대의원들에게 회의제목만 통보하고 회의에서 시공자의 계약내용을 설명하고 거수로 의결하여 가계약서를 체결한 것이 위법한지요?

『도시 및 주거환경정비법』제24조 및 같은 법 시행령 제35조의 규정에 의하여 시공자의 선정 및 변경은 대의원회가 대행할 수 없는 사항으로 총회의 의결을 거쳐야 합니다.

철거업자의 선정시기는 언제인지요?

『도시 및 주거환경정비법』제24조 제3항 제6호의 규정에 의하여 철거업자의 선정 및 변경은 총회의 의결을 거쳐야 하는 것으로, 철거업자의 선정은 조합이 하여야 할 것입니다.

추진위원회에서 선정한 설계자를 조합이 승계한 것으로 보아도 되는 것인지 아니면 조합이 다시 선정하여야 하는지요?

설계자는『도시 및 주거환경정비법』제20조 및 제24조의 규정에 의하여 조합설립인가 후 당해 정관에서 정하는 바에 따라 선정하여야 할 것입니다. 다만, 추진위원회는 사업시행계획서의 작성을 위하여 필요한 경우 건축사사무소 등과 용역계약을 체결할 수 있으며, 계약기간은「정비사업조합설립 추진위원회 운영규정」제7조의 운영기간을 초과하지 아니하여야 합니다.

저희 남편 대신 대리참석하여 각 안건에 대하여 투표하고자 하는데 미처 위임장을 챙기지 못했습니다. 제가 아내인 것을 증명하고 조합총회에 참석할 수 있는 방법이 있는지요?

조합원이 조합총회에 참석하지 못할 경우 대리인을 선임하여 자신의 권한을 위임해주고 총회에 참석하여 의결권을 행사하도록 하는 경우가 있는데, 이 경우 반드시 위임장을 받아야 합니다. 만약 잘 아는 사람이라는 이유로 위임장이 없음에도 불구하고 대리로 출석하게 하여 의결권을 행사하게 되면 무자격자의 참석 및 결의로 인해 총회 자체가 무효라는 민원이 야기될 수 있으며, 실제로 무자격자의 숫자가 많아 총회결의 자체가 무효가 되는 사례가 있습니다.

조합총회에서 조합집행부가 중요한 안건이라면서 조합원에게 사전에 통지하지도 않은 안건을 당일 상정하여 결의하였습니다. 이 결의가 유효한 것인지요?

조합집행부에서 아무리 중요한 안건이라고 하더라도 조합원에게 미리 통지하지 않고 총회 당일 안건으로 상정하여 결의할 경우 이 결의는 무효가 될 가능성이 많습니다.

조합총회에서 안건을 결의할 때 무기명 투표를 하지 않고 거수나 박수로 처리하고 있습니다. 저는 이러한 방식이 맘에 들지 않는데요, 투표를 하지 않고 거수나 박수로 안건을 결의하여도 되는 것인지요?

조합총회에서 중요한 안건임에도 불구하고 거수나 박수로 진행하는 경우가 있습니다. 이러한 방식은 그 안건에 대한 의결정족수를 통과한 것인지 아닌지를 증명하기가 어려우므로, 중요한 안건일수록 무기명 투표를 하여 그 투표용지를 보관하여야 할 것입니다.

총회 무효소송 등을 다루다 보면 총회에서 어떠한 내용의 결의가 있었는지, 그리고 투표방식 및 결의는 제대로 되었는지를 증명하는 것이 결정적일 때가 많습니다. 이 경우 조합총회에서 안건결의를 거수로 하였다고 하더라도 거수한 사람의 숫자를 세는 장면 등이 촬영되도록 비디오카메라로 녹화해 두었다면 이 또한 증명이 될 수는 있을 것입니다.

조합에서 조합총회 시 비디오촬영이나 녹음도 하지 않고 속기사 비용이 아깝다며 총회회의록만 작성한답니다. 걱정이 되는데 속기록을 작성하지 않아도 되는지요?

『도시 및 주거환경정비법』 제81조 제2항에 "추진위원회·조합 또는 정비사업 전문관리업자는 총회 또는 중요한 회의가 있은 때에는 속기록·녹음 또는 영상자료를 만들어 이를 청산 시까지 보관하여야 한다."라고 규정하고 있으므로, 총회나 대의원회, 이사회 등에서 총회내용 전부를 녹음한 다음 그 녹음내용으로 속기사가 속기록을 작성하거나 회의장에 속기사가 출장하여 총회내용을 속기하는 것이 좋습니다.

회의내용을 요약하는 회의록만을 작성하게 되면 나중에 소송에 있어서 결정적으로 유리한 증거가 빠질 수 있고 회의록보다는 속기록이 더 증빙성이 있습니다.

　『도시 및 주거환경정비법』 제25조에 의거 조합원의 수가 100인 이상인 경우 조합은 대의원회를 두어야 한다. 대의원회는 조합의 의사결정 절차를 신속하게 함으로써 비용을 절감하기 위해 필요한 기관이다.

　대의원회는 실무상 모든 결의사항을 총회를 통해 해결할 수 없으므로 반드시 필요한 기관이며, 『도시 및 주거환경정비법 시행령』 제35조 및 제36조에서는 대의원회가 대행할 수 없는 사항과 대의원회의 구성에 대해 규정하고 있다.

　대의원회는 총회나 정관에서 정한 사항에 대해서만 의사결정을 하는 기관으로, 조합의 집행기관을 구성하는 조합임원이 이를 겸유하는 것은 의결기관과 집행기관을 구분하고 있는 제도의 본질과 맞지 않으므로 조합장이 아닌 조합임원(이사, 감사)은 대의원이 될 수 없는 것이며, 대의원은 조합원 중에서 선출한다.

재건축조합임원이 대의원회의 대의원을 겸직할 수 있는지요?

『도시 및 주거환경정비법』 제25조 제3항에 "조합임원은 대의원이 될 수 없다."고 규정되어 있으므로 재건축조합임원은 대의원회의 대의원을 겸할 수 없을 것입니다.

2003년 6월 7일 설립인가된 재건축조합의 대의원 수 등이 현행 『도시 및 주거환경정비법』에 적합하지 않은 경우 조합규약이 효력있는지요?

『도시 및 주거환경정비법』 부칙 제10조의 규정에 의거 종전의 조합을 설립 등기한 경우 종전 재건축조합규약 등은 신법에 의한 정관으로 인정되나, 같은 법의 내용에 위배되는 종전의 규약내용은 효력을 잃습니다. 따라서, 조합의 임원자격, 대의원 수, 의결정족수 등은 같은 법령의 범위 내에서 당해 조합의 정관이 정하는 바에 따라야 하는 것입니다.

대의원회에서 조합장을 선출할 수 있는지요?

조합장선출의 경우도 『도시 및 주거환경정비법 시행령』 제35조 제2호에서 정관이 정하는 규정에 따라 임기 중 궐위된 자의 보궐선임하는 경우만 대의원회에서 선출하도록 하고, 그 밖의 경우는 대의원회에서 선출할 수 없습니다.

재건축정비사업조합의 대의원은 반드시 조합원 본인만 자격이 있으며 부인이 대리인으로 출석할 수는 없는지요?

조합의 임원, 대의원 등 선출직은 대리인을 통한 출석 및 의결을 할 수 없습니다.

사업시행인가

정비사업은 정비구역 안에서 토지 및 건축물 소유자들로 구성된 조합을 설립하여 시장·군수 및 구청장으로부터 인가를 받아 시행하는 것으로, 정비사업을 시행하기 위해 필요한 것이 사업시행계획이다.

사업시행계획이란 정비구역 내의 정비사업시행을 위한 기본적인 계획이며, 토지이용계획, 건축계획, 정비기반시설 등의 설치계획, 이주대책 등 정비사업을 위한 포괄적·구체적 마스터플랜을 말한다.

사업시행인가는 사업시행계획으로 정한 내용을 실현하도록 하는 절차로서, 시장·군수 및 구청장으로부터 시행인가를 받은 조합은 당해 정비사업을 시행할 수 있는 지위를 부여받게 된다. 사업시행인가란 수용할 목적물의 범위를 확정해주고 이 범위 안에서의 토지수용권을 설정하여 주는 행정처분으로, 사업시행자에게는 목적물에 대한 현재 및 장래의 권리자에게 대항할 수 있는 공법상의 권리가 주어진다.

2004년 6월 사업시행인가를 받아 조합원의 분양신청을 완료한 이후에 인근지역을 추가편입하여 정비구역의 변경 및 사업시행인가를 변경하는 경우 기존 정비구역의 조합원으로부터 분양신청을 새로이 받아야 하는지요?

정비구역의 확대로 인히여 사업시행변경인가를 받는 경우 변경된 내용에 따라 분양공고 및 분양신청을 새로이 받아야 할 것입니다.

종전 법률에 의하여 사업계획승인을 받아 시행 중인 주택재건축사업에 있어서 사업계획승인을 변경하는 경우 종전 법률에 따라 변경하여야 하는지요?

당초 사업승인범위 이내로 변경하는 때에는 종전 법에 따라 변경하고, 당초 사업승인범위를 초과하여 변경(예 : 구역면적 확대, 용적률 등의 증가)하는 때에는 신법에 따라 변경하여야 합니다.

주택재개발사업을 위하여 1996년 12월 사업시행인가를 받았으나, 시공자의 부도 등으로 인하여 사업이 장기간 지연되어 새로이 사업계획을 작성해 2004년 1월 변경인가를 받았습니다. 이후 관리처분계획을 수립할 때 종전의 토지 및 건축물의 가격을 사업시행인가의 고시가 있는 날을 기준으로 산정하여야 하나, 사업계획의 변경으로 인한 조합원의 권리가액과 사업의 장기화로 인한 종전의 토지가액 등이 변경이 큰 경우 사업시행변경인가의 고시가 있는 날을 기준으로 산정할 수 있는지요?

사업시행인가를 받은 후 시공자의 부도 등으로 인하여 사업이 장기화되고 토지등소유자의 이해관계가 변경되어 사업계획 등을 새로이 작성하여 변경인가를 받아 고시한 때에는 당해 조합정관 및 이해관계가 있는 토지등소유자의 동의를 받을 경우 사업시행변경인가의 고시가 있는 날을 기준으로 관리처분계획을 수립할 수 있을 것입니다.

정비구역 안에서 주택재건축사업에 편입되는 국·공유지는 사업시행인가의 고시가 있는 날을 기준으로 평가하도록 규정되어 있으나, 정비구역이 아닌 구역에서의 주택재건축사업에 편입되는 국·공유지의 경우에는 명시적으로 규정되어 있지 않으므로 사업시행인가의 고시가 있는 날을 기준으로 평가하여야 하는지 아니면 현황평가원칙에 따라 가격시점 당시의 현황을 기준으로 평가하여야 하는지요?

정비구역이 아닌 구역에서의 주택재건축사업에 편입되는 국·공유지의 평가도 『도시 및 주거환경정비법』 제28조의 규정에 의한 사업시행인가의 고시가 있는 날을 기준으로 평가하여야 할 것입니다.

주택재건축사업의 시행과 관련하여 정비계획과 『국토의 계획 및 이용에 관한 법률』에 의한 도시관리계획을 별도로 추진하고 있는 경우 정비계획 및 도시관리계획이 확정되지 아니한 상태에서 사업시행인가를 신청할 수 있는지요?

『도시 및 주거환경정비법』제28조의 규정에 의한 사업시행인가 신청은 같은 법 제4조의 규정에 의한 정비계획수립 및 정비구역지정이 이루어진 후에 신청하여야 할 것입니다.

주택재건축사업에 있어 사업시행인가를 신청하기 전에 조합원 전원의 동의가 필요한지요?

『도시 및 주거환경정비법』제28조 제4항의 규정에 사업시행자는 사업시행인가를 신청하기 전에 미리 정관 등이 정하는 바에 따라 토지등소유자(주택재건축사업인 경우에는 조합원을 말한다)의 동의를 얻도록 규정되어 있는 바, 질의의 경우 당해 정관이 정하는 바에 따라 동의를 얻어야 할 것입니다.

주택재개발조합이 사업시행인가를 신청하고자 하는 때에 토지등소유자 및 토지면적의 몇 % 이상의 동의를 얻어야 하는지요?

『도시 및 주거환경정비법』제28조 제5항의 규정에 의하여 사업시행인가를 신청하기 전에 미리 총회를 개최하여 조합원 과반수의 동의를 얻어야 합니다. 다만, 경미한 변경의 경우에는 총회의결을 필요로 하지는 않습니다. 또한, 사업시행자가 지정개발자인 경우에는 정비구역 안의 토지면적 50% 이상 토지소유자의 동의와 토지등소유자 과반수의 동의를 각각 얻어야 합니다.

공동주택을 재건축하고자 할 때에 나대지를 포함할 수 있는지와 나대지를 포함할 경우 나대지에 대한 규모제한이 있는지요?

주택재건축사업에서 정비예정구역은 나대지 등을 포함하지 않도록 하고 있습니다. 다만, 지형여건 등 불가피한 경우 이를 포함할 수 있을 것입니다.

주택재건축사업의 공동주택을 철거할 때에 소유자로부터 멸실신고서를 제출받아야 철거가 가능한지요?

『도시 및 주거환경정비법』제28조·제30조 및 같은 법 시행령 제41조의 규정에 의하여 사업시행인가를 얻고자 하는 때에 주택재건축사업의 경우 기존주택의 철거계획서를 포함하여 사업시행계획서를 작성하도록 하고 있으나 그 철거절차는『건축법』제36조 및『건축법 시행규칙』제24조 등에서 정한 바에 따라야 할 것입니다. 따라서, 공동주택의 철거신청 시 제출서류는『건축법 시행규칙』제24조에서 정하고 있는 건축물 철거·멸실 신고서 등을 철거예정일 7일 전까지 시장·군수 및 구청장에게 제출하여야 할 것입니다.

정비구역이 아닌 구역에서 공동주택재건축사업을 시행하는 경우 인근 주택에 대한 소유권을 확보하지 않고 토지사용승낙서를 첨부하여 사업시행인가를 신청할 수 있는지요?

정비구역이 아닌 구역에서 공동주택재건축사업을 시행할 때에 단독주택지 등을 일부 포함하는 경우에는 당해 단독주택지 소유자 전원의 동의를 얻어 조합을 설립할 수 있을 것입니다.

제1종 지구단위계획 구역지정조건에 의한 건축물의 층수제한사항이『도시 및 주거환경정비법 시행령』제41조의2 제2항 제5호에 해당되는지요?

『도시 및 주거환경정비법 시행령』제41조의2 제2항 제5호는『건축법』제51조 제1항의 규정에 의한 가로구역의 건축물 높이제한 또는『국토의 계획 및 이용에 관한 법률』제37조 제1항 제3호의 규정에 의한 고도지구의 건축물 높이제한을 말하는 것입니다.

관리처분의 경미한 사항을 변경하는 경우 변경하는 때마다 신고를 해야 하는지요?

『도시 및 주거환경정비법』 제48조 제1항의 단서 규정에 관리처분계획의 경미한 사항을 변경하고자 하는 때에는 시장·군수 및 구청장에게 신고하도록 규정되어 있으므로 변경 때마다 신고하여야 할 것입니다.

주택재건축사업의 임대아파트인수자 지정시기 및 건축비에 대한 최초 지급시기·기간 및 방법 등의 여부는 어떻게 되는지요?

『도시 및 주거환경정비법』 제30조의2 제2항 및 같은 법 시행령 제41조의2 제5항의 규정에 의하여 재건축임대주택을 공급하는 경우에는 시·도지사가 우선 인수할 수 있으며, 시·도지사가 재건축임대주택을 인수할 수 없는 경우에는 국토해양부장관에게 인수자지정을 요청하여야 하며, 사업시행자는 임대주택의 규모 등 재건축임대주택에 관한 사항을 인수자와 미리 협의하여야 합니다. 그러나 임대아파트의 처리방법에 대해서는 현재도 전문가와 관계기관이 계속 합리적인 방안을 찾고 있으므로 좀더 처리하기 좋은 방향으로 개선될 여지가 많습니다.

재개발구역으로 지정되어 재개발사업이 이루어질 경우 전세계약으로 입주해 있는 세입자에게는 임대주택입주권이 주어지는지와 그 자격조건은 어떻게 되는지요?

임대주택자격조건은 『도시 및 주거환경정비법 시행령』 별표 3 2.가.(1)에서 기준일(일반적으로 정비구역지정을 위한 주민공람 첫째날) 3월 전부터 당해 주택재개발사업을 위한 정비구역 안에 거주하는 세입자로서 입주를 희망하는 자에게 공급하도록 규정하고 있고, 주택의 규모, 입주자 선정방법, 공급절차 등은 각 시·도별 조례에 따라야 합니다.

주택재개발사업의 경우 세입자 주거이전비의 보상대상 기준일은 언제이며 지급시기는 언제인지요?

『도시 및 주거환경정비법 시행령』 별표 3 제2호의 규정에 의하면 주택재개발사업의 경우 임대주택은 '『도시 및 주거환경정비법 시행령』에서 정하고 있는 기준일 3월 전부터 당해 주택재개발사업을 위한 정비구역 또는 다른 주택재개발사업을 위한 정비구역 안에 거주하는 세입자'에게 공급하도록 규정하고 있으

므로 세입자의 주거이전비 보상대상 기준일과 동일한 기준일을 적용하여 정비구역지정을 위한 주민공람공고일을 기준으로 3개월 이상 거주한 자에게 이주비를 지급하여 왔습니다. 하지만, 최근 서울행정법원의 판결에 따르면 세입자보호를 충실히 하기 위해서는 정비구역지정을 위한 주민공람공고 또는 정비구역지정고시 이후에 전입한 세입자라 하더라도 일정요건만 갖추면 주거이전비를 지급해야 하므로 주거이전비 지급시점을 정비구역지정 공람공고일이 아니라 사업시행인가 고시일로 보는 것이 타당하다고 한 판례가 있어, 만일 사업시행인가일을 기준으로 할 경우 주거이전비가 2배 가량 더 지급될 것이며, 이를 노린 악의적인 세입자가 있을 수 있어 조합원의 부담이 크게 증가될 것이므로 대법원의 최종 판결에 귀추가 주목되고 있습니다. 아울러 세입자이주비도 사업비용의 일부라 할 수 있기 때문에 평가금액을 토대로 이주비의 한계를 정할 수 있도록 관리처분 후에 이주비를 지급하는 것이 일반적입니다.

  2009년 8월 11일 개정된 『도시 및 주거환경정비법 시행령』과 2009년 8월 13일에 개정된 같은 법 시행규칙에 의하면 손실보상대상을 정비구역지정을 위한 주민 공람·공고일부터 계약체결일 또는 수용재결일까지 계속하여 거주한 자로 하고, 주거이전비 지급기준일도 구역지정 공람·공고일로부터 3개월 전으로 명시화되었으며 이 규정은 2009년 11월 28일부터 시행됩니다.

  최근 서울의 한 지역을 예로 들면 조합원에게 무이자로 대여해 주는 이주비는 감정가액의 50% 정도에 이사비용 150만 원 정도 지급한 사례가 있습니다. 세입자에게 주는 이주비는 『공익사업을 위한 토지 등의 취득 및 보상에 관한 법률 시행규칙』 제54조에 의거 4개월분의 주거이전비를 보상하게 되는데, 이러한 주거이전비는 세대원 수에 따라 달라지며 1인당 400만 원씩 지급된 사례가 있습니다.

  주거이전비는 지역마다 여건과 사업특성이 다르므로 달라질 수 있습니다. 또한, 광주광역시의 경우 세대주 400만 원에 1인 추가될 때마다 250만 원씩 지급된 사례가 있습니다.

『도시 및 주거환경정비법 시행령』 제41조의2 제1항의 규정에 따라 재건축사업시행인가 전이라면 증가된 용적률의 25%에 해당하는 임대주택을 공급하도록 규정되어 있으며, 재건축임대주택으로 인한 정비계획의 변경은 같은 법 시행령 제12조 제10호의 재건축임대주택의 공급에 따른 건축계획의 변경인 경우에 해당하는 경미한 변경사항입니다.

분양을 목적으로 건설하는 주택세대수에 임대주택세대수가 포함되는지요?

『도시 및 주거환경정비법 시행령』 제13조의3 제1항 및 '정비사업의 임대주택 및 주택규모별 건설비율'〈국토해양부 고시 제2005-528호, 2005.5.19〉의 규정에 주택재개발사업의 경우 주택 전체 세대수 17% 이상의 임대주택을 건설하여야 하며 각 시도별 조례에 의거 절반으로 감하여 주택 전체 세대수의 8.5% 이상으로 임대주택을 건설할 수 있으며, 이 경우 임대주택은 분양을 목적으로 건설하는 주택 전체 세대수에 포함되어야 할 것입니다.

주택재개발사업의 정비계획을 수립할 때 임대주택에 대한 건설비율을 『도시 및 주거환경정비법 시행령』 제13조의3 제1항 제2호의 규정을 따라야 하는지 아니면 국토해양부 고시 제2005-528호의 규정을 따라야 하는지요?

『도시 및 주거환경정비법』 제4조의2 및 같은 법 시행령 제13조의3의 규정에 의하여 국토해양부장관이 고시〈제2005-528호〉한 내용을 따라야 할 것입니다.

주택재건축사업에 임대주택을 건립할 때 군부대의 고도제한으로 용적률의 25%를 임대주택으로 건립할 수 없는 경우 용적률을 완화받을 수 있는지요?

『도시 및 주거환경정비법 시행령』 제41조의2 제2항 제3호의 규정에 의한 『군용항공기지법』 제8조의 규정에 의한 비행안전구역 내 건축물의 높이제한에 해당한다면 같은 법 시행령 제41조의2 제3항의 규정에 따라 용적률완화가 가능할 것입니다.

 임대주택의 건립으로 『국토의 계획 및 이용에 관한 법률』에 정한 용적률을 초과할 수 있는지요?

 『도시 및 주거환경정비법』 제30조2 제3항의 규정에 의하여 사업시행자가 용적률을 완화받기로 선택한 경우에는 재건축임대주택의 바닥면적을 연면적에서 제외하고, 재건축임대주택 부속대지의 면적을 대지면적에 포함하여 정비계획에서 정한 용적률(정비구역이 아닌 구역에서 사업을 시행하는 경우에는 『국토의 계획 및 이용에 관한 법률』 제78조의 규정에 의하여 특별시·광역시·시 또는 군의 조례로 정한 용적률을 말한다) 및 세대수 기준을 완화하여 적용하는 것입니다.

 정비사업의 임대주택 및 주택규모별 건설비율 4-1의 내용 중 "······85m² 이하 규모의 주택이 전체 연면적에서 차지하는 비율이 50% 이상이어야 한다······"에서 연면적이 차지하는 비율이라 함은 전용면적합계인지, 공급면적의 합계인지 아니면 전체 연면적의 합계인지요?

 정비사업의 임대주택 및 주택규모별 건설비율〈국토해양부 고시 제2005-528호, 2005.5.19〉 1-2에 의하여 주택면적은 주거전용면적을 기준으로 산정하여야 합니다.

 주택재건축사업의 관리처분기준과 관련하여 『집합건물의 소유 및 관리에 관한 법률』 및 조합정관에 따라 전용면적비율에 의하여 대지소유권이 주어지도록 하여도 무방한지요?

 『도시 및 주거환경정비법 시행령』 제52조 제2항의 규정에 의하여 1필지의 대지 위에 2인 이상에게 분양될 건축물이 설치된 경우에는 건축물의 분양면적의 비율에 의하여 그 대지소유권이 주어지도록 규정되어 있습니다.

 재건축임대주택에 해당하는 만큼의 용적률을 완화받기 위하여 부속토지를 기부채납하는 경우 제2종 일반주거지역(15층 이하) 및 공항고도지구 등으로 인한 층수제한으로 용적률의 완화가 불가능한 때에 건축위원회의 심의를 거쳐 임대주택 의무비율을 완화받을 수 있는지요?

『도시 및 주거환경정비법』 제30조의2 규정에 의하여 재건축임대주택에 해당하는 만큼의 용적률을 완화받기로 선택하였으나, 『항공법』 제82조의 규정에 의한 비행장 주변지역의 건축물의 높이제한 등 건축제한으로 용적률의 완화가 사실상 불가능한 경우 『도시 및 주거환경정비법 시행령』 제41조의2 규정에 의거 임대주택의 공급비율은 증가되는 용적률의 100분의 10 이상으로 용적률 완화가 가능한 범위까지로 하되, 건축위원회의 심의를 거쳐 시장·군수 및 구청장이 인정하는 범위로 할 수 있습니다.

주택재건축사업에 정비구역지정 시 하나의 공동주택단지를 공동주택과 복리시설로 각각 필지를 구분한 경우 임대주택건립 시 공동주택과 복리시설을 합하여 증가된 용적률을 산정하여야 하는지요?

『도시 및 주거환경정비법 시행령』 제5조의 규정에 의한 주택단지를 대상으로 하나의 정비구역으로 지정하여 주택재건축사업을 추진하는 경우 공동주택과 복리시설을 포함하여 주택재건축사업으로 증가되는 용적률을 산정하여야 할 것입니다.

주택재개발사업의 조합원이 부득이한 사정으로 분양권을 포기하고 임대아파트를 신청하고자 하는 때에 직계가족이 다른 지역에 주택을 소유한 경우에도 임대아파트를 신청할 수 있는지요?

『도시 및 주거환경정비법』 제50조 제3항 및 같은 법 시행령 제54조 제2항의 규정에 의하여 주택재개발사업에 임대주택을 건설하는 경우의 임차인의 자격·선정방법·임대보증금·임대료 등 임대조건에 관한 기준 및 무주택세대주에게 우선분양 전환하도록 하는 기준 등에 관하여는 같은 법 시행령 별표 3에 규정된 범위 안에서 시장·군수 및 구청장의 승인을 얻어 사업시행자가 이를 따로 정할 수 있습니다.

정비구역 외에서 주택재건축사업을 시행하고자 사업시행인가를 신청하고 건축위원회의 심의과정에서 일부 내용이 변경된 경우 주민공람 등의 절차를 다시 거쳐야 하는지요?

『도시 및 주거환경정비법』 제31조의 규정에 의하여 시장·군수 및 구청장은 사업시행인가를 하고자 하는 경우에는 관계 서류의 사본을 14일 이상 일반인이 공람하게 하여야 하며, 경미한 사항을 변경하고자 하는 경우에는 그러하지 아니하므로 이를 준용하여 심의과정 변경내용이 경미한 사항을 초과한다면 주민공람을 다시 하는 것이 바람직합니다.

주택재건축사업시행 인가신청 시 반드시 소유권을 확보하여야 되는지요?

『도시 및 주거환경정비법』에 의한 사업시행인가는 같은 법 제32조의 규정에 의하여 『주택건설촉진법』에 의한 사업계획승인을 의제하도록 되어 있으므로 『주택건설촉진법』의 규정에 따라 사업시행인가 신청 시에는 소유권을 확보하여야 합니다.

　정비사업은 공익사업의 일종으로『공익사업을 위한 토지 등의 취득 및 보상에 관한 법률』제3조의 규정에 의한 토지·물건 또는 그 밖의 권리를 수용 또는 사용할 수 있으며,『도시 및 주거환경정비법』제38조에서 토지 등에 대한 수용 또는 사용할 수 있는 규정을 둠으로써 정비사업이 공익사업인지의 여부를 떠나『공익사업을 위한 토지 등의 취득 및 보상에 관한 법률』제3조의 규정에 의거 수용 또는 사용할 수 있도록 하고 있다.

도시환경정비사업을 토지등소유자가 시행하는 경우 토지 등의 수용 및 사용이 가능한지요?

『도시 및 주거환경정비법』 제38조의 규정에 의하여 사업시행자는 정비구역 안에서 정비사업을 시행하기 위하여 필요한 경우『공익사업을 위한 토지 등의 취득 및 보상에 관한 법률』 제3조의 규정에 의한 토지·물건 또는 그 밖의 권리를 수용 또는 사용을 할 수 있도록 되어 있으므로 법적 절차에 따라 가능할 것입니다.

주택재개발사업에서 정비구역 밖의 토지 및 건축물에 대하여 당해 사업시행자가 동 토지에 대하여 매도청구할 수 있는지요?

『도시 및 주거환경정비법』 제38조의 규정에 의하면 사업시행자는 정비구역 안에서 주택재개발사업을 시행하기 위하여 필요한 경우에는『공익사업을 위한 토지 등의 취득 및 보상에 관한 법률』 제3조의 규정에 의한 토지·물건 또는 그 밖의 권리를 수용 또는 사용할 수 있습니다. 따라서, 질의의 경우처럼 정비구역 밖의 토지 및 건축물에 대하여는 수용 또는 사용할 수 없을 것입니다.

『도시 및 주거환경정비법』 제39조에 따르면 사업시행자는 재건축사업을 시행함에 있어 조합설립에 동의하지 아니한 자나 건축물 또는 토지만 소유한 자, 시장·군수·구청장 또는 주택공사 등의 사업시행자 지정에 동의하지 아니한 자의 토지 및 건축물에 대하여는 『집합건물의 소유 및 관리에 관한 법률』 제48조의 규정을 준용하여 매도청구를 할 수 있도록 규정되어 있으며, 사업시행자가 매도청구권을 행사하고자 하는 경우에는 법원에 소송을 제기하여야 한다.

조합설립이 인가된 재건축사업장에서 새로운 아파트를 건설하기 위해서는 기존의 건물들을 철거하여야 하는데, 조합설립에 동의하지 아니한 사람들이 집을 비워주지 않을 경우 사업이 불가능하게 되므로, 조합설립에 동의를 하지 아니한 자에 대하여 최고 등의 일정한 절차를 거쳐 토지 및 건축물의 소유권에 대하여 매도할 것을 청구할 수 있도록 하는 권리를 매도청구권이라 한다.

매도청구권은 당사자의 동의 없는 일방적 계약으로 매도청구권의 행사자와 청구 대상의 토지 또는 건축물 소유자 사이에 매매계약이 성립한 것으로 보는 것이다.

매도청구를 하기 위해서는 먼저 조합설립인가를 득한 조합에서 조합설립에 동의하지 아니한 자에 대하여 지체 없이 조합설립동의 여부를 서면으로 최고하여야 하며, 최고를 받은 자는 받은 날로부터 2개월 이내에 회답하여야 하고, 불참가 회답이 오거나 2개월이 지나도록 회답하지 아니한 경우에는 이로부터 2개월 이내에 시가에 따라 매도청구가 가능하다.

매도청구를 위한 최고장은 등기부상 소유자로 등재되어 있는 자를 상대로 최고장을 발송하여야 하며 공유자가 있을 경우 공유자 모두에게 발송하여야 한다.

매도청구를 위한 최고

미동의자에 대한 최고

미동의자에게 재고의 기회를 주기 위해 마지막으로 의사를 확인하는 절차이다.

- 최고의 주체 : 최고권자는 사업시행자인 조합이다.
  『도시 및 주거환경정비법』상 사업시행자는 『집합건물의 소유 및 관리에 관한 법률』 제48조 규정을 준용하여 매도청구할 수 있다.

- 최고의 상대방
  ① 미동의자 : 조합설립동의서를 제출하지 않은 자를 말한다.
  ② 승계인
    ㉠ 상속, 포괄유증, 회사합병 등을 통한 포괄 승계인을 포함한다.
    ㉡ 매매·교환 등을 통한 특정 승계인을 포함한다.
    ㉢ 최고 당시 소유자에게 적법한 최고가 이루어졌다면 그 승계인에게도 효력이 미치는 것이므로 다시 최고하지 않고 승계인에 대하여 매도청구권을 행사할 수 있다.
      ☑ 임차권자나 전세권자 등과 같은 설정적 승계인은 포함되지 않는다.
  ③ 공유자 : 조합총회 등의 통지는 의결권 행사를 위해 대표자 1인에게만 하면 되나, 매도청구에 대한 최고통지는 공유자 전원에게 해야 한다.
      ☑ 탈퇴한 조합원 : 조합정관에 따라 임의탈퇴하거나 제명된 조합원은 재건축에 참가하지 아니할 의사를 명백히 한 것이므로 최고절차를 이행할 필요가 없다.
- 최고를 받은 구분소유자는 최고 수령일로부터 2개월 이내에 조합설립동의 여부를 회답해야 하며, 이 기간 내 회답하지 아니한 구분소유자는 동의하지 아니한 것으로 보면 된다.

매도청구의 행사

매도청구권은 매도청구권자가 각자 행사하는 것도 가능하고 수인 또는 전원이 행사하는 것도 가능하며, 수인이 공동으로 행사할 경우에는 행사하는 자들 사이에 지분의 합의가 있어야 한다.

매도청구 행사권자

현실상 매도청구권자는 조합이 되며, 매도청구의 의사표시는 재판상으로 청구한다.

매도청구의 행사기간

매도청구권의 행사는 회답기간의 만료일로부터 2월 내에 행사되어야 하며, 2월 내에 매도청구권을 행사하지 아니하면 매도청구권은 그 효력을 상실한다. 이 경우 새로운 최고 등에 의하여 부활하

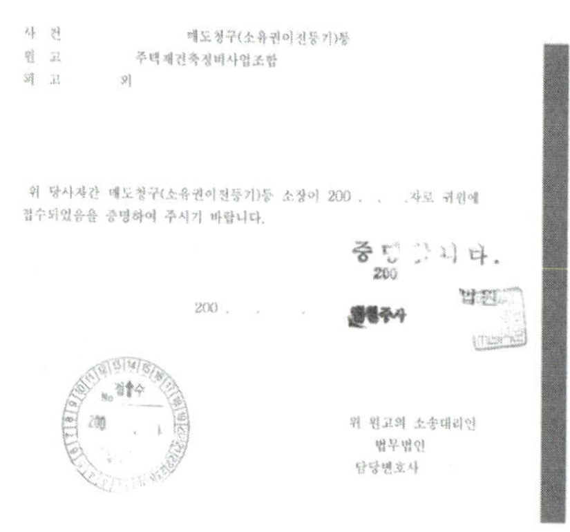

지 않음에 주의하여야 하며, 다만 새로운 재건축결의를 다시하여 이에 따른 최고를 실행하고 새로운 매도청구권을 발생시키는 것은 가능하다.

매도청구의 효과

매도청구권은 형성권으로서 조합설립에 동의하지 않은 자의 소유권에 대한 매매계약의 성립을 강제하는 것이며 행사시점에서 상대방의 소유물에 대하여 시가에 의한 매매계약이 성립한 것으로 의제된다.

매매계약의 성립시점

매매계약의 성립시점은 매도청구의 의사표시가 조합설립 미동의자에게 도달한 날이고, 재판에 의하는 경우에는 매도청구의 소장이 상대방에게 송달된 날이다.

매도청구를 통한 매매

매도청구는 매매계약체결만을 의제하는 것이고, 그 외 사항들은 매매계약과 동일하게 처리하여야 하므로 매매가격이 시가로서 합의가 이루어지지 아니하면 매도계약의 성립시점을 기준으로 법원의 시가 감정절차를 통하여 결정된다. 여기서 합의 시 매매가는 일반적으로 현재 거래되고 있는 시가에 이사비를 포함한 가격으로 하고 있으며, 시가란 철거될 상태를 전제로 한 거래가격이 아니라 재건축으로 인하여 발생할 것으로 예상되는 개발이익이 포함된 가격을 의미한다(대법원 선고 95다38172).

을 확보하였다고 볼 수 없는 것입니다. 다만, 사업주체가 보증회사의 분양보증서를 받고 소유권확보 이행각서 공증 등 입주예정자에게 피해가 없도록 필요한 조치를 취하였다고 승인권자가 판단하는 경우라면 매도청구소송 중이라도 입주자모집승인이 가능할 것입니다.

조합설립 이후 재건축에 동의하지 않는 자에 대하여 강제퇴거명령하여 이주시킬 수 있는지와 보상의 근거는 어떻게 되는지요?

토지등소유자의 75% 이상 동의를 얻어 설립한 조합 등의 사업시행자는 재건축에 동의하지 않는 자의 토지 및 건축물(정비구역으로 지정된 지역이 아닌 경우 주택단지가 아닌 지역의 토지 또는 건축물은 제외)에 대하여는 『집합건물의 소유 및 관리에 관한 법률』 제48조의 규정을 준용하여 매도청구할 수 있으며, 보상은 매도청구소송 결과판결에 의하여야 합니다.

매도청구소송을 위해서 조합설립 미동의자에 대해 최고절차를 이행하고자 합니다. 어느 시점에 최고하는 것이 좋은지요?

매도청구소송의 1심 판결이 1년 이상 소요되는 것을 감안하면 조합설립 미동의자에 대한 최고는 조합설립인가 후에 최대한 빠른 시기에 하는 것이 좋을 것이며, 최소한 일반분양 1년 전에는 매도청구소송을 제기하는 것이 좋을 것입니다.

재건축사업에 동의하지 않은 자의 물건이 3명의 공동소유로 되어 있는 경우 매도청구를 위한 최고의 대상을 누구로 하여야 하는지요?

공동소유의 경우에는 반드시 공동소유자 모두에게 최고장을 발송하여야 합니다.

공기업에서 건설한 아파트에 융자나 등기관련 대금의 미납을 이유로 등기부상 소유권은 해당 공기업의 명의로 등기되어 있으나, 미납대금이 적어 실제소유권을 미납자가 행사하고 있고 이를 해당 공기업이 묵인하고 있는 상태로 10년이 지났습니다. 이 경우 매도청구를 위한 최고의 대상을 누구로 하여야 하는지요?

실제소유권을 미납자가 행사하고 있다 하더라도 해당 부동산의 소유권은 등기부상 명의자인 해당 공기업에게 있으므로 해당 공기업을 상대로 최고장을 발송하여야 합니다.

등기부상 갑돌이 명의로 되어 있는 아파트가 있는데 이 갑돌이가 사망한 뒤 아직 상속인들 앞으로 등기이전이 되지 않았습니다. 이 경우 매도청구를 위한 최고의 대상을 누구로 하여야 하는지요?

등기부상 명의자가 사망한 경우에는 해당 상속인들에게 최고장을 보내야 할 것입니다. 그러나 사망한 사람의 상속인들을 모두 파악하는 것이 쉽지 않을 것입니다. 상속인을 모두 파악하기 위해서는 사망자의 제적등본을 발급받아야 하는데 사망자의 본적을 모르면 발급받을 수 없습니다. 이럴 경우에는 등기부상 명의자에게 최고장을 발송하고 이후 변호사에게 매도청구소송을 위임하면 변호사가 소송 도중에 사망관련 서류를 발급받아 상속인들을 정리할 수 있을 것입니다.

재건축사업에 동의하지 않은 자의 물건을 매도청구하기 위해 최고장을 보낼 경우 몇 번을 보내야 하는지요?

재건축사업을 위한 조합설립에 동의하지 않은 사람에게 보내는 최고의 횟수에는 제한이 없습니다. 다만, 최고장이 소유자에게 제대로 전달만 되면 되므로, 단 한번만 보내도 상관은 없으며 최고장을 받지 못한 사람에게만 다시 발송하면 될 것입니다. 이 경우 최초로 최고장을 받은 사람의 날짜로부터 최장 4개월이 지나면 매도청구소송을 제기할 수 없음에 유의하여야 합니다.

재건축사업에 동의하지 않은 사람의 물건을 매도청구하기 위해 최고장을 보낼 경우 최고서의 양식이나 문구 등은 어떻게 해야 하는지요?

최고서에 대한 특별한 양식은 없으며 반드시 서면으로 하여야 합니다. 최고서에는 다음에 예시로 제시하는 정도의 문구가 들어가면 충분할 것입니다.

① 조합설립의 동의를 최고합니다.

② 이 최고서를 받으신 날로부터 2개월 이내에 동의 여부를 서면으로 회답하여 주시기 바랍니다.

③ 회답이 없을 경우에는 조합설립에 동의하지 않는 것으로 간주하여 『도시 및 주거환경정비법』에 따라 귀하 소유의 구분소유권 및 대지사용권을 시가에 따라 매수청구할 것임을 알려 드립니다.

재건축사업에 동의하지 않은 사람 중 토지 또는 건축물만을 소유한 사람의 경우에도 매도청구를 하기 위해서 최고장을 보내야 하는지요?

토지 또는 건축물만을 소유한 사람의 경우에는 『도시 및 주거환경정비법』상 주택재건축정비사업조합의 조합원이 될 수가 없으므로 최고는 필요 없다는 일부 하급심 판결이 나오고 있으나 향후 법원의 판결이 어떻게 전개될지 모르므로 최고서를 보내는 것이 좋을 것입니다.

매도청구를 위한 최고서를 일반우편으로 보내도 되는지요?

최고장은 등기부상 소유자별로 내용증명이나 배달증명우편으로 발송하여 상대방이 최고장을 수령하였는지 여부를 확인할 수 있도록 하는 증거를 확보하여야 할 것입니다. 일반우편으로 보낼 경우 배달 여부에 대한 증거가 남지 않아 만일 미동의자가 최고장 수령 자체를 부인해 버리면 낭패를 당할 수 있습니다.

매도청구소송의 제기 당시 재건축결의요건이나 내용에 하자가 있는 상태에서 매도청구권 행사에 따른 소송을 제기하였으나 소송 중에 미동의자 일부가 재건축결의에 찬성하여 정족수가 충족되어 적법한 결의가 됐을 경우 하자가 치유되었다고 볼 수 있는지요?

유효한 재건축결의가 있었다고 볼 수 없는 상태에서 매도청구권 행사에 따른 소송을 제기하고 이후 미동의자의 찬성으로 유효한 재건축결의가 되었다고 하더라도 소급하여 적용할 수 없으므로 요건을 충족시키지 못한 상태에서 제기한 매도청구소송은 무효인 것입니다(대법원 선고 2000다10048).

연립주택에 인접한 단독주택지를 포함하여 재건축을 추진하는 경우 당해 단독주택지 소유자가 반대하게 되면 매도청구가 가능한지요?

정비구역으로 지정된 경우에는 매도청구가 가능하나 정비구역이 아닌 경우에는 포함되는 단독주택지 소유자 전원의 동의가 필요하므로 매도청구가 불가할 것입니다.

매도청구소송을 위해 변호사를 선임하려고 합니다. 어느 시점에 선임하는 것이 좋은지요?

매도청구소송을 위하여 변호사를 선임할 경우에는 미동의자들에게 최고를 하려고 하는 시점에서 바로 변호사를 선임하는 것이 좋을 것입니다.

조합설립에 동의하지 않아 매도청구소송을 제기하여야 할 대상이 다수일 경우에 대상인 모두를 동일 피고로 하여 1개의 소장으로 매도청구소송을 제기하여야 하는지요 아니면 각각 1사람을 피고로 하여 다수의 소장을 제출하여야 하는지요?

매도청구대상자가 다수일 경우 소장을 접수하는 방법으로는 각각 1사람을 피고로 하여 다수의 소장을 제출하는 경우와 대상인 모두를 동일 피고로 하여 1개의 소장으로 제출하는 경우가 있습니다.

각각 1사람을 피고로 하여 다수의 소장을 제출하는 경우에는 재판이 각각의 사람을 대상으로 하여 별개로 진행되기 때문에 재판에 대해 적극적으로 응하지 않고 출석도 하지 않는 피고에 대해서는 해당 재판이 바로 끝나버리게 되는 이점이 있고, 또 피고들이 변호사를 선임하더라도 개별적으로 선임을 해야 하는 부담이 있어 변호사 선임의 가능성이 낮아지는 장점이 있습니다. 반면, 다수의 대상자 중 몇몇의 사람들이 재판에 적극적으로 응하게 된다면 이미 재판이 끝난 건에 대해서도 소송에 적극적으로 응하는 몇몇 사람들에 대한 재판이 완료되어야만 철거 등의 조치를 취할 수 있기 때문에 결국 모든 재판이 완료되어야만 사업을 진행할 수가 있어 대상인 모두를 동일 피고로 하여 1개의 소장으로 제출하는 경우와 동일하게 되고 소장을 다수로 제출함에 따른 조합의 소송비용이 증가하게 되므로, 이러한 장·단점을 잘 따져보아서 적절한 방법으로 소송을 제기하여야 할 것입니다.

『도시 및 주거환경정비법』 제41조 규정에 의하면 정비사업의 추진을 위해 필요한 경우 사업시행자 또는 추진위원회는 『주택법』 제16조 제1항의 규정에 의하여 사업계획승인을 받아 건설한 2 이상의 건축물이 있는 주택단지에 주택재건축사업을 하는 경우, 조합설립의 동의요건을 충족시키기 위하여 필요한 경우에는 그 주택단지 안의 일부 토지에 대하여 분할하고자 하는 토지면적이 『건축법』상 분할가능한 면적에 미달되더라도 토지분할을 청구할 수 있도록 하고 있다.

토지분할은 일부 사업진행을 반대하는 소유자들의 과도한 요구로 조합설립인가와 사업시행인가를 받지 못하여 다수의 소유자들에게 피해가 발생하는 것을 예방하기 위한 것이라 볼 수 있다.

토지분할은 재건축사업의 특례로서 사업시행자 또는 추진위원회가 청구할 수 있으며 이는 조합설립의 동의요건을 충족시키기 위한 경우로 한정하고 있으므로, 조합이 설립되고 난 경우에는 토지분할을 청구할 수 없게 된다.

● 토지분할 청구제도의 문제점

– 반대하는 소유자들의 입장에서 보면 정당한 요구조건에도 사업시행자 또는 추진위원회에서 사업성을 이유로 요구조건을 거부하고 토지분할을 협상 카드로 악용할 소지가 있다.

– 조합이 설립되고 나면 조합에서는 토지분할을 청구할 수 없어 협의매수나 매도청구 방법 외에는 해결할 방법이 없게 되므로 재건축사업에 과도한 부담을 주면서 토지 등의 건축물을 매입할 수 밖에 없는 경우가 생겨 사업채산성 악화와 조합원들의 부담이 증가되는 문제가 있다.

토지분할의 요건

- 『주택법』 제16조 제1항의 규정에 의하여 사업계획승인을 받아 건설한 2 이상의 건축물이 있는 주택단지에서 주택재건축사업을 시행하는 경우
- 주택단지 안의 일부 토지로서 그 토지 및 지상 건축물의 소유자의 미동의로 인하여 조합설립 동의요건이 충족되지 못해 조합설립의 동의요건을 충족시키기 위하여 필요한 경우
- 당해 토지 및 건축물과 관련된 토지등소유자의 수가 전체의 1/10 이하일 것
- 분할되어 나가는 토지 위의 건축물이 분할선 상에 위치하지 아니할 것
- 분할되어 나가는 토지가 『건축법』상의 대지와 도로의 관계에 관한 규정에 적합하고 분할되어 나가는 토지에 대한 권리관계가 명확한 경우

토지분할의 절차

■ 토지등소유자와의 협의

사업시행자 또는 추진위원회는 토지분할청구를 하기 전에 토지분할대상이 되는 토지 및 그 위의 건축물과 관련된 소유자와 협의하여야 한다.

■ 법원에 분할신청

토지분할에 관한 협의가 성립되지 아니한 경우 사업시행자 또는 추진위원회는 법원에 토지분할을 청구하여야 하며, 이는 토지분할청구가 공유물 분할청구의 경우와 마찬가지로 재판상 행사해야 하는 형성권으로 해석되기 때문이다.

- 분할되고 남은 구역만을 대상으로 조합설립인가를 할 수 있으며 사업시행인가에 미동의자에 대한 매도청구는 필요하다.
- 토지분할 시 기존 토지에 설정된 근저당권 등 등기상 권리는 면적비율로 이전한다.

주택단지에 일반 상가주택을 포함하여 주택재건축사업을 추진하고자 합니다. A, B, C동 중에 A, B동은 집합건물로 구분등기가 되어 있으나, C동은 1,050평의 대지를 35명(22명은 건축물이 없음)이 공유하고 그 대지 위에 78개의 건축물(40명은 토지소유권이 없음)이 있는 경우 건축물을 소유하지 아니한 22명을 1인으로 계산하여 토지등소유자의 1/10 이하인 경우 『도시 및 주거환경정비법』제41조 제4항의 규정에 의하여 분할이 가능한지요?

『도시 및 주거환경정비법』제41조의 규정에 『주택법』제16조 제1항의 규정에 의하여 사업계획승인을 받아 건설한 2 이상의 건축물이 있는 주택단지에 주택재건축사업을 추진하는 경우 조합설립의 동의요건을 충족하기 위하여 필요한 경우에는 그 주택단지 안의 일부 토지에 대하여 분할을 청구할 수 있으며, 당해 토지 및 건축물과 관련된 토지등소유자의 수가 전체의 10분의 1 이하일 경우 토지분할이 완료되지 아니하여 동의요건이 미달되더라도 건축위원회의 심의를 거쳐 조합설립인가 등을 할 수 있습니다.

소유자 미확인 건축물 등의 처분

『도시 및 주거환경정비법』 제45조에 의거 소유자의 확인이 곤란한 건축물 등에 대해 일정한 절차를 거쳐 처분할 수 있도록 규정하고 있으나 소유권이 확인되지 않는다는 이유만으로 소유권을 박탈한다는 것은 사유재산권 침해에 따른 위헌의 소지가 커 실효성이 의문시되므로, 이러한 때에는 반드시 재건축일 경우는 매도청구절차를, 재개발일 경우는 수용절차를 별도로 취하여야 할 것이다.

● 소유권 미확인 건축물 등의 처분ㆍ처리 절차

■ 일간신문공고

사업시행자는 정비사업을 시행함에 있어 조합설립의 인가일(시장ㆍ군수 및 구청장이 정비사업을 시행하거나 주택공사 등을 사업시행자로 지정한 경우에는 사업시행자를 알리는 고시일) 현재 건축물 또는 토지의 소유자의 소재확인이 현저히 곤란한 경우에는 전국적으로 배포되는 2 이상의 일간신문에 2회 이상 공고하여야 한다.

■ 감정평가액 공탁 후 사업시행

공고한 날부터 30일 이상이 지난 때에는 그 소유자의 소재확인이 현저히 곤란한 건축물 또는 토지의 감정평가액에 해당하는 금액을 법원에 공탁하고 정비사업을 시행할 수 있으며, 감정평가는 감정평가업자 2인 이상이 평가한 금액을 산술평균하여 산정한다.

분양공고

사업시행자는 사업시행인가의 고시가 있은 날(사업시행인가 이후 시공자를 선정한 경우에는 시공자와 계약을 체결한 날)로부터 60일 이내에 개략적인 부담금 내역과 분양신청기간 및 『도시 및 주거환경정비법 시행령』이 정하는 사항을 토지등소유자에게 통지하고 분양의 대상이 되는 대지 또는 건축물의 내역 등을 해당 지역에서 발간되는 일간신문에 공고하여야 한다.

분양신청

분양신청이란 종전의 소유자가 사업시행자에게 향후 사업시행에 따른 권리조정에 대비하여 분양예정 대지 및 건축물을 분양받고자 하는 의사를 표현하면서 권리를 신고하는 절차를 말하는 것으로, 분양신청기간은 통지한 날로부터 30일 이상 60일 이내로 하여야 하며 관리처분계획의 수립에 지장이 없다고 판단되는 경우에는 분양신청기간을 20일의 범위 이내에서 연장할 수 있다.

분양신청을 하지 아니한 자 등에 대한 조치

『도시 및 주거환경정비법』제47조에서 분양신청을 하지 아니한 자에 대해 현금청산할 수 있도록 하는 규정을 두어 정비사업의 신속한 추진을 유도하고 있다. 그러나 현금청산절차는 당사자들 간의 자발적 협조가 전제되어야 하며 협조가 되지 않을 경우에는 재개발사업에서는 소유권 이전등기를 구하는 재판이나 수용방식을 통해 소유권을 확보하여야 하며, 재건축사업에서는 매도청구소송을 통해서 소유권을 확보해야 한다.

사업시행자가 토지등소유자의 토지·건축물, 그 밖의 권리에 대하여 현금으로 청산하는 경우 청산금액은 사업시행자와 토지등소유자가 협의하여 산정하는데, 이 경우 시장·군수 및 구청장이 선정·계약한 감정평가업자 2인 이상이 평가한 금액을 산술평균하여 산정한 금액이 협의가격의 기준이 될 수도 있다.

주택재건축사업에서 임대주택법에 의한 임대사업자에게 소유한 주택 수만큼 주택을 공급할 수 있는지요?

먼저 투기과열지구 안(2009년 11월 28일부터는 수도권 과밀억제권역)에서의 주택재건축사업에 대해 설명하겠습니다.

『도시 및 주거환경정비법』 제48조 제2항의 규정에 의하여 투기과열지구 안에 주택재건축사업의 토지등소유자에 대한 주택공급은 1세대가 1 이상의 주택을 소유한 경우 1주택을 공급하고, 2인 이상이 1주택을 공유한 경우에는 1주택만 공급하여야 합니다. 다만, 근로자(공무원인 근로자를 포함한다) 숙소·기숙사 용도로 주택을 소유하고 있는 토지등소유자와 국가·지방자치단체 및 주택공사 등이 소유한 주택에 대해서는 소유한 주택 수만큼 공급할 수 있습니다. 『임대주택법』에 의한 임대사업자가 소유한 주택은 근로자 숙소나 기숙사 용도가 아니므로 1주택만을 공급하는 것이 원칙입니다. 다만, 각 시·도별「도시 및 주거환경정비 조례」에 따라 소유한 주택 수만큼을 공급할 수 있도록 규정하고 있는 경우가 있으므로 각 시·도별 조례를 확인하여야 할 것이며, 아울러 이 법 시행(2005.3.18) 당시 조합설립인가를 받은 주택재건축사업의 투기과열지구로 지정된 지역에 대하여는 1세대가 2 이상의 주택을 소유하더라도 2 이하의 주택을 공급하여야 합니다.

다음으로 투기과열지구가 아닌 지역에서의 주택재건축사업은 『도시 및 주거환경정비법』 제48조 제2항의 규정에 의하여 투기과열지구가 아닌 지역의 주택재건축사업에서의 토지등소유자에게는 소유한 주택의 수만큼 공급할 수 있습니다.

주택재개발구역 내에서 건축물의 건축 또는 토지지분을 분할할 경우 토지등소유자로서 분양대상이 되는지요?

주택재개발사업구역 내에서는 『도시 및 주거환경정비법』 제5조에서 정비구역의 지정고시가 있은 날부터 당해 정비구역 안에는 정비계획의 내용에 적합하지 아니한 건축물 또는 공작물을 설치할 수 없도록 규정하고 있으며, 같은 법 제4조의 규정에 의해 정비구역지정 후에는 토지지분 분할이 인정되지 않을 것입니다.

주택재개발사업에 토지 및 건축물이 2인의 공유로 되어 있는 경우 각각 조합원으로 보아 아파트를 각각 분양받을 수 있는지요?

『도시 및 주거환경정비법』 제48조 규정에 의하면 1세대 또는 1인이 1 이상의 주택을 소유한 경우 1주택을 공급하고, 같은 세대에 속하지 아니하는 2인 이상이 1주택 또는 1토지를 공유한 경우에는 1주택만 공급하며, 다만 2인 이상이 1토지를 공유한 경우로서 시·도·광역시·특별시 조례로 주택공급에 관하여 따로 정하는 경우에는 시·도·광역시·특별시 조례로 정하는 바에 따라 주택을 공급할 수 있고, 투기과열지구 안(2009년 11월 28일부터는 수도권 과밀억제권역)에 위치하지 아니하는 주택재건축사업의 경우나 근로자 숙소·기숙사의 경우 및 국가나 지방자치단체·주택공사 등이 소유하고 있는 주택에 대하여는 소유한 주택 수만큼 공급할 수 있도록 하고 있으므로, 원칙상 각각의 조합원으로 보아 주택의 공급이 가능할 것이나 법원의 하급심 판정에서 1주택만을 공급하여야 한다는 판례도 있으니, 같은 법 시행령 제52조 및 각 시·도·광역시·특별시 조례 그리고 각 조합별 정관 및 같은 법 제48조의 규정에 의하여 인가된 관리처분계획에 적합하도록 하여야 할 것입니다.

도시환경정비사업에 1필지의 토지를 수인이 공유한 경우(재래시장으로 1필지에 호수별로 건물을 나누어 사용) 분양권을 수인에게 주는지요?

『도시 및 주거환경정비법』 제19조 제1항의 규정에 의하면 정비사업의 조합원은 토지등소유자로 하되, 토지 또는 건축물의 소유권과 지상권이 수인의 공유에 속하는 때에는 그 수인을 대표하는 1인을 조합원으로 보므로 1주택만을 공급하여야 하며, 사업시행자는 주택을 같은 법 제48조의 규정에 의하여 인가된 관리처분계획에 따라 토지등소유자에게 공급하여야 합니다.

주택재건축사업에 상가를 공동으로 소유한 자가 주택을 공급받고 상가를 분양받을 수 있는지요?

『도시 및 주거환경정비법』제52조 제2항 제2호의 규정에 의하여 부대·복리시설의 소유자에게는 부대·복리시설을 공급하여야 하며, 기존 부대·복리시설의 가액에서 새로이 공급받는 부대·복리시설의 추산액을 뺀 금액이 분양주택 중 최소 분양단위규모의 추산액에 정관 등으로 정하는 비율을 곱한 가액보다 큰 경우에는 1주택을 공급할 수 있습니다.

　관리처분계획이란 사업완료 후 분양처분에 관한 이전고시의 내용을 미리 정하는 것으로, 정비사업의 시행구역 안에 있는 기존의 토지 또는 건축물의 소유권과 소유권 이외의 권리를 정비사업으로 새로이 조성된 토지와 건축물에 관한 권리로 일정기준 하에서 변환시켜 배분하는 일련의 계획으로서 관리계획과 처분계획으로 나누어진다.

　관리계획이란 손실 보상, 계약, 수용 등에 의한 취득, 청산 또는 권리의 해지로 소멸시키거나 이행하는 계획을 말하며, 처분계획이란 공공시설의 귀속 및 사업시행자에게 귀속된 대지 또는 건축물의 처분에 관한 계획을 말한다.

관리처분계획의 작성

■ 관리처분계획의 내용

　도시환경정비사업 및 주택재개발사업, 주택재건축사업의 사업시행자는 분양신청기간이 종료된 때에는 기존의 건축물을 철거하기 전에 분양신청의 현황을 기초로『도시 및 주거환경정비법』제48조의 규정에 적합한 관리처분계획을 수립하여 시장·군수 및 구청장의 인가를 받아야 한다.

■ 잔여분에 대한 조치

　사업시행자는 분양신청을 받은 후 잔여분이 있는 경우에는 조합정관 또는 사업시행계획이 정하는 목적을 위하여 보류지로 정하거나 조합원 외의 자에게 분양할 수 있고, 일반분양 신청절차에 있어『주택법』의 주택공급에 관한 규정은 잔여분의 처분규정에 의하여 공고·신청절차·공급조건·방법 및 절차 등에 관하여 이를 준용하며, 이 경우 사업주체는 사업시행자로 본다.

관리처분계획인가

관리처분계획의 성격

사업시행자는 분양신청기간이 경과한 때에는 『도시 및 주거환경정비법』이 정하는 바에 의하여 사업구역 안의 기존 건축물을 철거하기 전에 분양신청의 현황을 기초로 대지 및 건축물에 관한 관리처분계획을 정하여 시장·군수 및 구청장의 인가를 받아야 하며, 관리처분계획을 변경·중지 또는 폐지하고자 하는 경우에도 동일하다. 또한, 관리처분계획이 수정되어 총회에서 결의된 내용이 달라진 경우에는 다시 총회를 열어 결의절차를 거쳐야 한다(대법원 선고 2000두4279).

관리처분계획의 법적 성질

관리처분계획은 정비사업완료 후에 행하는 이전고시(분양처분)의 내용을 미리 정하는 것으로서, 총회의 결의를 통해 각 이해관계인들에 대한 구체적인 관리와 처분의 내용이 확정되는 행정처분이다. 즉, 조합에서 조합원에게 행한 행정처분이라고 볼 수 있는 것이다. 또한, 관리처분계획은 정비계획이나 사업시행계획과 함께 이루어지는 행정계획이다.

예상분쟁(관리처분계획부터 이전고시 전까지)

개인상대의 분쟁

개인간의 분쟁은 분양받을 권리의 존부 확인소송이나 조합원 명의변경절차의 이행을 구하는 소송 등이 생길 가능성이 있다.

조합상대의 분쟁

관리처분계획이 처분의 효력이 발생하는 시점을 기준으로 그 이전에는 민사소송 또는 당사자소송으로 다루어야 하며, 그 이후에는 항고소송으로 다투어야 한다. 관리처분계획이 처분의 효력이 발생하는 시점이란 관리처분계획의 인가·고시를 말하는 것으로, 관리처분계획의 인가·고시가 되면 기존 토지등소유자는 이전고시가 있는 날까지 기존의 토지 등에 대하여 이를 사용하거나 수익할 수 없는 제한을 받고, 조합이 최종적으로 행하는 이전고시에 대하여는 조합원이 그의 이익을 위하여 그 처분의 일부가 위법하다는 이유로 취소를 구하는 것이 불가능하므로 항고소송으로서 그 취소를 구할 수 밖에 없다(대법원 선고 90누10032).

관리처분계획이 계획의 일부분에 위법사유를 가지고 있을 때에도 관리처분계획이 하나의 종합적 계획임을 감안할 때 관리처분계획 전체를 대상으로 하여 취소를 구하는 소송도 가능하고 자기의 토지 등에 관계되는 부분만을 대상으로 하여 취소를 구하는 소송도 가능하다(대법원 선고 93누9118).

항고소송(抗告訴訟)과 행정소송(行政訴訟, Verwaltungsrechtspflege)

항고소송이란 행정청의 위법한 처분 등의 취소 또는 변경을 구하는 소송을 말하며, 행정소송이란 행정법규의 적용에 관련된 분쟁이 있는 경우에 당사자의 불복제기에 의거하여 정식의 소송절차에 따라 판정하는 소송을 말한다.

항고소송은 항고소송, 당사자소송, 민중소송, 기관소송으로 구분되는 행정소송으로서, 다시 취소소송, 무효 등 확인소송, 부작위위법 확인소송의 3가지 소송으로 나뉘게 된다.

① 취소소송 : 행정청의 위법한 처분 등을 취소 또는 변경하는 소송
② 무효 등 확인소송 : 행정청의 처분 등의 효력 유·무 또는 존재 여부를 확인하는 소송
③ 부작위위법 확인소송 : 행정청의 부작위가 위법하다는 것을 확인하는 소송

『도시 및 주거환경정비법』제47조의 규정에 의한 분양신청을 하지 아니한 자에 대하여 현금으로 청산하는 때에 청산금액을 조합설립인가일 기준으로 산정하여 관리처분계획을 수립하는 것이 타당한지요?

『도시 및 주거환경정비법』제47조의 규정에 의하여 사업시행자는 조합원이 분양을 신청하지 아니하거나 분양신청을 철회한 자, 관리처분계획에서 분양대상에서 제외된 자에게는 그 해당하게 된 날부터 150일 이내에 현금으로 청산하여야 하며, 같은 법 시행령 제48조에 현금으로 청산하는 경우 청산금액은 사업시행자와 토지등소유자가 협의하여 산정하도록 규정되어 있습니다. 이 경우 시장·군수 및 구청장이 추천하는『부동산가격공시 및 감정평가에 관한 법률』에 의한 감정평가업자 2인 이상이 평가한 금액을 산술평균하여 산정한 금액을 기준으로 협의할 수 있습니다. 다만, 주택재개발사업과 도시환경정비사업의 경우에는 2009년 11월 28일부터 시장·군수 및 구청장이 선정·계약한『부동산가격공시 및 감정평가에 관한 법률』에 의한 감정평가업자 2인 이상이 평가한 금액을 산술평균하여 산정하여야 합니다.

주택재개발사업에 복리시설 동·호수 추첨 시 종전 자산의 평가금액순위로 동·호수를 추첨할 수 있는지요?

당해 조합정관 및 관리처분계획으로 정한 바에 따라 동·호수를 추첨하여야 할 것입니다.

2004년 5월 사업시행인가를 득하고 2004년 10월에 관리처분계획인가를 얻었으나 시공사의 변경으로 조합원의 분양가가 현격하게 변경된 경우 다시 분양신청 및 관리처분계획을 변경할 수 있는지요?

『도시 및 주거환경정비법』제48조의 규정에 의하여 관리처분계획을 변경·중지 또는 폐지하고자 하는 경우에는 같은 법이 정하는 바에 의하여 기존 건축물을 철거하기 전에 같은 법 제46조의 규정에 의한 분양신청의 현황을 기초로 정비사업비의 추산액 등이 포함된 관리처분계획을 변경하여 시장·군수에게 인가를 받아야 할 것입니다.

주택재건축사업의 관리처분기준과 관련해『집합건물의 소유 및 관리에 관한 법률』및 조합정관에 따라 전용면적비율에 의하여 대지소유권이 주어지도록 하여도 무방한 것이며 분양면적의 정의는 어떻게 되는지요?

『도시 및 주거환경정비법 시행령』제52조 제2항의 규정에 의하여 1필지의 대지 위에 2인 이상에게 분양될 건축물이 설치된 경우에는 건축물의 분양면적 비율에 의하여 그 대지소유권이 주어지도록 규정되어 있습니다. 그리고 건축물의 분양면적이라 함은「주택공급에 관한 규칙」제8조 제5항의 규정에 의한 공동주택의 공급면적으로 보아야 할 것입니다.

2004년 1월 주택재개발사업의 사업시행인가를 변경하였으나 8년 동안 물가 및 공시지가의 상승으로 인하여 해당 토지가격이 250% 이상 상승해 공시지가에 비해 종전 토지가액이 현저하게 차이가 발생하므로 관리처분계획을 수립하는 것에 많은 문제점이 발생되어 현 시점에 맞도록 재토지평가가 불가피한 경우 어떻게 해야 하는지요?

주택재개발사업에 관리처분계획의 인가를 받고자 하는 경우 분양대상자별 종전의 토지 또는 건축물의 명세 및 사업시행인가의 고시가 있는 날을 기준으로 한 가격을 포함하여 관리처분계획을 수립하여야 하며, 종전의 토지 또는 건축물의 가격은 시장·군수 및 구청장이 추천하는『부동산가격공시 및 감정평가에 관한 법률』에 의한 감정평가업자 2인 이상이 평가한 금액을 산술평균하여 산정하여야 합니다. 관리처분계획을 변경·중지 또는 폐지하고자 하는 경우 종전의 토지 또는 건축물의 가격은 사업시행자 및 토지등소유자 전원이 합의하여 이를 산정할 수 있을 것입니다. 다만, 주택재개발사업과 도시환경정비사업의 경우 2009년 11월 28일부터는 시장·군수 및 구청장이 선정·계약한『부동산가격공시 및 감정평가에 관한 법률』에 의한 감정평가업자 2인 이상이 평가한 금액을 산술평균하여 산정하여야 합니다.

관리처분계획을 수립하여 총회의 의결 및 공람을 완료한 후에 관할구청에 인가를 신청하였으나 검토과정에서 분양대상자가 동일세대로 확인된 경우 총회에서 결의된 관리처분계획의 기준(안)은 변경이 없고, 그 기준 및 정관의 규정에 의하여 최초 공람한 분양설계가 상기와 같은 사유로 일부 변경이 되는 경우 다시 공람을 하여야 하는지요?

『도시 및 주거환경정비법』제48조 및 제49조의 규정에 의하여 분양설계 및 분양대상자의 주소 및 성명 등이 포함된 관리처분계획을 수립하여 토지등소유자에게 공람하고 의견을 들은 후 시장·군수 및 구청장의 인가를 받아야 하며, 관리처분계획을 변경·중지 또는 폐지하고자 하는 경우에도 같습니다.

관리처분계획의 내용 중에 "총사업비 및 기타 사항에 대하여 변동될 경우 총회의 의결을 거쳐야 한다."는 내용을 "대의원회의 의결로 한다."라고 잘못 표기한 경우 총회의 의결을 거쳐야 하는지요?

『도시 및 주거환경정비법 시행령』 제49조의 규정에 의하여 계산착오·오기·누락 등에 따른 조서의 단순 정정인 때에는 이로 인한 불이익을 받는 자가 없는 경우에 한하여 관리처분계획의 경미한 변경에 해당되어 시장·군수 및 구청장에게 신고할 수 있습니다. 다만, 계산착오·오기·누락 등에 해당되는지에 대한 확인 후 처리할 수 있을 것입니다.

주택재건축사업은 1세대에 1주택을 공급하는지요, 그리고 조합원의 자격이전 제한이 되는 시기가 조합설립인가일부터 인지요?

『도시 및 주거환경정비법』 제48조 제2항의 규정에 의하여 투기과열지구 안에 위치한 주택재건축사업의 경우 1세대가 1 이상의 주택을 소유한 경우 1주택을 공급하고, 2인 이상이 1주택을 공유한 경우에는 1주택만 공급하여야 합니다. 다만, 투기과열지구 안에 위치하지 아니하는 주택재건축사업의 토지등소유자 등에 대하여는 소유한 주택 수만큼 공급할 수 있으며, 투기과열지구로 지정된 지역 안에서의 주택재건축사업의 조합원자격 이전은 조합설립인가일부터 소유권 이전등기일까지 제한하고 있습니다.

2005년 11월 5일 총회를 개최하여 관리처분계획을 의결하였으나 2006년 3월 8일 법원에 의하여 그 총회에 대한 가처분이 결정(조합장 직무정지 및 총회의 결의 효력정지)되었으며, 이후 본안판결로 확정이 되면 관리처분총회 및 관리처분계획인가는 어떻게 되는지요?

법원의 판결에 따라야 할 것입니다.

관리처분계획수립을 위한 공람 시 제출된 이의신청서는 조합에서 처리하는지요 아니면 관할관청에서 처리하는지요?

『도시 및 주거환경정비법 시행령』 제31조 제10호의 규정에 의하여 관리처분계획에 관한 사항은 조합정관에서 정하도록 하고 있으므로, 관리처분계획공람 시 제출된 이의신청의 처리와 관련한 내용은 당해 조합의 정관에 따라야 할 것입니다.

『도시 및 주거환경정비법』 제49조 제1항에 의하면 사업시행자는 관리처분계획을 토지등소유자에게 공람하도록 하고 있는데 공람방법은 어떻게 되는지요?

관리처분계획의 공람에 대하여는 『도시 및 주거환경정비법』 제49조 및 당해 조합의 정관 등이 정하는 방법 및 절차에 따라 토지등소유자들에게 공람기간 등을 고지하고 일정한 장소에서 공개적으로 열람할 수 있도록 하여야 할 것입니다.

관리처분계획에 대한 토지등소유자의 공람시기는 관리처분총회 전인지요 아니면 총회 후에 하여야 하는지요?

『도시 및 주거환경정비법』 제49조의 규정에 따라 사업시행자는 관리처분계획의 인가를 신청하기 전에 관계서류의 사본을 30일 이상 토지등소유자에게 공람하게 하고 의견을 들어야 하며, 경미한 사항을 변경할 경우에는 토지등소유자의 공람 및 의견청취절차를 거치지 아니할 수 있습니다. 또한, 사업시행자는 공람을 실시하고자 하거나 시장·군수 및 구청장의 고시가 있은 때에는 『도시 및 주거환경정비법 시행령』이 정하는 방법과 절차에 따라 토지등소유자 또는 분양신청을 한 자에게 공람계획 또는 관리처분계획의 인가내용 등을 통지하여야 합니다.

2005년 12월 사업시행인가를 받아 시행 중인 주택재건축사업에 인근지역을 포함하여 사업시행인가를 변경하고자 하는 경우 사업시행인가 당시의 건축법을 적용하는 것인지요?

인근지역을 포함하여 사업시행인가를 변경할 수 있는지 여부를 먼저 확인하여야 하며, 사업시행인가를 변경하고자 하는 경우 변경 당시의 관계법령에 적합하여야 할 것입니다.

주택재개발사업에서 관리처분계획을 수립할 때에 분양예정인 공동주택과 상가에 대하여 분양면적·분양위치·분양금액 등을 조합원분양분과 일반분양분으로 각각 구분하여 관리처분계획인가를 받은 경우 상가를 일반분양할 수 있는지요?

『도시 및 주거환경정비법』 제50조 제4항의 규정에 인가된 관리처분계획에 따라 공급대상자에게 주택을 공급하고 남은 주택에 대하여는 동조 제1항 내지 제3항의 규정에 의한 공급대상자 외의 자에게 공급할 수 있도록 규정되어 있는 바, 조합원에게 공급하는 상가의 면적·위치·금액 등을 확정하고 그 내용으로 관리처분계획인가를 받았다면 인가된 관리처분계획에 따라 일반분양이 가능할 것입니다.

2003년 6월 27일 주택조합설립인가를 받은 조합의 조합원이 2주택 이상을 소유한 경우 『도시 및 주거환경정비법』의 부칙 제7조(주택공급기준의 적용에 관한 경과조치)에 의거 2주택까지 공급이 가능한지요?

『도시 및 주거환경정비법』 부칙〈제7392호, 2005.03.18〉 제7조의 규정에는 주택공급기준에 관하여 개정법률에도 불구하고 종전의 법률에 따른다고 규정되어 있습니다. 따라서, 종전 법률의 규정에 따라 2 이하의 주택을 공급할 수 있을 것으로 보이나 2주택을 공급할 수 있는지의 여부는 조합이 정하는 바에 따라야 할 것입니다.

시공보증이란 주택분양보증과 같은 성질의 것으로 『주택건설촉진법』에 의해 설립된 대한주택보증주식회사 등으로 하여금 시공사가 도급받은 공사의 계약상 의무를 이행하지 못하거나 의무이행을 하지 아니할 경우 보증기관에서 시공사를 대신하여 주택을 건설·공급하거나 총공사금액의 100분의 50 이하에서 『도시 및 주거환경정비법 시행령』으로 정하는 비율 이상(총공사금액의 100분의 30 이상)의 범위 안에서 사업시행자가 정하는 금액을 부담할 것을 확약하는 보증계약이라고 할 수 있다.

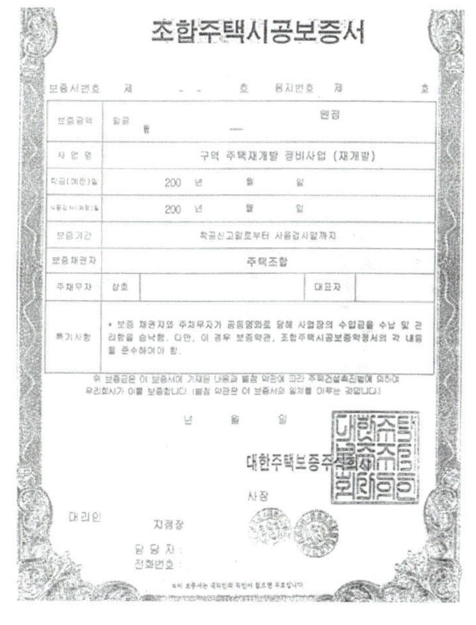

조합이 재정비사업의 시행을 위하여 시장·군수 및 구청장 또는 주택공사 등이 아닌 자를 시공자로 선정한 경우 그 시공자는 도급받은 공사의 시공보증을 위하여 조합원에게 공급되는 주택에 대한 시공보증서를 조합에 제출하여야 하며, 시장·군수 및 구청장은 착공신고를 받은 경우 시공보증서제출 여부를 확인하여야 한다.

시공보증과 관련한 보증금액 산정방법 및 시공보증 운영기준 등의 마련방법은 무엇인지요?

『도시 및 주거환경정비법』 제51조의 규정에 의한 시공보증은 같은 법 시행규칙 제14조 규정에서 정한 기관의 시공보증서를 발행받도록 하고 있는 바, 시공보증금액 및 운영방법 등은 같은 법 시행규칙 제14조 규정에서 정한 보증기관에서 정하여 운영하여야 될 것이며, 총공사금액의 100분의 50 이하에서 『도시 및 주거환경정비법 시행령』으로 정하는 비율 이상(총공사금액의 100분의 30 이상)의 범위 안에서 조합과 시공사 간 계약 시 협의를 통해 시공보증의 범위를 정하여야 할 것입니다.

CHAPTER 17 준공인가

　준공인가란 사업시행인가를 받아 건축한 건축물이 사업시행인가 내용대로 이행되어 건축행정 목적에 적합한지의 여부를 확인하고 준공인가증을 교부하여 줌으로써 허가받은 자로 하여금 건물을 사용·수익할 수 있도록 법률효과를 발생시키는 행정처분이다.

　이러한 준공인가는 사업시행계획대로 완료되었는지의 여부를 확인하는 것으로 사업시행계획에 종속되는 처분이지만, 준공인가가 고시되어야 이전고시의 절차를 개시할 수 있다.

　준공인가를 하거나 공사완료의 고시를 함에 있어 시장·군수 및 구청장에게 의제되는 인·허가 등에 따른 준공검사·준공인가·사용검사·사용승인 등에 관해서 관계행정기관의 장과 협의한 사항에 대하여는 당해 준공검사·준공인가·사용검사·사용승인 등을 받은 것으로 본다.

　총 4개 동을 건립하는 주택재건축사업에서 3개 동은 공사가 완료되고 나머지 1개 동은 공사가 진행 중에 있는데 공사가 완료된 3개 동을 부분준공인가를 받아 입주를 할 수 있는지요?

　『도시 및 주거환경정비법』 제52조 제5항에 의하면 시장·군수 및 구청장은 준공인가를 하기 전이라도 완공된 건축물의 사용에 지장이 없는 등 같은 법 시행령 제56조에 적합한 경우에는 입주예정자가 완공된 건축물을 사용할 것을 사업시행자에 대하여 동별·세대별 또는 구획별로 준공인가 전에 사용허가를 할 수 있습니다.

18 이전고시

이전고시란 관리처분계획에서 정한 구체적 사항을 집행하는 집행행위로서, 공사의 완료고시로 사업시행이 완료된 이후에 관리처분계획에서 기정한 바에 따라 정비사업으로 조성된 대지 및 건축물 등의 소유권을 분양받을 자에게 이전하는 행정처분을 말한다.

이전고시효과의 발생

이전고시는 고시에 의하여 효과를 발생하는 행정처분으로, 분양받을 자에게 통지함으로써 발생되는 것은 아니다. 즉, 통지는 단순한 알림이나 안내절차이며 이로 인해 법적 효과에 변동이 생기지는 않는다.

■ 권리의 확정

대지 또는 건축물을 분양받을 자에게 소유권을 이전한 경우 기존의 토지 또는 건축물에 설정된 지상권·전세권·임차권·저당권·가압류·가등기담보권 등 등기된 권리 및 『주택임대차 보호법』 제3조의 요건을 갖춘 임차권은 소유권을 이전받은 대지 또는 건축물에 설정된 것으로 본다.

■ 환지 및 보류지 또는 체비지의 의제

취득하는 대지 또는 건축물 중 토지등소유자에게 분양하는 대지 또는 건축물은 『도시개발법』에 의하여 행하여진 환지로 보며, 보류지와 일반에게 분양하는 대지 또는 건축물은 『도시개발법』에 의한 보류지 또는 채비지로 본다.

■ 등기제한

정비사업에 관하여 이전고시가 있은 날부터 『도시 및 주거환경정비법』 제56조에 의한 등기가 있을 때까지는 저당권 등의 다른 등기를 하지 못한다.

■ 청산금 지급 및 징수

대지 또는 건축물을 분양받은 자가 기존에 소유하고 있던 토지 또는 건축물의 가격과 분양받은 대지 또는 건축물과의 가격 차이가 있는 경우 사업시행자는 『도시 및 주거환경정비법』 제54조에 의한 이전고시가 있은 후에 그 차액에 상당하는 금액을 분양받은 자에게 징수하거나 지급하여야 한다.

- 청산금의 산정기준
  청산금의 산정기준은 면적평가방식이 아닌 가격평가방식으로 이루어지며(대법원 선고 93누17850) 정비사업방식에 관계없이 『도시 및 주거환경정비법』 제57조의 규정에 어긋나지 않아야 한다.

- 청산금의 징수방법
  ① 강제 징수 : 청산금을 납부할 자가 이를 납부하지 아니하는 경우 시장·군수 및 구청장이 사업시행자인 경우에는 지방세 체납처분의 예에 의하여 이를 징수할 수 있고, 시장·군수 및 구청장이 아닌 사업시행자인 경우에는 시장·군수 및 구청장에게 청산금의 징수를 위탁할 수 있다. 이 경우 사업시행자는 징수한 금액의 4%에 해당하는 금액을 당해 시장·군수 및 구청장에게 교부하여야 한다.
  ② 청산금의 공탁 : 청산금을 지급받을 자가 이를 받을 수 없거나 거부한 때에는 사업시행자는 그 청산금을 공탁할 수 있다.

- 청산금의 소멸시효
  청산금을 지급받거나 징수할 권리는 『도시 및 주거환경정비법』 제58조 제3항에 의거 이전고시일 다음 날부터 5년간 이를 행사하지 아니하면 소멸한다.

예상분쟁(이전고시 후)

개인상대의 분쟁

- 기존의 토지 또는 건축물에 대한 소유권 귀속의 문제
  개인간의 민사소송으로 등기말소나 이전등기 등을 청구할 수 있다.

- 기존의 토지 또는 건축물에 대한 소유권 존부의 문제
  이전고시가 있은 후에는 행정소송으로서 이전고시 또는 관리처분계획의 취소나 변경을 다툴 수 밖에 없고 민사소송으로 다툰다 하더라도 그 결과를 반영할 조합의 처분이 실질적으로 남아 있지 않은 채 종결되므로 결국 부당이득반환이나 손해배상 등의 소송만이 가능할 것이다.

- **조합상대의 분쟁**

  - 분양처분의 문제

    분양처분의 문제도 민사소송을 통해 그 결과를 반영할 조합의 처분이 실질적으로 남아 있지 않으므로 부당이득반환이나 손해배상 등의 소송만이 가능할 것이고, 이전고시 전체가 위법한 경우에만 행정소송의 제기가 가능하다.

  - 청산금 처분의 문제

    사업시행자를 상대로 하는 항고소송의 제기가 가능하다(대법원 선고 93누17850).

주택재개발사업의 조합명의로 소유권이전된 종전의 토지에 대하여 저당권·가등기담보권·가압류 등이 설정되어 있는 경우 등기된 권리를 해지하여야만 준공인가가 가능한지요?

『도시 및 주거환경정비법』 제55조의 규정에 의하여 대지 또는 건축물을 분양받은 자에게 소유권을 이전한 경우 종전의 토지 또는 건축물에 설정된 지상권·저당권·임차권·가압류 등 등기된 권리 및 임차권은 소유권을 이전받은 대지 또는 건축물에 설정된 것으로 보도록 규정되어 있으나, 조합소유의 토지에 저당권·가등기담보권·가압류 등이 설정되어 있는 경우 사업완료 후에 제한물권을 설정한 자에 대한 권리확보가 불분명하므로 사후문제를 방지하기 위해서 준공인가를 받기 전에 저당권·가등기담보권·가압류 등을 말소하는 것이 바람직할 것입니다.

『도시 및 주거환경정비법』 제55조의 규정에 의한 저당권·전세권·가압류 등에 압류도 포함되는지요?

『도시 및 주거환경정비법』 제55조의 규정에 의한 저당권 등 등기된 권리에는 압류도 포함됩니다.

『도시 및 주거환경정비법』제65조 제2항에 규정되어 있는 정비기반시설의 기부체납의 의미가 무엇인지요?

『도시 및 주거환경정비법』제65조 제2항의 규정에 의하여 시장·군수 및 구청장 또는 주택공사 등이 아닌 사업시행자가 정비사업의 시행으로 새로이 설치한 정비기반시설은 그 시설을 관리할 국가 또는 지방자치단체에 무상으로 귀속되고, 정비사업의 시행으로 인하여 용도가 폐지되는 국가 또는 지방자치단체 소유의 정비기반시설은 그가 새로이 설치한 정비기반시설의 설치비용에 상당하는 범위 안에서 사업시행자에게 무상으로 양도되며, 무상양도는 동일용도의 시설간 맞교환에 한정된 것이므로, 기존시설의 대체뿐 아니라 기존시설의 확장 등도 인정될 수 있는 것입니다.

정비구역 안의 국·공유 재산을 사업시행자가 매입하거나 임대할 수 있는지요?

『도시 및 주거환경정비법』제66조 제4항의 규정에 의하면 정비구역 안의 국·공유 재산은『국유재산법』제12조 또는『지방재정법』제77조의 규정에 의한 국유재산관리계획 또는 공유재산관리계획과『국유재산법』제33조 및『지방재정법』제61조의 규정에 의한 계약의 방법에도 불구하고 사업시행자 또는 점유자 및 사용자에게 다른 사람에 우선하여 수의계약으로 매각 또는 임대할 수 있습니다.

2004년 4월 15일 성북교육청으로부터 교육부지매입을 완료하여 점유조합원에게 매입의사 또는 포기각서를 독촉하였으나 관리처분인가를 득한 후에야 점유조합원이 점유지를 매입하겠다고 하는데 이럴 경우 매각해도 되는지요?

점유지매각에 대하여는 조합에서 민사적으로 해결할 사항입니다. 하지만, 이로 인해 관리처분계획이 달라질 경우에는『도시 및 주거환경정비법』제48조의 규정에 따라 관리처분계획인가를 다시 받아야 할 것입니다.

주택재건축사업을 목적으로 시유지를 처분하는 경우 『도시 및 주거환경정비법』 제66조의 국·공유 재산의 처분 등에 관한 규정을 적용받는지와 평가시점은 어떻게 되는지요?

정비구역 안의 국·공유지 재산의 처분은 『도시 및 주거환경정비법』 제66조의 국·공유 재산의 처분 등에 관한 규정에 따라야 하며, 국·공유지의 평가는 사업시행인가의 고시가 있은 날을 기준으로 행하는 것입니다.

손실 보상

■ 주거이전비 보상

– 주거이전비의 보상은 정비구역 지정을 위한 공람공고일 현재 해당 정비구역에 거주하고 있는 세입자를 대상으로 한다.

■ 영업손실 보상

– 영업손실 기간은 원칙상 4개월 이내
정비사업으로 인한 영업의 휴업 등에 대하여 손실을 평가하는 경우 휴업기간은 『공익사업을 위한 토지 등의 취득 및 보상에 관한 법률 시행규칙』 규정에도 불구하고 4개월 이내로 한다.
– 실제 휴업기간으로 할 수 있는 경우
① 이 경우 휴업기간은 2년을 초과할 수 없다.
② 해당 정비사업을 위한 영업의 금지 또는 제한으로 인하여 4개월 이상의 기간 동안 영업을 할 수 없는 경우
③ 영업시설의 규모가 크거나 이전에 고도의 정밀성을 요구하는 등 해당 영업의 고유한 특수성으로 인하여 4개월 이내에 다른 장소로 이전하는 것이 어렵다고 객관적으로 인정되는 경우

정비사업 전문관리업자

정비사업 전문관리업자는 정비사업의 시행을 위해 사업 초기 동의서징구부터 조합설립업무, 사업성검토, 설계도서검토, 설계자·시공자의 선정, 사업시행인가 신청대행, 관리처분계획 등의 업무를 추진위원회 또는 사업시행자로부터 위탁받거나 이와 관련한 자문을 수행하는 자이다.

정비사업 전문관리업자는 반드시 선정하여야 하는 강행규정이 아니므로, 추진위원회나 조합에서 필요한 경우 선정하며, 추진위원회에서 정비사업 전문관리업자를 선정하고자 할 때에는 추진위원회 운영규정에 적합하게 선정하되『도시 및 주거환경정비법 시행령』제23조에 의거 토지등소유자의 과반수 동의가 필요하고, 조합에서 정비사업 전문관리업자를 선정하고자 할 경우에는 경쟁입찰의 방식으로 조합총회에서 선정하면 된다.

정비사업 전문관리업의 등록

정비사업 전문관리업을 하고자 하는 자는 대통령령이 정하는 자본·기술인력 등의 기준을 갖춰 국토해양부장관에게 등록하여야 한다. 다만, 주택의 건설·감정평가 등 정비사업 관련업무를 하는 정부투자기관 등으로 대한주택공사나 한국감정원의 경우에는 그러하지 아니한다.

정비사업 전문관리업의 등록기준(『도시 및 주거환경정비법 시행령』 제63조 제1항 관련)

1. 자본금
   10억 원(법인인 경우에는 5억 원) 이상이어야 한다.
2. 인력확보기준
   다음의 어느 하나에 해당하는 상근인력을 5인 이상 확보하여야 하며, 다만 정비사업 전문관리업자가 관계법령에 의한 감정평가법인·회계법인 또는 법무법인·법무법인(유한)·법무조합과 정비사업의 공동수행을 위한 업무협약을 체결하는 경우 협약을 체결한 법무법인 등의 수가 1개일 때에는 4인, 2개일 때에는 3인으로 한다.

① 건축사 또는 도시계획 및 건축분야 기술사와 특급기술자로서 특급기술자의 자격을 갖춘 후 건축 및 도시계획 관련업무에 3년 이상 종사한 자 각각 1인 이상

② 감정평가사·공인회계사 또는 변호사 각각 1인 이상

③ 법무사 또는 세무사

④ 다음의 1에 해당하는 자로서 정비사업 관련업무에 5년 이상 종사한 자(인력이 2인을 초과하는 경우에는 2인으로 본다)
  - 공인중개사
  - 정부기관·정부투자기관 또는 대한주택공사, 한국감정원에서 근무한 자
  - 도시계획·건축·부동산·감정평가 등 정비사업 관련분야의 석사 이상의 학위 소지자
  - 2003년 7월 1일 당시 관계법률에 의하여 주택재개발사업 또는 주택재건축사업의 시행을 목적으로 하는 토지등소유자, 조합 또는 기존의 추진위원회와 민사계약을 하여 정비사업을 위탁받거나 자문을 한 업체에 근무한 자로서, 정비사업 전문관리업체의 업무를 수행한 실적이 국토해양부장관이 정하는 기준에 해당하는 자

『도시 및 주거환경정비법』 제73조 제1항 제2호의 규정에 의하여 등록취소된 법인의 대표이사가 다른 정비사업 전문관리업의 대표이사로 등록하거나 다른 법인의 임직원이 될 수 있는지요?

『도시 및 주거환경정비법』 제72조 제1항의 규정에 의하면, 같은 법 제73조의 규정에 의하여 등록이 취소된 후 2년이 경과되지 아니한 자는 정비사업 전문관리업자의 등록을 신청할 수 없으며, 정비사업 전문관리업자의 업무를 대표 또는 보조하는 임직원이 될 수 없습니다.

정비사업 전문관리업자의 등록기준 중 자본금은 최초 등록 시에만 충족되면 되는 것인지요 아니면 항상 충족되어야 하는 것이지요?

정비사업 전문관리업자의 등록기준은 최초 등록뿐만 아니라 등록 후에도 항상 충족되어야 하는 것입니다.

등록기준에 과거 일정기간 동안 등록기준에 미달되었으나 확인시점에는 등록기준에 적합한 경우 행정처분대상인지요, 만약 행정처분대상이라면 과거 등록기준 미달기간을 합산하여야 하는 것인지요?

최초 등록 후 일정기간 동안 등록기준에 미달되었다면 확인시점에 등록요건을 충족하였다 하더라도 행정처분의 대상이 되는 것이나 행정처분을 위한 청문 시 고의성 여부 등을 판단하여 행정처분을 가감할 수 있을 것입니다.

등록기준 미달기간의 합산 여부에 대하여는 『도시 및 주거환경정비법』에서 따로 정하고 있지는 않으므로 제반여건을 검토하여 적절하게 하여야 할 것입니다.

정비사업 전문관리업자로 등록한 후 업무실적의 부진으로 인하여 자본금이 잠식된 경우 등록취소에 해당하는지요?

『도시 및 주거환경정비법 시행령』 제66조 및 별표 5의 규정에 의하여 같은 법 제69조 제1항의 규정에 의한 등록기준에 3월 이상 미달된 때에는 등록취소의 기준에 해당됩니다.

감정평가

감정평가란 토지, 건물, 기계, 기구 등의 유형재산과 영업권 등의 무형재산에 대한 경제적 가치를 평가하고 그 결과를 가액으로 나타내는 일련의 과정을 말한다.

관리처분계획에 의하여 합리적이고 공평한 권리의 변환과 배분을 위해서는 기존 토지 및 건축물의 가격과 분양예정 대지 또는 건축물의 추산액 산정이 객관적이고 공정하게 이루어져야 하므로 감정평가는 매우 중요하다.

감정평가의 종류

- 공공시설의 무상 양도 및 양수를 위한 평가
- 종전 자산평가 : 기존의 토지 및 건축물에 대한 평가
- 종후 자산평가 : 분양예정 대지 및 건축물 등의 평가
- 보상을 위한 평가
  ① 협의 보상평가
  ② 국·공유지의 처분평가
  ③ 매도청구평가
  ④ 미동의자에 대한 수용평가
  ⑤ 이의재결, 소송 등에 의한 평가

정비사업의 감정평가 시 적용되는 법률

- 부동산 가격공시 및 감정평가에 관한 법률
- 공익사업을 위한 토지 등의 취득 및 손실보상에 관한 법률
- 도시 및 주거환경정비법
- 국유재산법 및 지방재정법
- 임대주택법

이 외에 한국감정평가협회의 토지보상평가지침을 참고하는 경우도 있다.

∷● 감정평가방법

■ 비교방식

대상물건이 시장에서 거래되는 가격을 고려하여 결정하는 시장성을 이론적 근거로 하는 방식이다.

- 거래사례 비교법
  비준가격을 시산가격으로 한다.
- 임대사례 비교법
  비준임료를 시산임료로 한다.

■ 원가방식

대상물건을 만들기 위해 투입된 비용을 고려하여 결정하는 비용성을 이론적 근거로 하는 방식이다.

- 원가법
  적산가격을 시산가격으로 한다.
- 적산법
  적산임료를 시산임료로 한다.

■ 수익방식

대상물건을 이용함으로써 발생하는 수익과 편익의 정도를 고려하여 결정하는 수익성을 이론적 근거로 하는 방식이다.

- 수익환원법
  수익가격을 시산가격으로 한다.
- 수익분석법
  수익임료를 시산임료로 한다.

1. 가격
   ① 시산가격 : 감정평가의 각 방식을 통하여 적절히 도출된 가격
   ② 비준가격 : 사례분석을 통해 적절히 도출된 가격
   ③ 적산가격 : 원가방식에 의해 적절히 도출된 가격
2. 임료
   ① 시산임료 : 감정평가의 각 방식을 통하여 적절히 도출된 부동산의 임료
   ② 비준임료 : 사례분석을 통해 적절히 도출된 부동산의 임료
   ③ 적산임료 : 원가방식에 의해 적절히 도출된 부동산의 임료

정비사업절차에 따른 감정평가

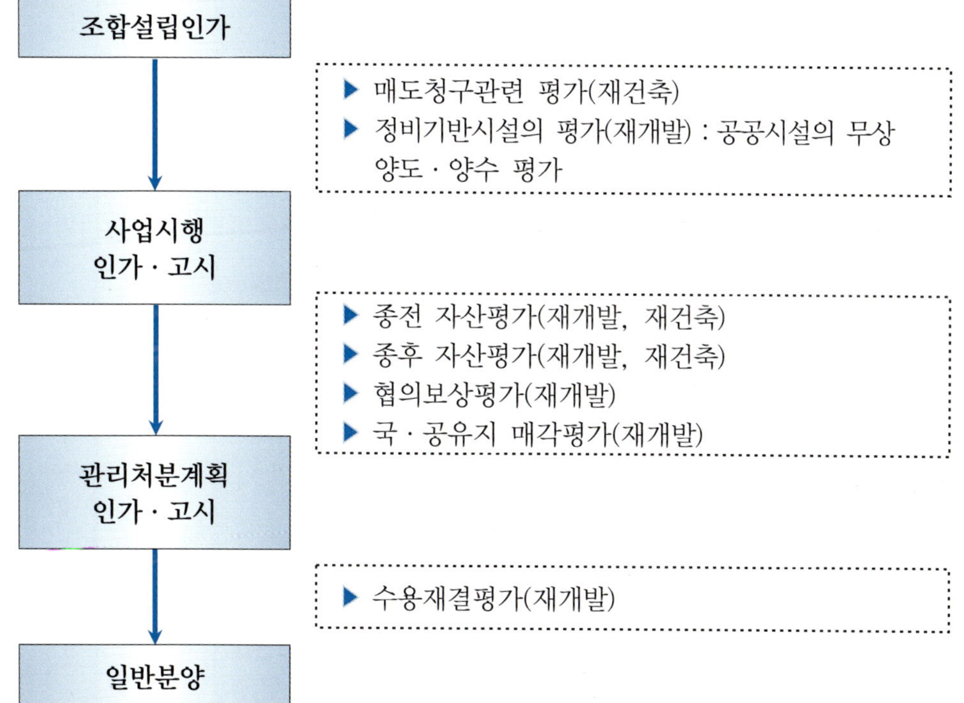

감정평가업체 선정방법

『도시 및 주거환경정비법』제48조에 의거 주택재개발사업에 있어서의 종전 자산평가와 종후 자산평가 시 감정평가업체는 시장·군수 및 구청장이 2인 이상의 감정평가업자를 추천(2009년 11월 28일부터는 선정·계약)하도록 규정하고 있고, 주택재건축사업의 경우에는 이를 준용할 수 있도록 규정하고 있다.

정비기반시설의 감정평가에 관하여는『도시 및 주거환경정비법』에서 규정하고 있지 않으나 평가의 연속성과 적정성을 감안할 때 정비기반시설의 감정평가업자를 종전 자산 및 종후 자산의 감정평가업자와 동일하게 하는 것이 바람직하다.

매도청구 관련 평가

재건축사업에서 사업시행자가 조합설립에 동의하지 않은 자의 토지 및 건축물의 매도를 청구하기 위해 감정평가를 실시한다.

감정평가의 시점은 일반적으로 조합설립인가일자를 기준으로 평가한다.

정비기반시설의 평가(공공시설의 무상 양도·양수 평가)

정비기반시설의 감정평가는 정비사업의 시행으로 인하여 용도폐지되는 정비기반시설과 새로이 설치할 정비기반시설에 대해 무상양도와 무상양수의 협의를 위하여 행하는 것으로, 폐지되는 기반시설과 새로이 설치되는 기반시설의 교환을 위한 감정평가라 할 수 있으며 재정비사업에서 가정 먼저 이루어지는 감정평가이다.

■ 근거

『도시 및 주거환경정비법』제30조 및 같은 법 시행령 제41조에 의거 사업시행계획작성 시 정비기반시설의 설치계획과 정비기반시설의 조서·도면 및 그 설치비용 계산서, 사업시행자에게 무상으로 양여되는 국·공유지의 조서 등이 포함되어야 하며, 같은 법 제65조에는 이러한 정비기반시설의 무상귀속에 대해 규정하고 있다.

■ 감정평가대상

감정평가대상은 재정비사업의 시행으로 인해 용도폐지되는 정비기반시설과 새로이 설치할 정비기반시설로서, 정비기반시설이 아닌 국·공유지는 정비기반시설의 감정평가대상이 되지 아니하고 국·공유지의 처분을 위한 대상이 된다.

■ 가격시점

『도시 및 주거환경정비법』제66조에 의거 사업시행인가의 고시가 있은 날을 기준으로 평가하여야 하는데 사업시행인가신청을 위한 사업시행계획작성 시 정비기반시설에 대한 감정평가서도 포함하도록 규정하고 있어 실제 정비기반시설의 감정평가는 사업시행인가를 신청하기 이전에 평가하게 되므로 결국 평가가격의 시점은 사업시행인가 고시예정일이 된다.

■ 감정평가기준

  – 용도폐지되는 정비기반시설의 감정평가기준
    정비사업의 시행으로 인하여 용도폐지되는 기반시설은 지목이 대로 바뀔 것이므로 기존의 공공시설부지의 가액은 공공시설상태의 지목으로 평가하는 것이 아니라 대지의 용도로 평가하여야 한다. 즉, 용도폐지될 기반시설은 대지상태의 표준지 공시지가를 적용하여 평가하는 것이다.
  – 새로이 설치할 정비기반시설의 감정평가기준
    정비사업의 시행으로 인하여 새로이 설치할 기반시설의 위치가 현재 대지상태인 경우 이 토지의 평가는 기반시설의 지목으로 평가하는 것이 아니라 대지상태로 평가하여야 한다.

종전 자산평가(기존의 토지 및 건축물에 대한 평가)

종전 자산평가의 기준은 『공익사업을 위한 토지 등의 취득 및 보상에 관한 법률』을 준용하되 관리처분계획수립을 위한 평가인 만큼 적정한 수준을 유지해야 하며, 이러한 종전 자산의 평가액은 주택재개발 정비구역 안의 국·공유 자산의 매각가격의 기준과 미동의자에 대한 협의가격의 기준이 된다.

■ 근거

『도시 및 주거환경정비법』제48조에 의거 종전 자산의 가격은 시장·군수 및 구청장이 추천(2009년 11월 28일부터는 선정·계약)하는 『부동산가격공시 및 감정평가에 관한 법률』에 의한 감정평가업자 2인 이상이 평가한 금액을 산술평균하여 산정하도록 규정하고 있다.

■ 가격시점

종전 자산의 가격은 『도시 및 주거환경정비법』제48조에 의거 사업시행인가의 고시가 있은 날을 기준으로 평가하는데, 이는 정비사업으로 인한 개발이익을 배제하고 평가하기 위해서이다.

■ 면적기준

- 토지의 경우 토지대장, 임야대장, 공유자 연명부, 대지권 등록부 등의 지적공부를 기준으로 하며 토지등기부등본은 제외한다.
- 건축물의 경우 건축물관리대장을 기준으로 하되 법령을 위반한 건축부분의 면적은 제외한다. 다만, 정관에 의할 경우 재산세 과세대장 또는 측량성과를 기준으로 할 수도 있으며, 측량성과는 사실상의 값어치가 있을 경우 가능하다.

■ 소유권기준

- 토지의 경우 등기부등본을 기준으로 하며, 국·공유지는 인정된 점유연고권자를 기준으로 한다.
- 건축물의 경우도 등기부등본을 기준으로 하며, 무허가건축물은 무허가건축물확인원 등을 기준으로 한다.

■ 토지의 평가

- 평가기준
  ① 평가 시 소유자가 생각하고 있는 주관적 가치나 감정을 개입하지 않고 객관적이고 일반적인 이용방법과 상태에 따라 평가하며, 특별한 용도로 사용하는 이용가치 등은 고려하지 않는다.
  ② 지적공부상의 지목에 불구하고 객관적 자료에 의해 판단되는 토지의 현실적인 이용상황에 따라 평가하며 일시적 이용상태는 고려하지 아니한다.
  ③ 재정비사업에 있어서 정비구역으로 지정고시되면 건축물의 증·개축 등 각종 행위가 제한을 받게 되어 정비구역 밖의 인근지역에 비해 노후도가 심하게 되므로 이를 토지소유자가 부담하면 공정하지 않으므로 이러한 감가요인을 배제하고 나지상태로 평가한다.
  ④ 재정비사업이 시행되면 절차가 진행되면서 대부분 가격상승이 발생하나 종전자산의 평가 시 이러한 개발이익을 배제하고 사업시행인가 고시일을 기준으로 평가한다.
- 평가액산정
  토지평가는 개별공시지가가 아닌 표준지공시지가를 사용하여 평가하고 이를 각종 지가변동의 요인을 고려해 수정하기 때문에 정비구역 안에 있는 토지의 평가액은 크게 차이가 나지 않을 확률이 높다.

> 토지평가액＝표준지공시지가×시점수정요인×지역요인×개별요인×기타 요인

각 요인들의 의미는 다음과 같다.
- 시점수정요인 : 공시시점과 평가시점의 지가변동상황을 반영한다.
- 지역요인 : 표준지가 속한 지역과 대상토지가 속한 지역의 우월을 비교하여 지역격차를 보정한다.
- 개별요인 : 표준지와 대상토지의 개별적 특성의 우열을 비교하여 보정한다.
- 기타 요인 : 시점수정요인, 지역요인, 개별요인 외에 지가변동에 영향을 미치는 사항 등을 보정하는 것으로, 표준지가 주변의 정상가격과 차이가 크거나 공시기준일 이후 주변 토지가격이 크게 상승하였음에도 불구하고 지가변동률이 실제 상승률보다 낮게 조사된 경우 등이 있을 수 있다.

■ 건축물의 평가

건축물 종류에 따라 평가방법이 달라지며, 층수나 건축연수에 따라서도 평가방법이 달라진다.
- 단독주택, 사무실 등의 일반건축물의 평가방법
  ① 평가방법은 구조, 시공상태, 관리상태, 이용상황, 부대설비, 개수, 보수의 정도 등을 참작하여 원가법으로 평가하는 것이 원칙이며, 원가법에 의한 평가가 적정하지 아니한 경우에는 거래사례비교법 또는 수익환원법에 의할 수 있다.
  ② 주거용 건축물의 경우 거래사례비교법에 의한 평가액이 원가법보다 크면 거래사례비교법으로 평가할 수 있으나 이 경우에는 개발이익을 고려하여 적정하게 감액하여 평가하여야 한다.
- 아파트, 연립주택, 다세대주택 등 구분건축물의 평가방법
  단독주택, 사무실 등의 일반건축물과는 달리 토지와 건축물을 일체로 하여 거래사례비교법으로 평가하는 것이 원칙이나 거래사례비교법에 의한 평가가 적정하지 아니한 경우에는 원가법 또는 수익환원법에 의할 수 있다.
- 구분건축물과 단독주택이 혼재된 경우의 평가방법
  구분건축물과 단독주택 등의 가격결정에 대하여 상대적으로 과소평가되지 않도록 평가한다.
- 무허가건축물의 평가방법
  ① 각 시도별 「도시 및 주거환경정비 조례」에 의한 기존 무허가건축물의 경우 그 감정평가액을 권리가액 산정 시 포함시킨다.

② 신발생 무허가건축물의 경우 권리가액 산정대상에 포함시키지 않는다.
- 불법건축물의 평가방법
  불법건축물은 원칙상 감정평가대상이 아니다.
- 가설건축물의 평가방법
  적법한 절차에 따라 허가 또는 신고를 하였고 사업시행인가 전에 축조된 가설건축물이라 하더라도 평가나 보상의 대상이 되지 않는다.

종후 자산평가(분양예정 대지 또는 분양건축물 가격평가)

종후 자산의 감정평가대상 물건은 『도시 및 주거환경정비법』 제48조 규정에 의한 분양예정인 대지와 건축물이다. 하지만 종후 자산을 감정평가하는 시점에서는 건축물이 실제로 존재하지 아니하므로 사업시행인가를 받은 설계도서를 기준으로 새로이 건설할 건축물이 준공된 상태를 가정하여 감정평가를 하게 된다.

■ 근거

『도시 및 주거환경정비법』 제48조에 의거 종후 자산의 가격은 종전 자산과 마찬가지로 시장·군수 및 구청장이 추천(2009년 11월 28일부터는 선정·계약)하는 『부동산가격공시 및 감정평가에 관한 법률』에 의한 감정평가업자 2인 이상이 평가한 금액을 산술평균하여 산정하도록 규정하고 있다.

■ 가격시점

종후 자산의 가격시점에 대해서는 법률에서 정한 바가 없어 「감정평가에 관한 규칙」에 의거 대상물건의 가격조사를 완료한 일자를 가격시점의 기준으로 하고 있으며, 일반적으로 관리처분계획기준일을 적용한다. 관리처분계획기준일이란 『도시 및 주거환경정비법』 제46조 규정에 의한 분양신청기간이 만료되는 날을 말한다.

■ 분양예정 대지 및 건축물의 추산액

- 원가산출
  ① 분양예정 대지가격 = {종전 자산평가액×시점수정요인}
                        + {대지조성비(토지+공통부분 중 토지분)×효용증가율}
  ② 신축시설 추산액
  ③ 건물부분 귀속원가 및 공통부분 중 건물귀속분
  ④ 기타 세부사항에 대한 원가산출

– 평균분양단가 산정
– 평형별·층별 가격산정
– 대상 부동산아파트 분양가산정

■ 평가방법

– 공동주택(아파트)
① 재개발사업의 경우 분양예정인 대지 또는 건축물의 가격은 각 시·도별 조례가 정하는 기준에 따르되 사업시행자가 제시한 원가산출근거를 기준으로 분양예정인 대지 또는 건축물의 가격을 평가하는 경우에 있어서는 인근지역이나 동일수급권 안의 유사지역에 있는 유사물건에 대한 분양·거래·평가 사례 및 수요를 감안한 적정한 가격으로 평가가격을 결정할 수 있다.
② 재건축사업의 경우 분양예정인 대지 또는 건축물의 가격은 총사업비 등 원가를 고려하되 인근지역이나 동일수급권 안의 유사지역에 있는 유사물건에 대한 분양·거래·평가 사례 및 수요를 감안한 적정한 가격으로 평가한다.
– 상가 등 부대·복리시설
① 공동주택을 제외한 상가, 유치원, 주민운동시설 등 기타 분양예정자산에 대한 감정평가방법은 별도의 규정이 없으므로 감정평가 일반원칙에 의하여 평가한다.
② 상가 등 복리시설의 감정평가는 일반적으로 거래사례비교법에 의하고, 원가법에 의해 감정평가가격을 검토한 후 시산가격을 조정한다.

미동의자에 대한 수용평가

미동의자의 물건에 대해 소정의 절차를 거쳐 수용하기 위해 감정평가를 실시한다.

■ 수용평가의 종류

– 협의보상을 위한 감정평가
– 재결보상을 위한 감정평가
① 수용재결　　　　　② 이의재결
– 소송평가를 위한 감정평가

■ 수용절차

감정평가 후 미동의 소유자와 조합 간에 보상금지급 및 소유권이전에 대한 협의를 진행하고 협의가 성립되지 않을 경우 소정의 절차를 거쳐 지방토지수용위원회에 수용재결을 신청하게 된다.

지방토지수용위원회의 수용재결에 불복하고자 하는 미동의 소유자 및 조합은 소정의 절차를 거쳐 중앙토지수용위원회에 이의재결을 신청하고 중앙토지수용위원회의 이의재결에도 불복하는 경우에는 행정소송으로 이어지게 된다.

■ 보상액산정의 가격시점

- 협의에 의한 경우 협의성립 당시의 가격을 기준으로 한다. 가격시점은 다른 법률에 특별한 규정이 없는 한 보상평가지침에 따라 평가를 위한 현황조사 및 가격조사가 완료된 날을 기준으로 하여야 하나 대법원의 판결에 의하면 보상협의가 성립된 시점이 된다.
- 재결에 의한 경우 수용 또는 사용의 재결 당시의 가격을 기준으로 한다.

■ 수용평가방법

- 토지 등의 평가방법
  미동의자의 물건을 수용하기 위해 실시하는 감정평가는 종전 자산평가방법과 동일하다.
- 건축물 등 지장물의 평가방법
  건축물, 입목, 공작물, 기타 토지에 정착한 물건 등의 지장물에 대해서는 이전에 필요한 비용으로 보상하여야 하나, 건축물의 경우 이전비를 보상하고 이전시킬 수 있는 방법이 거의 없어 대부분 취득가격으로 평가하게 된다.
  『공익사업을 위한 토지 등의 취득 및 보상에 관한 법률』 제75조에 의거 다음에 해당하는 경우에는 당해 물건의 가격으로 보상하여야 한다.
  ① 건축물 등 지장물의 이전이 어렵거나 그 이전으로 인하여 건축물 등 지장물을 종래의 목적대로 사용할 수 없게 되는 경우
  ② 건축물 등 지장물의 이전에 필요한 비용이 그 물건의 가격을 넘는 경우
  ③ 사업시행자가 공익사업에 직접 사용할 목적으로 취득하는 경우

종전 자산평가 시 영업손실에 대한 부분이나 조경수 등의 수목도 감정평가대상이 되는지요?

조합원들이 현재 소유하고 있는 토지와 건축물 이외에 상가영업권이나 조경석, 수목, 구축물 등도 종전 자산평가의 대상에 해당될 수 있습니다.

그러나 『도시 및 주거환경정비법』과 각 시·도별 조례, 국토해양부에서 고시한 조합의 표준정관에서는 종전 자산평가대상을 토지와 건축물로 한정하고

있으므로 조합에서 별도로 정관에 명시하거나 조합총회의 결의를 거쳐 감정평가를 요청하지 않으면 상가영업권이나 조경석, 수목, 구축물 등에 대해 감정평가를 할 수 없습니다.

종전 자산의 토지에 건축물·입목·공작물, 그 밖에 기타 토지에 정착한 건축물과 지장물 등의 물건이 있는 경우에는 감정평가방식은 어떻게 되는지요?

종전 자산평가 시 토지에 물건이 있는 경우 그 토지와 건축물 등을 각각 평가하여야 합니다.

일반적으로 부동산거래 시 토지와 건축물이 함께 거래되고 있습니다. 이 경우에도 토지와 건축물을 각각 평가하는지요?

토지와 건축물이 함께 거래되는 경우에는 그 건축물 등을 토지와 함께 평가하고 그 내용을 평가서에 기재하여야 할 것입니다.

종전 토지를 공시지가로 감정평가하면 재개발을 통해 정비사업을 할 이유가 없다고 생각합니다. 종전 토지를 감정평가할 때 공시지가로 하는지요?

토지의 감정평가는 개별공시지가가 아닌 표준지공시지가를 기준으로 합니다. 그러나 표준지공시지가에 여러 가지 가격상승요인을 고려하여 감정평가액을 결정하므로 종전 토지의 감정평가액이 공시지가와 같은 수준으로 산정되는 것은 아니며 일반적으로 공시지가의 20~30% 정도 더 산정됩니다.

감정평가 시 토지면적이나 토지지분이 크고 작음에 따라 감정평가가 달라지는지요?

　　토지의 감정평가는 표준지공시지가를 기준으로 산정하되, 여러 가지 가격상 승요인을 고려하여 평가액을 결정하는 것으로, 단지 토지면적이나 지분의 크기만을 기준으로 감정평가를 하지는 않습니다.

조합원들이 부담금을 낮추기 위해 종전 자산의 감정평가액을 높게 받아야 한다고 주장합니다. 종전 자산감정평가액이 높으면 조합원부담금이 낮아지는지요?

　　종전 자산감정평가액이 높다고 해서 조합원부담금이 낮아지는 것은 아닙니다. 조합원부담금은 총분양수입에서 총사업비를 제외한 사업수익으로 결정되므로, 조합원부담금은 종전 자산평가액이 아닌 일반분양수입에 의해 좌우됩니다.

　　종전 자산감정평가액은 조합원의 입장에서 볼 때 창출되는 개발이익을 배분하는 비율에 불과하므로 종전 자산감정평가액이 높은지 낮은지보다는 각 조합원별 종전 자산 감정평가액의 편차와 균형이 적정한지에 관심을 가져야 할 것입니다.

정비구역 안의 국·공유지를 점유하고 있는 조합원의 점유면적도 종전 자산에 포함되는지 아니면 종후 자산평가에 포함되는지요?

　　정비구역 안에서 조합원이 점유하고 있는 국·공유지 점유면적도 조합원의 종전 자산에 포함이 됩니다. 그러나 국·공유지를 조합원이 점유하고 있다 하더라도 점유조합원이 소유자가 아니므로 조합원의 종후 자산감정평가액에 포함되지는 아니합니다.

주택재건축사업의 감정평가업자도 시장·군수 및 구청장에서 추천하여야 하는지요?

　　『도시 및 주거환경정비법』 제48조에 의하면 주택재개발사업의 경우 감정평가업자를 시장·군수 및 구청장이 추천(2009년 11월 28일부터는 선정·계약)하도록 강제하고 있으나 주택재건축사업에 대해서는 주택재개발사업의 경우를 준용할 수 있다라고 규정하고 있을 뿐 강제규정이 아닌 임의규정이므로 사업시행자가 감정평가업자를 선정할 수 있습니다. 아울러 주택재개발사업과 도시환경정비사업의 경우 2009년 11월 28일부터는 시장·군수 및 구청장이 선정·계약한 감정평가업자 2인 이상이 평가한 금액을 산술평균하여 산정하여야 합니다.

❚ 도시정비사업 감정평가 용도 및 근거 ❚

구 분	용도(목적)	대상 물건	근거법규
무상귀속·무상 양여를 위한 평가	정비기반시설의 무상귀속 및 무상양도	용도 폐지 및 신규 설치 정비기반시설	도정법 제30조 도정법령 제44조
국공유지 처분(매각) 평가	국공유지 처분(매각)가격 산정	처분(매각) 대상 국공유지	도정법 제66조
종전 자산평가	조합원의 권리가액(비율) 결정	조합원 소유 토지·건축물	도정법 제48조
종후 자산 (분양시설) 평가	분양가 결정	아파트, 상가 등 분양예정자산	도정법 제48조
수용(보상)을 위한 평가	재개발사업 미동의자 소유자산 수용	재개발사업 미동의자 소유의 토지·건축물	도정법 제38조
매수청구 평가	재건축사업 미동의자 소유자산 매수	재건축사업 미동의자 소유 토지·건축물	도정법 제39조
현금청산을 위한 평가	조합설립인가 후 토지·건물 양수자로서 조합원 자격취득 불가자 소유자산 매수	조합원 자격취득 불가자 소유 토지·건축물	도정법 제19조
	분양 미신청·철회 조합원 소유 자산 매수	분양 미신청·철회 조합원 소유 토지·건축물	도정법 제47조
소유자 확인 곤란 부동산의 처분을 위한 평가	소유자 확인 곤란 부동산의 매수를 위한 법원 공탁금 산정	소유자 확인 곤란 토지·건축물	도정법 제45조
택지비 평가	일반분양아파트의 분양가 산정	일반분양아파트 택지	주택법 제38조의2
법인세 과표산정을 위한 현물출자 자산 평가	재건축사업 수익에 대한 법인세 과표산정을 위한 현물출자 자산 가격 산정	조합원이 조합에 현물출자한 토지·건축물	국세청 예규
재건축부담금 산정을 위한 평가	재건축부담금 산정을 위한 개시시점 및 종료시점의 주택가격 산정	개시시점 및 종료시점의 주택	재건축 초과이익환수에 관한 법률 제9조
기반시설부담금 산정을 위한 평가	기반시설부담금 공제액 산정을 위한 정비기반시설부지 가격 산정	정비기반시설 부지	기반시설부담금에 관한 법률 제8조, 영 제7조

1. 이 외에도 이주비 대출을 위한 평가, 협의매수를 위한 평가, 일조권 침해 등에 의한 손실액 산정을 위한 감정평가 등이 있다.
2. 위 표에서 도정법이란 『도시 및 주거환경정비법』을 말한다.

WINWIN

각종 서식

누구나 알아야 한다 모르면 손해

각종 서식

[별지 제1호 서식] 〈개정 2009.8.13〉   (앞쪽)

안전진단 요청서

<table>
<tr><td colspan="4" rowspan="4">신
청
인</td><td>추진위원회의 명칭</td><td colspan="3"></td><td>조합설립추진위원회</td></tr>
</table>

처리기한
30일

신청인	추진위원회의 명칭					조합설립추진위원회
	대표자	성 명		생년월일		
		주 소		(전화) –		
	주된 사무소의 소재지			(전화) –		

기존 건축물					
대지위치					
사업계획승인일			사용검사일		
착공일			준공일		
설계자			시공자		
대지면적		m²	건축면적		m²
연면적		m²	용적률		%
동 수			세대수		
구조방식			난방방식		

동 고유번호	동 명칭 및 번호	연면적 (㎡)	동 고유번호	동 명칭 및 번호	연면적 (㎡)

신청사유

『도시 및 주거환경정비법』 제12조 제1항 및 같은 법 시행규칙 제5조에 따라 위와 같이 안전진단을 신청합니다.

년   월   일

신청인 대표   (서명 또는 인)

시장 · 군수 · 구청장 귀하

※ 첨부서류
1. 사업지역 및 주변지역의 여건 등에 관한 현황도
2. 결함부위의 현황사진

210mm×297mm[일반용지 60g/㎡(재활용품)]

이 신청서는 다음과 같이 처리됩니다.

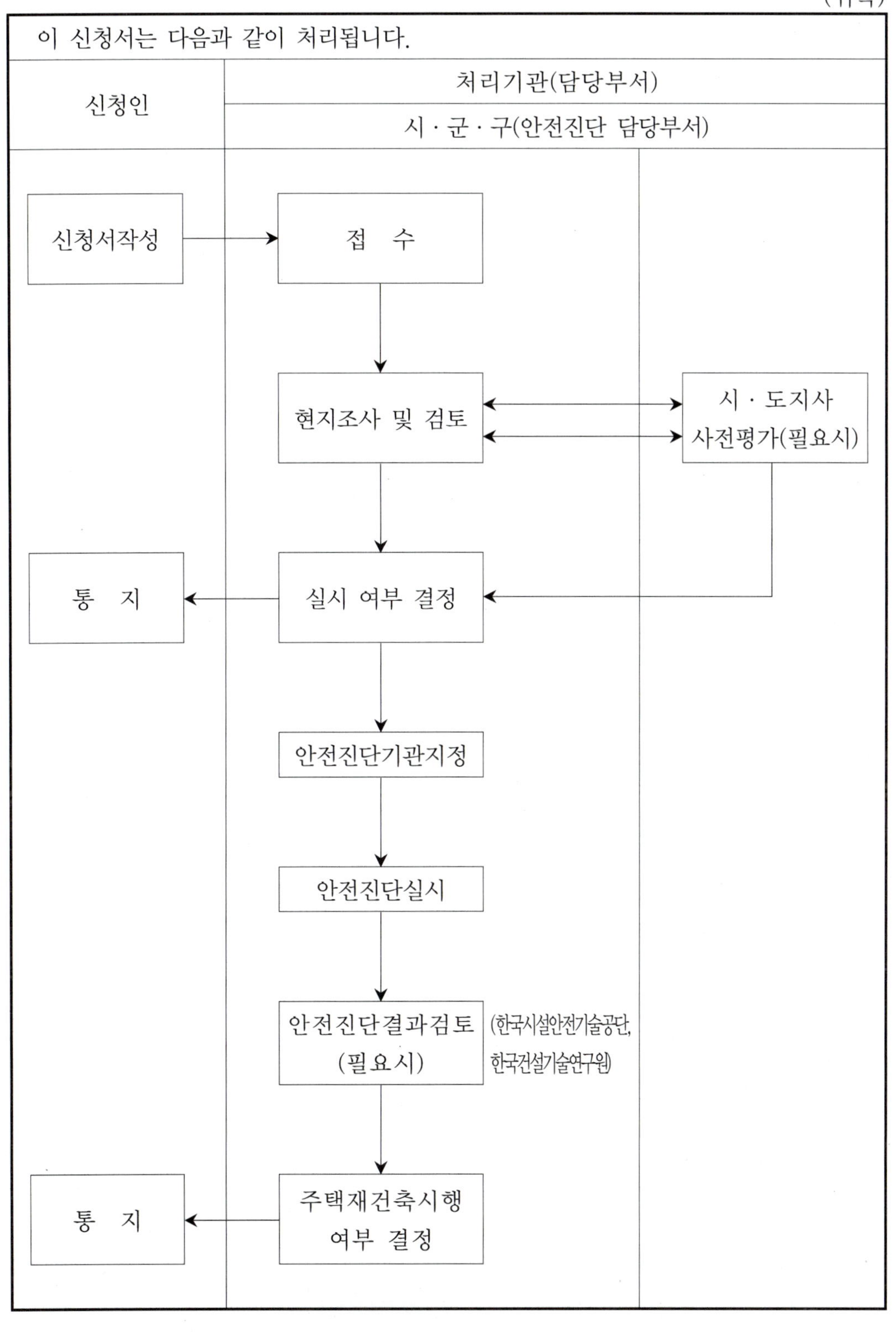

[별지 제2호 서식] 〈개정 2009.8.13〉 (앞쪽)

조합설립추진위원회 승인신청서

	처리기한
	30일

사업구분	□ 주택재건축사업　　□ 도시환경정비사업 □ 주택재개발사업		

신청인	추진위원회의 명칭		조합설립추진위원회(가칭)
	대표자	성 명		생년월일	
		주 소		(전화 :　　　　　　　)

추진 위원회 설립 내역	설립 목적		사업시행을 위한 조합설립
	주된 사무소의 소재지		(전화 :　　　　　　　)
	사업시행 예정구역	구역명칭	구역면적　　　　　(㎡)
		위 치	

동의 사항	토지등 소유자 수	명 (토지소유자 :　　　　　　명) (건축물소유자 :　　　　　명) (지상권자 :　　　　　　　명) (주택 및 토지소유자 :　　　명) (부대·복리시설 및 토지소유자 :　　명)	동의율	% (동의자 수 / 토 지등소유자 수)

『도시 및 주거환경정비법』 제13조 제2항에 따라 위와 같이 조합설립추진위원회의 설립 승인을 신청합니다.

　　　　　　　　　　　　　　　　　　　　　　　년　　　　　월　　　　　일

　　　　　　　　　　　　　　신청인 대표　　　　　　　(서명 또는 인)

시장·군수·구청장 귀하

※ 첨부서류	수수료
1. 토지등소유자의 명부 2. 토지등소유자의 동의서 3. 위원장 및 위원의 주소 및 성명 4. 위원선정을 증명하는 서류	없 음

210mm×297mm[일반용지 60g/m² (재활용품)]

이 신청서는 다음과 같이 처리됩니다.

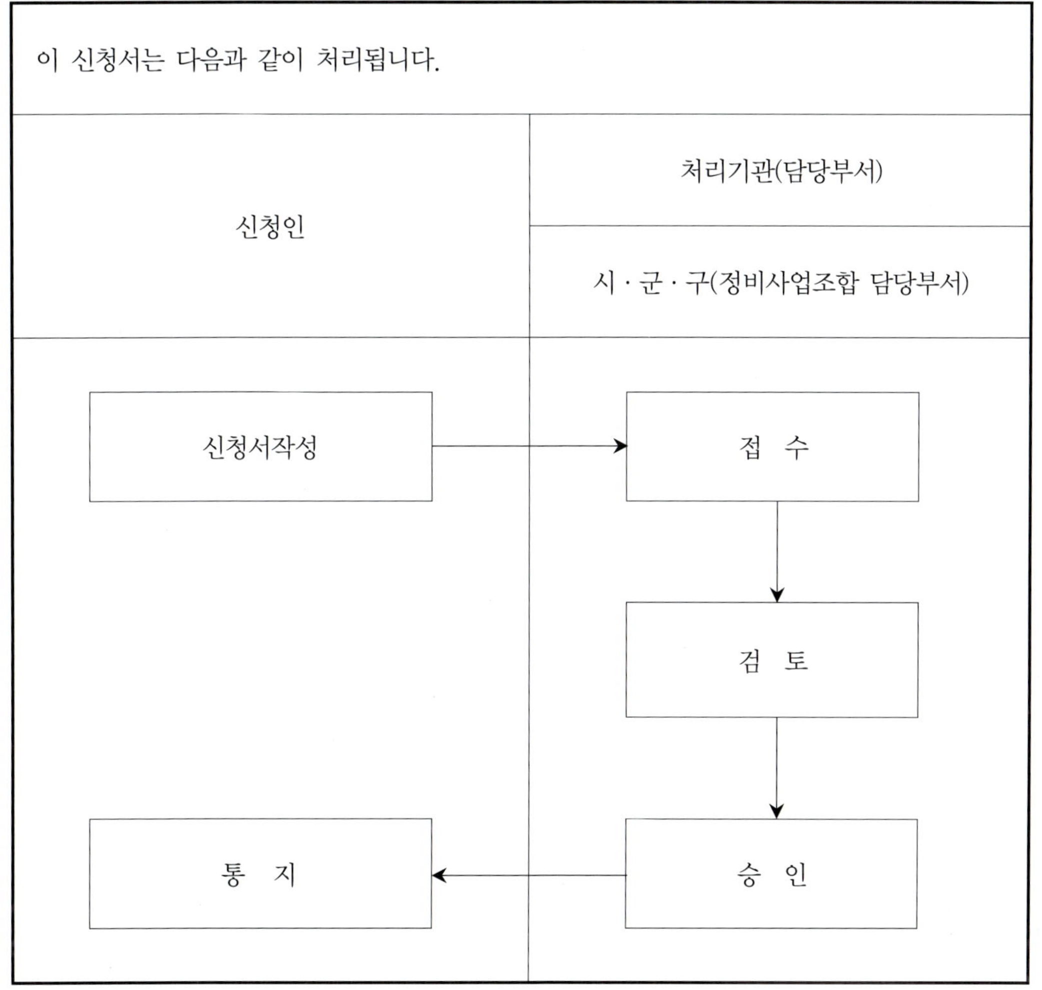

<table>
<tr><td rowspan="2" colspan="2">정비사업조합 설립추진위원회
설립동의서</td><td>행정기관에서
부여한 연번범위</td><td></td></tr>
<tr><td>연 번</td><td>/</td></tr>
</table>

1. 소유자 인적사항

성 명		생년월일	–
주민등록상 현주소		전화번호	( ) –

2. 동 의 : 아래사항에 대하여 동의함

년 월 일

동의자 : (인) 인감날인

※ 주의사항 : 동의사항을 공란으로 두고 동의를 얻을 경우『도시 및 주거환경정비법 시행령』제21조의2를 위반한 것이므로, 동의를 받으려는 자는 반드시 동의사항을 미리 쓰고, 동의자는 동의사항이 적혀 있는지 여부를 확인한 후 날인하여야 함

3. 동의사항

가. 추진위원회 명칭 : ○○○주택재건축/주택재개발/도시환경정비사업조합설립추진위원회

나. 추진위원회 구성 (※ 공란으로 두고 동의를 얻을 수 없음)

직 책	성 명	생년월일	주 소
위원장			
감 사			
부위원장			
추진위원			

210mm×297mm[일반용지 60g/m^2(재활용품)]

다. 추진위원회 업무

  (1) 정비사업전문관리업자의 선정

  (2) 개략적인 사업시행계획서의 작성

  (3) 조합의 설립인가를 받기 위한 준비업무

  (4) 조합정관 초안 작성

  (5) 조합설립을 위한 토지등소유자의 동의서 징구

  (6) 조합의 설립을 위한 창립총회의 개최

라. 운영규정 : 별첨

4. 동의내용

  가. 본인은 동의서에 날인하기 전에 동의서를 얻으려는 자로부터 다음 각 호의 사항을 사전에 충분히 설명·고지 받았음

    (1) 본 동의서의 제출 시 『도시 및 주거환경정비법』 제13조 제3항에 따라 조합설립에 동의한 것으로 의제된다는 사항

    (2) 본 동의서를 제출한 경우에도 조합설립에 반대하고자 할 경우 『도시 및 주거환경정비법 시행령』 제28조 제4항에 따라 조합설립인가 신청 전에 반대의 의사표시를 함으로써 조합설립에 동의한 것으로 의제되지 않도록 할 수 있음과 반대의 의사표시의 절차에 관한 사항

  나. 본인은 제3호 동의사항(추진위원회 명칭, 구성, 업무, 운영규정)이 빠짐없이 기재되어 있음을 확인하고 충분히 숙지하였으며, 기재된 바와 같이 추진위원장, (부위원장), 감사 및 추진위원으로 하여 ○○○주택재건축/주택재개발/도시환경정비사업조합설립추진위원회를 구성하고 동 추진위원회가 제3호 다목의 업무를 추진하는 데 동의함

5. 소유권 현황

※ 주택재건축사업인 경우

소유권 위치	동 호, 상가 번지 동 호 아파트		
등기상 건축물지분(면적)	m²	등기상 대지지분(면적)	m²

※ 주택재개발/도시환경정비사업인 경우

권리 내역		소재지(공유 여부)	면적(m²)
	토 지	(계 필지)	
		( )	
		( )	
		( )	
	건축물	소재지(허가 유무)	동 수
		( )	
		( )	
		( )	
	지상권 (건축물 외의 수목 또는 공작물의 소유목적)	설정 토지	지상권의 내용

※ 첨부: 토지등소유자 인감증명서 1통(사용용도 : 조합설립추진위원회 동의용)

(   )주택재개발정비사업

(   )도시환경정비사업   조합설립추진위원회 귀중

(   )주택재건축정비사업

<table>
<tr><td rowspan="2">□ 주택재개발사업
□ 도시환경정비사업</td><td rowspan="2">조합 설립(변경)인가 신청서</td><td>처리기한</td></tr>
<tr><td>30일</td></tr>
</table>

신청인	조합명칭		주택재개발(도시환경정비)사업조합(가칭)			
	대표자	성 명		생년월일		
		주 소		(전화 :)		
조합 설립 내역	설립목적		주택재개발(도시환경정비)사업의 시행			
	주된 사무소의 소재지		(전화 :)			
	사업시행 예정구역	구역명칭		구역	구역면적	(㎡)
		위 치				
	조합원 수	명	사업시행인가 신청예정시기	구역지정 고시일(년 월 일) 부터 ( ) 이내		
동의 사항	토지등소 유자 수	(토지소유자 : 명 (건축물소유자 : 명) (지상권자 : 명)		동의율	% (동의자 수 / 토지등소유자 수)	
정비사업 전문관리업자	명 칭			대표자		
	주된 사무소의 소재지		(전화 :)			

『도시 및 주거환경정비법』 제16조 제1항에 따라 위와 같이 주택재개발사업·도시환경정비사업조합 설립(변경)인가를 신청합니다.

년   월   일

신청인 대표   (서명 또는 인)

시장·군수·구청장 귀하

※ 첨부서류	수수료
1. 설립인가의 경우	없 음

　가. 조합정관
　나. 조합원명부(조합원자격을 증명하는 서류를 첨부합니다)
　다. 토지등소유자의 조합설립동의서 및 동의사항을 증명하는 서류
　라. 창립총회 회의록(총회참석자 연명부를 포함합니다)
　마. 토지·건축물 또는 지상권이 여러 명의 공유에 속하는 경우에는 그 대표자의 선임동의서
　바. 창립총회에서 임원·대의원을 선임한 경우에는 선임된 자의 자격을 증명하는 서류
　사. 주택건설 예정세대수, 주택건설 예정지의 지번·지목 및 등기명의자, 도시관리계획상의 용도지역, 대지 및 주변현황을 적은 사업계획서(주택재개발사업인 경우만 해당합니다)
　아. 건축계획, 주택예정지의 지번·지목 및 등기명의자, 도시관리계획상의 용도지역, 대지 및 주변현황을 기재한 사업계획서(도시환경정비사업인 경우만 해당합니다)
　자. 그 밖에 특별시·광역시 또는 도의 조례가 정하는 서류
　2. 변경인가의 경우 : 변경내용을 증명하는 서류

210mm×297mm[일반용지 60g/㎡(재활용품)]

이 신청서는 다음과 같이 처리됩니다.

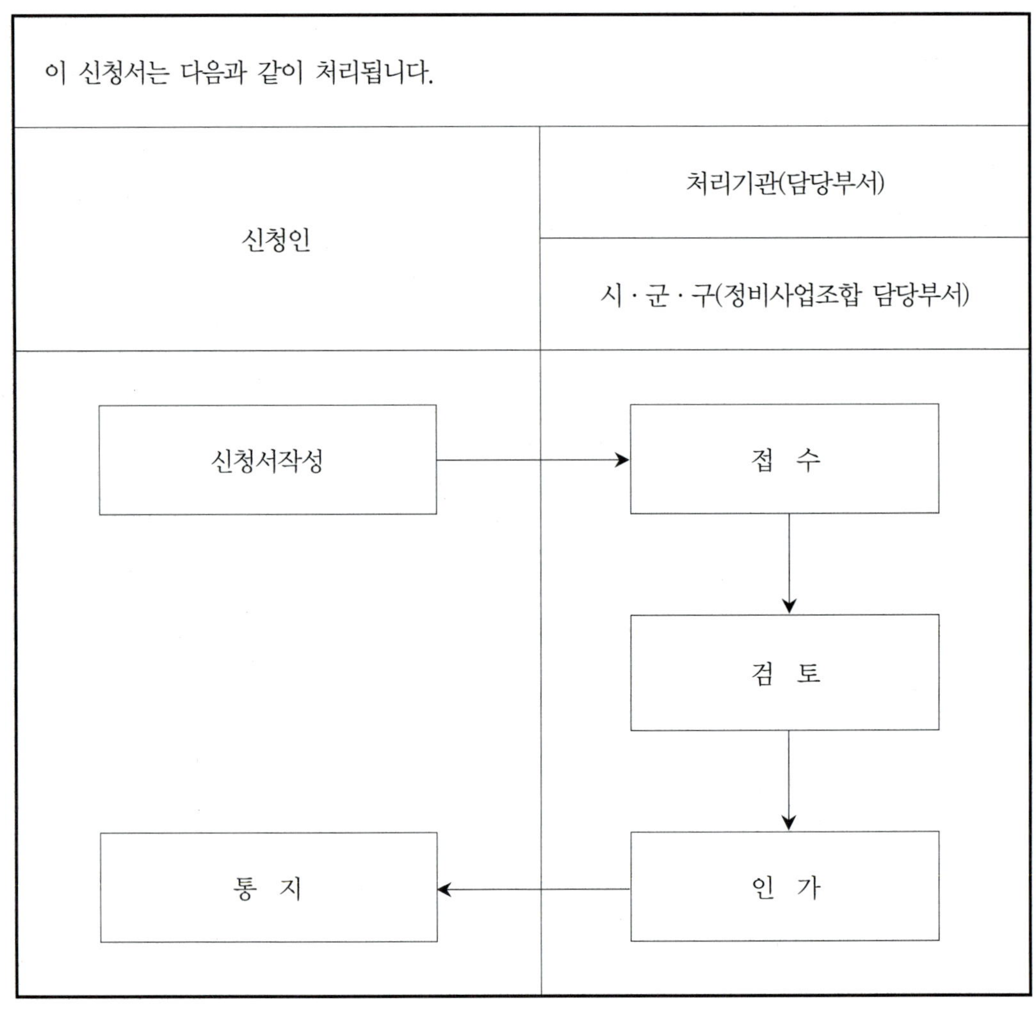

<table>
<tr><td colspan="6"><h1>주택재건축정비사업조합 설립(변경)인가 신청서</h1></td><td>처리기한
30일</td></tr>
<tr><td rowspan="3">신청인</td><td colspan="2">조합명칭</td><td colspan="4">주택재건축정비사업조합(가칭)</td></tr>
<tr><td rowspan="2">대표자</td><td>성 명</td><td></td><td>생년월일</td><td></td></tr>
<tr><td>주 소</td><td colspan="4">(전화 :)</td></tr>
<tr><td rowspan="7">조합
설립
내역</td><td colspan="2">설립목적</td><td colspan="4">주택재건축정비사업의 시행</td></tr>
<tr><td colspan="2">주된 사무소의
소재지</td><td colspan="4">(전화 :)</td></tr>
<tr><td rowspan="2">사업시행
예정구역</td><td>구역명칭</td><td></td><td>구역</td><td>구역면적</td><td>(㎡)</td></tr>
<tr><td>위 치</td><td colspan="4"></td></tr>
<tr><td>조합원 수</td><td>명</td><td>사업시행인가
신청예정시기</td><td colspan="3">구역지정 고시일(년 월 일) 또는 조합설립
인가신청일(년 월 일) 부터 ( ) 이내</td></tr>
<tr><td rowspan="2">동의
사항</td><td>토지등소
유자 수</td><td colspan="2">(토지소유자 : 명
(건축물소유자 : 명)
(주택 및 토지소유자 : 명)
(부대·복리시설 및 토지소유자 : 명)</td><td>동의율</td><td>%
(동의자 수 / 토
지등소유자 수)</td></tr>
<tr><td colspan="5"></td></tr>
<tr><td colspan="2">정비사업
전문관리업자</td><td>명 칭</td><td></td><td>대표자</td><td></td></tr>
<tr><td colspan="2"></td><td colspan="2">주된 사무소의 소재지</td><td colspan="2">(전화 :)</td></tr>
</table>

『도시 및 주거환경정비법』 제16조 제2항 및 제3항에 따라 위와 같이 주택재건축정비 사업 조합 설립(변경)인가를 신청합니다.

년 월 일

신청인 대표 (서명 또는 인)

시장·군수·구청장 귀하

※ 첨부서류	수수료
1. 설립인가의 경우	없 음

　 가. 조합정관
　 나. 조합원명부(조합원자격을 증명하는 서류를 첨부합니다)
　 다. 토지등소유자의 조합설립동의서 및 동의사항을 증명하는 서류
　 라. 창립총회 회의록(총회참석자 연명부를 포함합니다)
　 마. 토지·건축물 또는 지상권이 여러 명의 공유에 속하는 경우에는 그 대표자의 선임동의서
　 바. 창립총회에서 임원·대의원을 선임한 경우에는 선임된 자의 자격을 증명하는 서류
　 사. 주택건설 예정세대수, 주택건설 예정지의 지번·지목 및 등기명의자, 도시관리계획
　　　 상의 용도지역, 대지 및 주변현황을 적은 사업계획서
　 아. 그 밖에 특별시·광역시 또는 도의 조례가 정하는 서류

 2. 변경인가의 경우 : 변경내용을 증명하는 서류

210mm×297mm[일반용지 60g/m² (재활용품)]

이 신청서는 다음과 같이 처리됩니다.

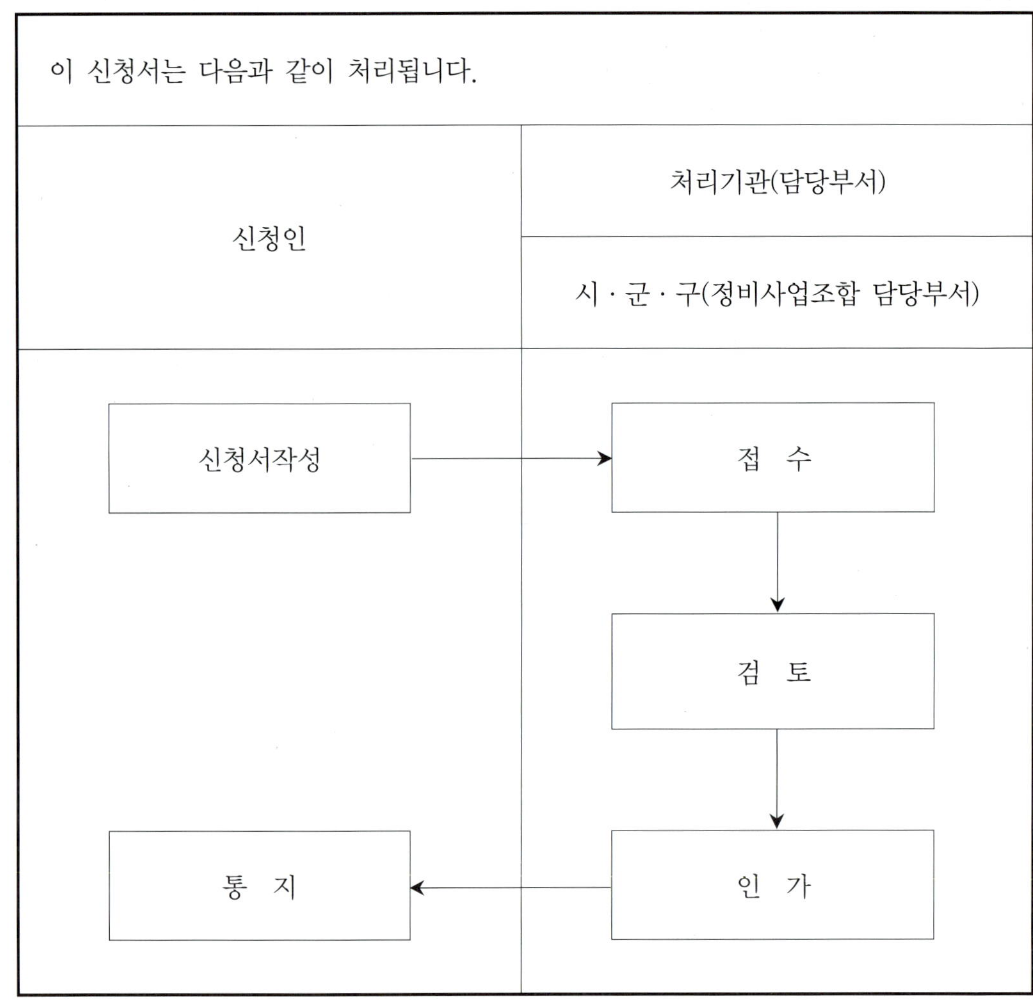

<table>
<tr><td colspan="2" style="text-align:center">□ 주택재개발사업
□ 도시환경정비사업</td><td style="text-align:center">조합 설립동의서</td></tr>
</table>

Ⅰ. 동의자 현황

1. 인적사항

성 명		생년월일	
주민등록상 현주소		전화번호	( ) －

2. 소유권 현황

권리 내역	토지 (총　　필지)	소재지(공유 여부)	면적(m²)
		( )	
		( )	
		( )	

권리 내역	건축물	소재지(허가 유무)	동 수
		( )	
		( )	
		( )	
	지상권(건축물 외의 수목 또는 공작물의 소유 목적으로 설정한 권리를 말합니다)	설정 토지	지상권의 내용

Ⅱ. 동의 내용

1. 조합설립 및 정비사업 내용

가. 신축건축물의 설계개요

대지면적 (공부상 면적)	건축연면적	규 모	비 고
m²	m²		

나. 건축물철거 및 신축비용 개산액

철거비	신축비	그 밖의 사업비용	합 계

다. 나목에 따른 비용의 분담

1) 조합정관에 따라 경비를 부과·징수하고, 관리처분 시 가청산하며, 조합청산 시 청산금을 최종 확정한다.

2) 조합원 소유자산의 가치를 조합정관이 정하는 바에 따라 산정하여 그 비율에 따라 비용을 부담한다.

3) 분양대상자별 분담금 추산방법(예시)

분양대상자별 분담금 추산액=분양예정인 대지 및 건축물의 추산액−(분양대상자별 종전의 토지 및 건축물의 가격×비례율[*])

　* 비례율=(사업완료 후의 대지 및 건축물의 총수입−총사업비)/종전의 토지 및 건축물의 총가액

라. 신축건축물 구분소유권의 귀속에 관한 사항

※ 개별 정비사업의 특성에 맞게 정합니다. 다만, 신축건축물의 배정은 토지소유자의 의사가 최대한 반영되도록 하되, 같은 면적의 주택분양에 경합이 있는 경우에는 종전 토지 및 건축물의 가격 등을 고려하여 우선순위를 정하거나 추첨에 따르는 등 구체적인 배정방법을 정하여 향후 관리처분계획을 수립할 때 분양면적별 배분의 기준이 되도록 합니다.

(예시)

1) 사업시행 후 분양받을 주택 등의 면적은 분양면적(전용면적+공용면적)을 기준으로 하고, 대지는 분양받은 주택 등의 면적 비례에 따라 공유지분으로 분양한다.

2) 조합정관에서 정하는 관리처분계획에 관한 기준에 따라 주택을 소유한 조합원의 신축건축물에 대한 분양면적결정은 조합원의 신청규모를 우선적으로 고려하되, 같은 규모에서 경합이 있는 경우에는 종전 토지 및 건축물의 가격이 높은 순서에 따르고, 동·호수는 전산추첨으로 결정한다.

3) 조합원에게 우선분양하고 남는 잔여주택 및 상가 등 복리시설은 관계법령과 조합정관이 정하는 바에 따라 일반분양한다.

4) 토지는 사업완료 후 지분등기하며 건축물은 입주조합원 각자 보존등기한다.

2. 조합장선정 동의

본 조합의 대표자(조합장)는 조합원총회에서 조합정관에 따라 선출된 자로
한다.

3. 조합정관 승인

『도시 및 주거환경정비법』 제16조에 따라 정비사업조합을 설립할 때 그 조
합정관을 신의성실의 원칙에 따라 준수하며, 조합정관이 정하는 바에 따라
조합정관이 변경되는 경우 이의 없이 따른다.
* 조합정관 간인은 임원 및 감사 날인으로 대체한다.

4. 정비사업 시행계획서

(　　)주택재개발사업·도시환경정비사업조합 설립추진위원회에서 작성한 정
비사업 시행계획서와 같이 주택재개발사업·도시환경정비사업을 한다.

위와 같이 본인은 (　　)주택재개발사업·도시환경정비사업시행구역의 토지
등소유자로서 위의 동의내용을 숙지하고 동의하며, 『도시 및 주거환경정비
법』 제16조 제1항에 따른 조합의 설립에 동의합니다. 또한, 위의 조합설립
및 정비사업내용은 사업시행인가내용, 시공자 등과의 계약내용 및 제반사업
비의 지출내용에 따라 변경될 수 있으며, 그 내용이 변경됨에 따라 조합원
청산금 등의 조정이 필요할 경우 『도시 및 주거환경정비법』 및 같은 법 시
행령에서 정하는 변경절차를 거쳐 사업을 계속 추진하는 것에 동의합니다.

년　　　　월　　　일

위 동의자 :　　　　　　　　　　(인) 인감날인

(　　)주택재개발정비사업
(　　)도시환경정비사업　조합 설립추진위원회 귀중

주택재건축정비사업조합 설립동의서

Ⅰ. 동의자 현황

1. 인적사항

성 명		생년월일	
주민등록상 현주소		전화번호	( ) －

2. 소유권 현황

소유권 위치	(단독주택) (아파트·연립주택) (상가)		번지 통 반 동 호 동 호
등기상 건축물 지분(면적)	m^2	등기상 대지 지분(면적)	m^2

Ⅱ. 동의내용

1. 조합설립 및 정비사업 내용

가. 신축건축물의 설계개요

대지면적 (공부상 면적)	건축연면적	규 모	비 고
m^2	m^2		

나. 건축물철거 및 신축비용 개산액

철거비	신축비	그 밖의 사업비용	합 계

다. 나목에 따른 비용의 분담

1) 조합정관에 따라 경비를 부과·징수하고, 관리처분 시 가청산하며, 조합 청산 시 청산금을 최종 확정한다.

2) 조합원 소유자산의 가치를 조합정관이 정하는 바에 따라 산정하여 그 비율에 따라 비용을 부담한다.

3) 분양대상자별 분담금 추산방법(예시)

분양대상자별 분담금 추산액＝분양예정인 대지 및 건축물의 추산액－(분
양대상자별 종전의 토지 및 건축물의 가격
×비례율*)

* 비례율＝(사업완료 후의 대지 및 건축물의 총수입－총사업비) / 종전의
토지 및 건축물의 총가액

라. 신축건축물 구분소유권의 귀속에 관한 사항

※ 개별 정비사업의 특성에 맞게 정합니다. 다만, 신축건축물의 배정은 토지
소유자의 의사가 최대한 반영되도록 하되, 같은 면적의 주택분양에 경합
이 있는 경우에는 종전 토지 및 건축물의 가격 등을 고려하여 우선순위
를 정하거나 추첨에 따르는 등 구체적인 배정방법을 정하여 향후 관리처
분계획을 수립할 때 분양면적별 배분의 기준이 되도록 합니다.

(예시)

1) 사업시행 후 분양받을 주택 등의 면적은 분양면적(전용면적＋공용면적)을
기준으로 하고, 대지는 분양받은 주택 등의 면적 비례에 따라 공유지분으
로 분양한다.

2) 조합정관에서 정하는 관리처분계획에 관한 기준에 따라 주택을 소유한
조합원의 신축건축물에 대한 분양면적결정은 조합원의 신청규모를 우선
적으로 고려하되, 같은 규모에서 경합이 있는 경우에는 종전 토지 및 건
축물의 가격이 높은 순서에 따르고, 동·호수는 전산추첨으로 결정한다.

3) 상가 등 복리시설의 소유자는 조합정관에서 정하는 관리처분계획에 관한
기준에 따라 종전 토지 및 건축물의 가치를 고려하여 새로 설치되는 복리
시설을 공급받되, 동·호수 결정은 관리처분계획이 정하는 바에 따른다.

4) 조합원에게 우선분양하고 남는 잔여주택 및 상가 등 복리시설은 관계법
령과 조합정관이 정하는 바에 따라 일반분양한다.

5) 토지는 사업완료 후 지분등기하며 건축물은 입주조합원 각자 보존등기한다.

2. 조합장선정 동의

본 조합의 대표자(조합장)는 조합원총회에서 조합정관에 따라 선출된 자로
한다.

3. 조합정관 승인

『도시 및 주거환경정비법』 제16조에 따라 정비사업조합을 설립할 때 그 조합정관을 신의성실의 원칙에 따라 준수하며, 조합정관이 정하는 바에 따라 조합정관이 변경되는 경우 이의 없이 따른다.
* 조합정관 간인은 임원 및 감사 날인으로 대체한다.

4. 정비사업 시행계획서

(   )주택재건축정비사업조합 설립추진위원회에서 작성한 정비사업 시행계획서와 같이 주택재건축사업을 한다.

위와 같이 본인은 (   )주택재건축사업시행구역의 토지등소유자로서 위의 동의내용을 숙지하고 동의하며, 『도시 및 주거환경정비법』 제16조 제2항 및 제3항에 따른 조합의 설립에 동의합니다. 또한, 위의 조합설립 및 정비사업 내용은 사업시행인가내용, 시공자 등과의 계약내용 및 제반사업비의 지출내용에 따라 변경될 수 있으며, 그 내용이 변경됨에 따라 조합원청산금 등의 조정이 필요할 경우 『도시 및 주거환경정비법』 및 같은 법 시행령에서 정하는 변경절차를 거쳐 사업을 계속 추진하는 것에 동의합니다.

년   월   일

위 동의자 :   (인) 인감날인

(   )주택재건축정비사업조합 설립추진위원회 귀중

210mm×297mm[일반용지 60g/m² (재활용품)]

<table>
<tr><td colspan="4" rowspan="2"><h2 style="text-align:center">주민대표회의 승인신청서</h2></td><td>처리기한</td></tr>
<tr><td>30일</td></tr>
</table>

주민대표회의 구성내역	주민대표회의명칭				
	위원장	성 명		생년월일	
		주 소	(전화) －		
	위원수				
	설립목적				
	주된 사무소의 소재지	(전화) －			
	정비사업의 종류				
	사업구역	구역명칭			
		위 치			

동의사항	토지등소유자 수	(토지소유자 :　　　　인)	동의율	％ (동의자 수 / 토지등소유자 수)
		인		
		(건축물소유자 :　　　　인)		
		(지상권자 :　　　　인)		
		(토지 및 건축물소유자 :　　　　인)		

『도시 및 주거환경정비법』 제26조 제3항 및 같은 법 시행규칙 제8조에 따라 위와 같이 주민대표회의의 승인을 신청합니다.

년　　　　　월　　　　　일

신청인 대표　　　　　　　　　(서명 또는 인)

시장·군수·구청장 귀하

※ 첨부서류	수수료
1. 『도시 및 주거환경정비법 시행령』 제37조 제5항에 따라 주민대표회의가 정하는 운영규정	없 음
2. 토지등소유자의 동의서	
3. 위원장·부위원장 및 감사의 주소 및 성명	
4. 위원장·부위원장 및 감사의 선정을 증명하는 서류	
5. 토지등소유자의 명부	

210mm×297mm[일반용지 60g/㎡(재활용품)]

(뒤쪽)

이 통지서는 다음과 같이 처리됩니다.

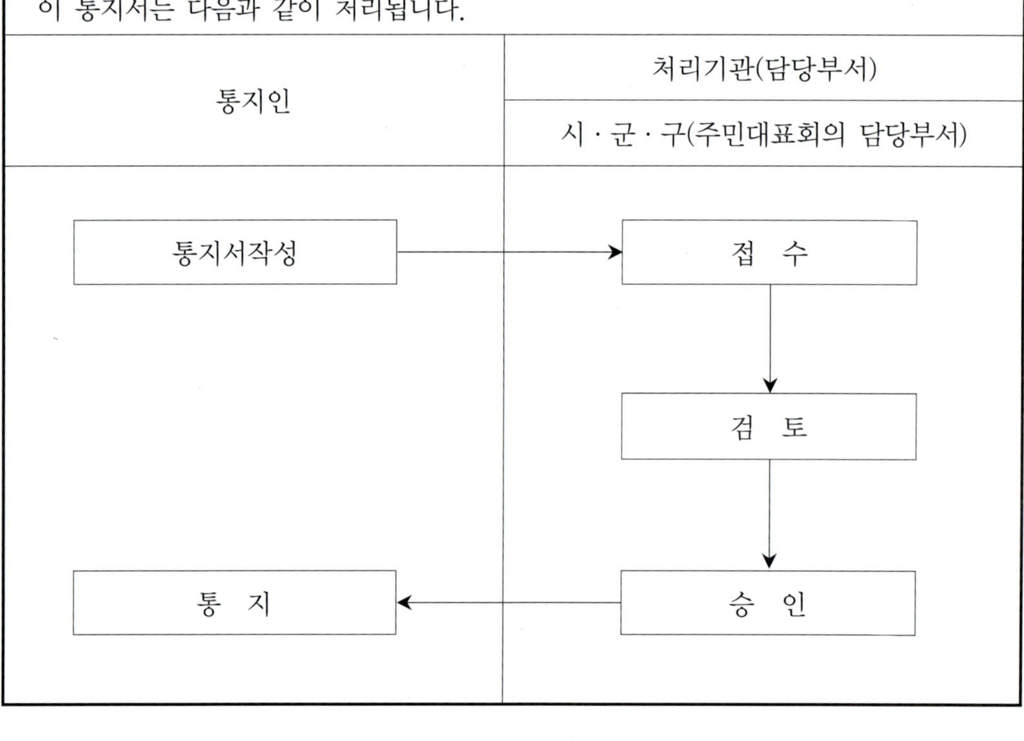

<table>
<tr><td colspan="6" rowspan="2">사업(시행·변경·중지·폐지)인가신청서</td><td>처리기한</td></tr>
<tr><td>60일</td></tr>
<tr><td rowspan="2">사업구분</td><td colspan="3">□ 주택재건축사업</td><td colspan="2">□ 주택재개발사업</td></tr>
<tr><td colspan="3">□ 도시환경정비사업</td><td colspan="2">□ 주거환경개선사업</td></tr>
<tr><td rowspan="5">신
청
인</td><td colspan="2">사업시행자명칭</td><td></td><td>사업시행자지정
근거 및 일자</td><td></td></tr>
<tr><td rowspan="2">대표자</td><td>성 명</td><td></td><td>생년월일</td><td></td></tr>
<tr><td>주 소</td><td colspan="3">(전화) -</td></tr>
<tr><td colspan="2">주된 사무소의
소재지</td><td colspan="3">(전화) -</td></tr>
<tr><td rowspan="5">시
행
구
역</td><td colspan="2">구역명칭</td><td></td><td>위 치</td><td></td></tr>
<tr><td colspan="2">시행면적</td><td>(㎡)</td><td>건축물</td><td>동
(무허가 동)</td></tr>
<tr><td colspan="2">거주가구 및 인구</td><td>가구(인)</td><td>도시계획</td><td>지역 지구</td></tr>
<tr><td rowspan="2">지목별</td><td>지 목</td><td></td><td rowspan="2">국공유지
관리청별</td><td>관리청</td></tr>
<tr><td>면적(㎡)
(필지 수)</td><td></td><td>면적(㎡)
(필지 수)</td></tr>
<tr><td rowspan="3">동
의
내
역</td><td colspan="2">토지면적</td><td colspan="2">토지소유자 수</td><td>건축물소유자 수</td></tr>
<tr><td>대상면적</td><td>㎡</td><td>대상소유자 수</td><td>인</td><td>대상소유자 수 인</td></tr>
<tr><td>동의면적
(동의율)</td><td>(㎡ %)</td><td>동의자 수
(동의율)</td><td>(%)</td><td>동의자 수 인
(동의율) (%)</td></tr>
<tr><td rowspan="2">정비사업
전문관리업자</td><td colspan="2">명 칭</td><td></td><td>대표자</td><td></td></tr>
<tr><td colspan="2">주된 사무소의 소재지</td><td colspan="3">(전화) -</td></tr>
</table>

210mm×297mm[일반용지 60g/㎡(재활용품)]

시행기간			사업시행인가일~		사업비		원
사업시행계획	건축시설	부지의 명칭		대지면적 (m²)		주용도	
		건축면적(m²)		건축연면적 (m²)		지하면적 (m²)	
		건폐율(%)		용적률 (%)		최고 높이	
		층수 (지상 · 지하)		주차장 (대, m²)			

주택	공급구분	주택의 형태	동 수	세대수	주택규모별 세대수(전용면적기준)		
	계						
	분 양						
	임 대						

정비기반시설	용도폐지정비기반시설		새로이 설치할 정비기반시설				
	종 류	규 모	종 류	규 모	시행자	비용부담자 및 부담내용	

철거 또는 이전요구 대상	건축물 (동)	철 거	이 전	공작물 (개소)	철 거	이 전

개수대상건축물	동	임시수용계획	

수용 또는 사용대상	토 지	필지 수	면적 (m²)	권리자 수	건축물	동 수	연면적 (m²)	권리자 수

세입자 대책	대상 세대수	임대주택공급세대	주거대책비 지급세대	비대책세대

일괄처리사항	주택건설사업자등록 (　　　　　　)	주택건설사업계획승인 (　　　　　　)	건축허가 (　　　　　　)
	가설건축물건축허가 (　　　　　　)	가설건축물축조신고 (　　　　　　)	도로공사시행허가 (　　　　　　)
	도로점용허가 (　　　　　　)	사방지지정해제 (　　　　　　)	농지전용허가·협의·신고 (　　　　　　)
	농지전용신고 (　　　　　　)	보전임지전용허가·협의 (　　　　　　)	보안림 안에서 행위허가 (　　　　　　)
	입목벌채 등의 허가·신고 (　　　　　　)	하천공사시행허가 (　　　　　　)	하천공사실시계획인가 (　　　　　　)
	하천점용허가 (　　　　　　)	일반수도사업인가 (　　　　　　)	전용상수도·전용공업수도 설치인가(　　　　　　)
	공공하수도사업허가 (　　　　　　)	측량성과 사용의 심사 (　　　　　　)	대규모 점포의 등록 (　　　　　　)
	국유지사용수익허가 (　　　　　　)	공유지대부·사용허가 (　　　　　　)	사업착수·변경 또는 완료 신고(　　　　　　)
	공장설립승인·신고 (　　　　　　)	자가용전기설비공사계획의 인가·신고(　　　　　　)	폐기물처리시설설치(변경) 승인·신고(　　　　　　)
	오수처리시설·단독정화조 설치신고(　　　　　　)	소방동의·제조소 등의 설치허가(　　　　　　)	대기·수질·소음 진동배출 시설 허가·신고(　　　　　　)
	화약류저장소설치의 허가 (　　　　　　)		

　이 신청서 및 첨부서류에 기재한 내용과 같이 『도시 및 주거환경정비법』 제28조 제1항 및 같은 법 시행규칙 제9조에 따른 사업(시행·변경·중지·폐지)인가를 신청합니다.

년　　　　　월　　　　　일
신청인대표　　　　　(서명 또는 인)

시장·군수·구청장　귀하

	수수료
※ 첨부서류 　1. 사업시행인가의 경우 　　가. 『도시 및 주거환경정비법』(이하 '법'이라 한다) 제2조 제11호에 따른 정관 등 　　나. 총회의결서 사본. 다만, 법 제28조 제5항 단서에 따라 사업시행자가 지정개발자인 경우 또는 같은 법 조 제7항에 따라 도시환경정비사업을 토지등소유자가 시행하는 경우에는 토지등소유자의 동의서 및 토지등소유자의 명부를 첨부한다. 　　다. 법 제30조에 따른 사업시행계획서 　　라. 법 제38조에 따른 수용 또는 사용할 토지 또는 건축물의 명세 및 소유권 외의 권리의 명세서(주택재건축사업의 경우에는 같은 법 제8조 제4항 제1호에 해당하는 사업에 한한다) 　　마. 법 제32조 제3항에 따라 제출하여야 하는 서류 　2. 변경·중지·폐지인가의 경우 　　가. 정관 등 　　나. 변경·중지 또는 폐지의 사유 및 내용을 설명하는 서류 　　다. 법 제32조 제3항에 따라 제출하여야 하는 서류	없　음

이 신청서는 다음과 같이 처리됩니다.

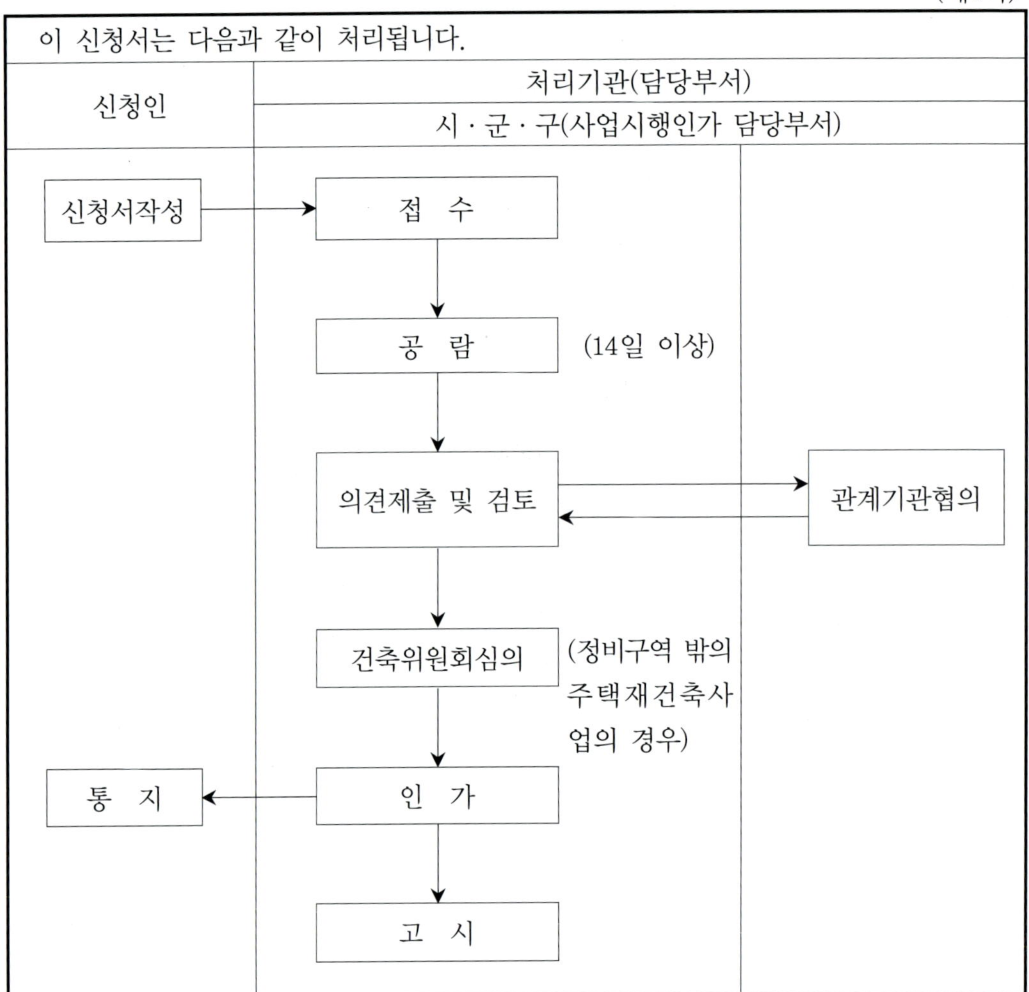

<table>
<tr><td colspan="13" rowspan="2">관리처분계획인가(변경 · 중지 · 폐지인가)신청서</td><td colspan="2">처리기한</td></tr>
<tr><td colspan="2">30일</td></tr>
<tr><td rowspan="4">신청인</td><td colspan="2">시행자명칭</td><td colspan="12"></td></tr>
<tr><td rowspan="2">대표자</td><td>성명</td><td colspan="5"></td><td colspan="2">생년월일</td><td colspan="4"></td></tr>
<tr><td>주소</td><td colspan="8"></td><td colspan="2">(전화)</td><td colspan="2">–</td></tr>
<tr><td colspan="3">주된 사무소소재지</td><td colspan="6"></td><td colspan="2">(전화)</td><td colspan="2">–</td></tr>
<tr><td rowspan="4">계획대상</td><td colspan="3">사업의 명칭</td><td colspan="11"></td></tr>
<tr><td colspan="3">위치</td><td colspan="11"></td></tr>
<tr><td colspan="3">계획면적</td><td colspan="3"></td><td>m²</td><td colspan="2">정비건축물</td><td colspan="4"></td><td>동</td></tr>
<tr><td colspan="3">사업시행인가고시일</td><td colspan="4"></td><td colspan="2">시행기간</td><td colspan="5"></td></tr>
<tr><td rowspan="3">토지소유권변환</td><td rowspan="2">총면적</td><td rowspan="2">시행 전</td><td colspan="3">사유토지</td><td colspan="3">국공유지</td><td colspan="6">그 밖의 토지</td></tr>
<tr><td colspan="3"></td><td colspan="3"></td><td colspan="6"></td></tr>
<tr><td rowspan="3">m²
(필지)</td><td rowspan="3">시행 후</td><td colspan="3">환지대상</td><td colspan="3">시행자보유</td><td colspan="6"></td></tr>
</table>

<table>
<tr><td></td><td></td><td>기존사유지</td><td>점유자매수</td><td>존치국공유지</td><td>청산</td><td>수용</td><td>협의매수</td><td>국공유지불하</td><td>국공유지무상양수</td><td>시행자보유토지배분면적</td><td>그 밖의 토지</td></tr>
<tr><td></td><td></td><td></td><td></td><td></td><td></td><td></td><td></td><td></td><td></td><td></td><td></td></tr>
</table>

<table>
<tr><td rowspan="4">토지용도변환</td><td rowspan="2">용도</td><td colspan="4">택지</td><td colspan="2">공공시설</td><td colspan="2">그 밖의 용도</td></tr>
<tr><td>소계</td><td>공동주택</td><td>단독주택</td><td>그 밖의 건축시설</td><td>소계</td><td></td><td>소계</td><td></td></tr>
<tr><td>시행 전(m²)</td><td></td><td></td><td></td><td></td><td></td><td></td><td></td><td></td></tr>
<tr><td>시행 후(m²)</td><td></td><td></td><td></td><td></td><td></td><td></td><td></td><td></td></tr>
</table>

<table>
<tr><td rowspan="13">건축물 및 건축시설</td><td rowspan="2">시행 전 건축물</td><td>허가 건축물</td><td colspan="2">동</td><td>무허가 건축물</td><td colspan="3">동(신발생 　동)</td></tr>
<tr><td colspan="2">용도</td><td>대지면적</td><td>동수</td><td>층수</td><td>세대수</td><td>건축 연면적</td><td>비고</td></tr>
<tr><td rowspan="5">시행 후 건축시설</td><td rowspan="3">주택</td><td>소계</td><td></td><td></td><td></td><td></td><td></td><td></td></tr>
<tr><td>분양</td><td></td><td></td><td></td><td></td><td></td><td></td></tr>
<tr><td>임대</td><td></td><td></td><td></td><td></td><td></td><td></td></tr>
<tr><td colspan="2">상가</td><td></td><td></td><td></td><td></td><td></td><td></td></tr>
<tr><td rowspan="7">공급 계획</td><td colspan="2" rowspan="2">공급대상</td><td colspan="4">주택규모별(전용면적기준) 공급세대수</td><td rowspan="2">상가 면적 (m²)</td><td rowspan="2">그 밖의 건축시설면적(m²)</td></tr>
<tr><td>계</td><td>m²</td><td>m²</td><td>m²</td></tr>
<tr><td colspan="2">계</td><td></td><td></td><td></td><td></td><td></td><td></td><td></td></tr>
<tr><td colspan="2">토지등 소유자</td><td></td><td></td><td></td><td></td><td></td><td></td><td></td></tr>
<tr><td colspan="2">보류시설</td><td></td><td></td><td></td><td></td><td></td><td></td><td></td></tr>
<tr><td colspan="2">일반분양</td><td></td><td></td><td></td><td></td><td></td><td></td><td></td></tr>
<tr><td colspan="2">임대</td><td></td><td></td><td></td><td></td><td></td><td></td><td></td></tr>
<tr><td rowspan="3">분양신청 및 권리신고</td><td rowspan="2">구분</td><td colspan="4">분양신청</td><td rowspan="2">수인이 1인의 분양대상자로 신청</td><td colspan="2">권리신고(권리종류별)</td></tr>
<tr><td colspan="2">소계</td><td>토지 및 건축물 소유자</td><td>토지 소유자</td><td>건축물 소유자</td><td>소계</td><td></td></tr>
<tr><td>신청인 수</td><td colspan="2"></td><td></td><td></td><td></td><td>건 (인)</td><td></td><td></td></tr>
</table>

권리자별 관리처분 (단위 : 인)	권리자별	대상	분양				청산	수용	협의 매수	그 밖의 처분
			소계	주택	상가	그 밖의 용도				
	계									
	토지 및 건축물 소유자									
	토지 소유자									
	건축물 소유자									

소유권 외의 권리	대상	건	이전설정	건	해지 또 는 소멸	건

세입자대책	대상	임대주택 공급	주거대책 비지급	비대상

공공시설	신설					용도폐지				
	종류	명칭	규모	설치 비용	관리청	종류	명칭	규모	국공유지 (㎡)	무상양여 (㎡)

평가액 또는 추산액	시행 전			시행 후		
	계	토지	건축물	계	토지	건축물

자금운용	총소요사업비		수입 추산액	

『도시 및 주거환경정비법』 제48조 및 같은 법 시행규칙 제11조에 따라 위와 같이 관리처분계획인가(변경·중지·폐지인가)를 신청합니다.

년   월   일

신청인   (서명 또는 인)

시장·군수·구청장 귀하

※ 첨부서류	수수료
1. 관리처분계획인가의 경우 가. 관리처분계획서 나. 총회의결서 사본 2. 관리처분계획 변경·중지·폐지인가의 경우 : 변경·중지·폐지의 사유와 그 내용을 설명하는 서류 ※ 유의사항 : 이 서식은 사업유형별 여건에 따라 일부 항목을 추가 또는 삭제하여 작성할 수 있음	없 음

이 신청서는 다음과 같이 처리됩니다.

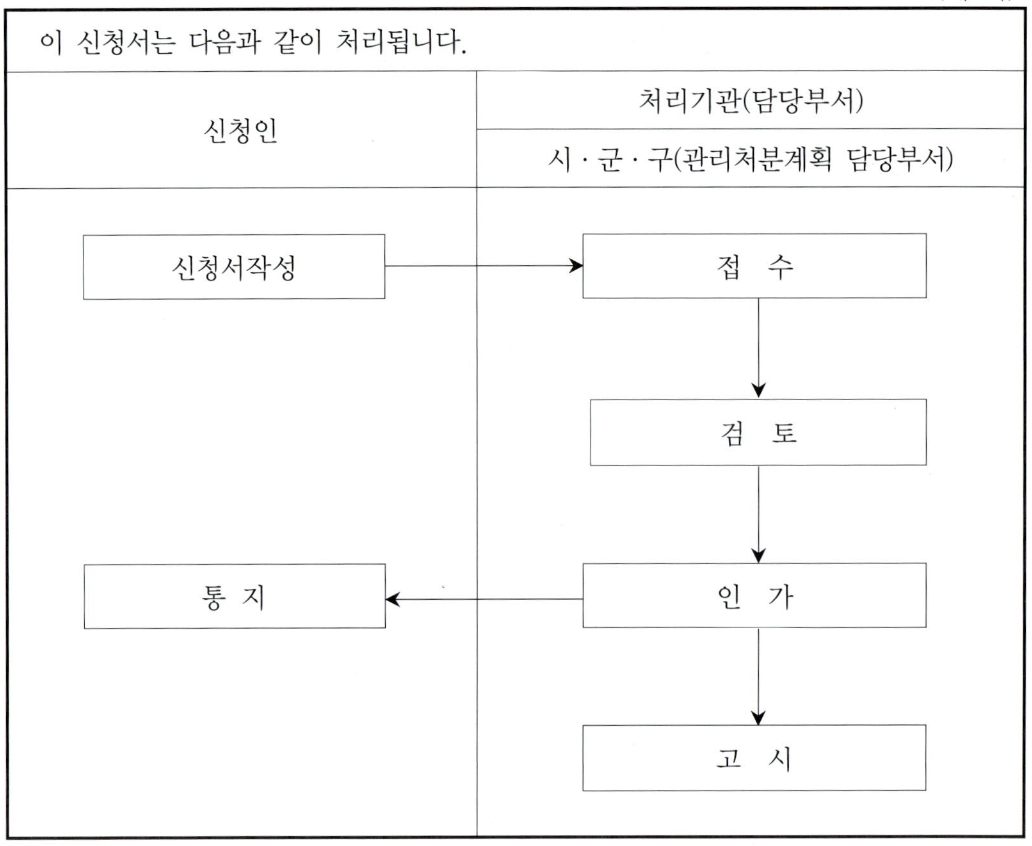

[별지 제8호 서식] 〈개정 2009.8.13〉　　　　　　　　　　　　　　　　　　　　　　　(앞쪽)

<table>
<tr><td colspan="4" rowspan="2"><h1>준공인가 신청서</h1></td><td>처리기간</td></tr>
<tr><td>15일</td></tr>
<tr><td rowspan="2">사업구분</td><td colspan="2">□ 주택재건축사업　　□ 주택재개발사업
□ 도시환경정비사업　　□ 주거환경개선사업</td><td colspan="2">인가번호(년-월-일)</td></tr>
<tr><td colspan="2"></td><td colspan="2"></td></tr>
<tr><td rowspan="2">사업시행자</td><td>명　칭</td><td></td><td>등록번호</td><td></td></tr>
<tr><td>대표자</td><td></td><td>주　소</td><td></td></tr>
<tr><td rowspan="2">설계자</td><td>명　칭</td><td></td><td>등록번호</td><td></td></tr>
<tr><td>대표자</td><td></td><td>주　소</td><td></td></tr>
<tr><td rowspan="3">공사감리자</td><td>명　칭</td><td></td><td>등록번호</td><td></td></tr>
<tr><td>대표자</td><td></td><td>주　소</td><td></td></tr>
<tr><td>상주감리자</td><td></td><td>보유자격</td><td></td></tr>
<tr><td rowspan="2">시공자</td><td>명　칭</td><td></td><td>등록번호</td><td></td></tr>
<tr><td>대표자</td><td></td><td>주　소</td><td></td></tr>
<tr><td>사업위치</td><td colspan="4"></td></tr>
<tr><td>공사착공일</td><td colspan="2">년　　　월　　　일</td><td>공사완료일</td><td>년　　월　　일</td></tr>
<tr><td rowspan="2">건축물개요</td><td>주용도</td><td></td><td>주요 구조</td><td></td></tr>
<tr><td>세대수</td><td></td><td>층　수</td><td>지상( )층 / 지하( )층</td></tr>
</table>

　『도시 및 주거환경정비법』 제52조 제1항 및 같은 법 시행규칙 제15조 제1항에 따라 위와 같이 정비사업에 대한 준공인가를 신청합니다.

년　　　　　월　　　　　일

신청일　　　　　　　(서명 또는 인)

시장 · 군수 · 구청장 귀하

<table>
<tr><td>※ 첨부서류
　1. 건축물, 『도시 및 주거환경정비법』 제2조 제4호에 따른 정비기반시설(같은 법 시행령 제3조 제8호에 해당하는 것을 제외한다) 및 같은 법 제2조 제5호에 따른 공동이용시설 등의 설치내역서
　2. 공사감리자의 의견서</td><td>수수료

없 음</td></tr>
</table>

210mm×297mm[일반용지 60g/m² (재활용품)]

이 신청서는 다음과 같이 처리됩니다.

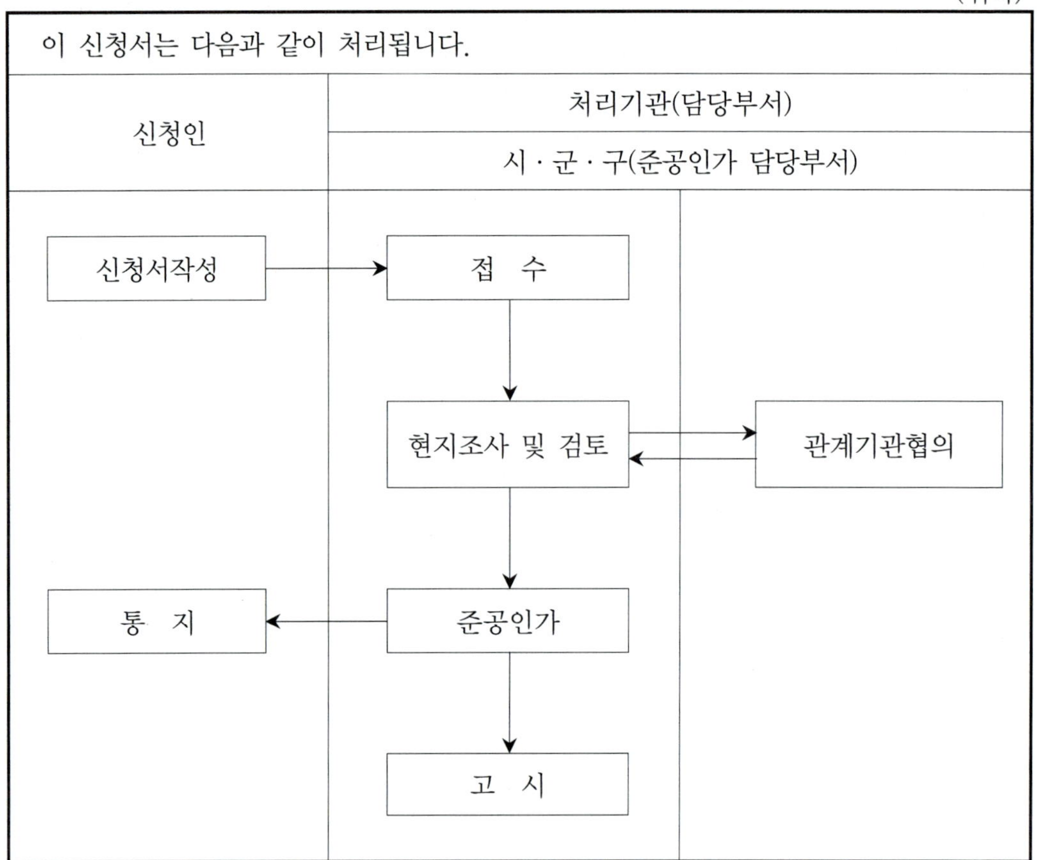

제　　호				
준공인가증				

사업구분	□ 주택재건축사업　　　　　　　□ 주택재개발사업 □ 도시환경정비사업　　　　　　□ 주거환경개선사업			
사업시행자	명　칭		등록번호	
	대표자		주　소	
사업위치				
공사착공일	년　　월　　일		공사완료일	년 월 일
건축물개요	주용도		주요 구조	
	세대수		층　수	지상( )층 / 지하( )층

『도시 및 주거환경정비법』 제52조 제3항 및 같은 법 시행규칙 제15조 제2항에 따라 위와 같이 준공인가를 필하였음을 증명합니다.

년　　　　월　　　　일

시장 · 군수 · 구청장   [직인]

210mm×297mm[일반용지 60g/㎡(재활용품)]

<table>
<tr><td colspan="5" align="center">준공인가전사용 허가신청서</td><td align="center">처리기간</td></tr>
<tr><td colspan="5"></td><td align="center">15일</td></tr>
<tr><td rowspan="2">사업구분</td><td colspan="4">□ 주택재건축사업　　□ 주택재개발사업
□ 도시환경정비사업　□ 주거환경개선사업</td><td>인가번호(년-월-일)</td></tr>
<tr><td colspan="4"></td><td></td></tr>
<tr><td rowspan="2">사업시행자</td><td>명　칭</td><td></td><td>등록번호</td><td colspan="2"></td></tr>
<tr><td>대표자</td><td></td><td>주　소</td><td colspan="2"></td></tr>
<tr><td rowspan="2">설계자</td><td>명　칭</td><td></td><td>등록번호</td><td colspan="2"></td></tr>
<tr><td>대표자</td><td></td><td>주　소</td><td colspan="2"></td></tr>
<tr><td rowspan="3">공사감리자</td><td>명　칭</td><td></td><td>등록번호</td><td colspan="2"></td></tr>
<tr><td>대표자</td><td></td><td>주　소</td><td colspan="2"></td></tr>
<tr><td>상주감리자</td><td></td><td>보유자격</td><td colspan="2"></td></tr>
<tr><td rowspan="2">시공자</td><td>명　칭</td><td></td><td>면허번호</td><td colspan="2"></td></tr>
<tr><td>대표자</td><td></td><td>주　소</td><td colspan="2"></td></tr>
<tr><td>사업위치</td><td colspan="5"></td></tr>
<tr><td>공사착공일</td><td colspan="2">년　　월　　일</td><td>공사완료일</td><td colspan="2">년　월　일</td></tr>
<tr><td rowspan="2">건축물개요</td><td>주용도</td><td></td><td>주요 구조</td><td colspan="2"></td></tr>
<tr><td>세대수</td><td></td><td>층　수</td><td colspan="2">지상( )층 / 지하( )층</td></tr>
</table>

『도시 및 주거환경정비법』 제52조 제5항 및 같은 법 시행규칙 제15조 제3항·제4항에 따라 위와 같이 정비사업에 대한 준공인가전사용허가를 신청합니다.

년　　　　월　　　　일

신청인　　　　　　(서명 또는 인)

시장·군수·구청장 귀하

<table>
<tr><td>※ 첨부서류
　1. 도시환경정비사업의 경우 : 『건축법 시행규칙』 별지 제17호 서식의 (임시)사용승인신청서
　2. 도시환경정비사업 외의 정비사업의 경우 : 『주택법 시행규칙』 별지 제20호 서식의 사용검사(임시사용승인)신청서</td><td>수수료

없 음</td></tr>
</table>

210mm×297mm[일반용지 60g/m^2(재활용품)]

이 신청서는 다음과 같이 처리됩니다.

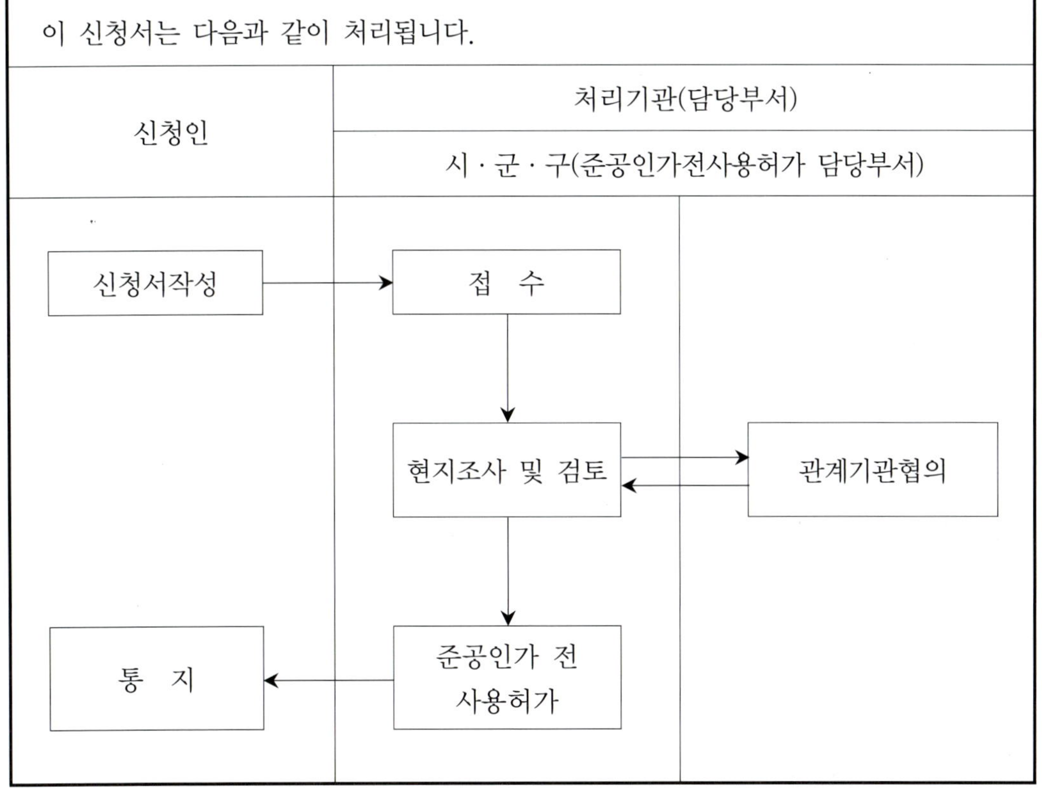

정비사업전문관리업 등록신청서		처리기간
		30일

신청인	명 칭		법인등록번호	
	대표자		생년월일	
	주된 사무소의 소재지		(전화)　　　　　－	

자본금	

기술 인력	성 명	생년월일	분야 및 자격

『도시 및 주거환경정비법』 제69조 및 같은 법 시행규칙 제18조 제1항에 따라 위와 같이 정비사업전문관리업의 등록을 신청합니다.

　　　　　　　　　　　　　　　　　　　　년　　　　　월　　　　　일

　　　　　　　　　　　　　　신청인　　　　　　　(서명 또는 인)

시 · 도지사　귀하

첨부서류	신청인(대표자) 제출서류	담당공무원 확인사항
	1. 대표자 및 임원의 주소 및 성명 2. 보유기술인력의 자격증 사본 또는 경력인증서 3. 자본금을 확인할 수 있는 서류 4. 협약서(『도시 및 주거환경정비법 시행령』 별표 4 제2호 가목에 따라 업무협약을 체결한 경우에 한한다)	법인등기부등본 ※ 신청인이 개인인 경우에는 주민등록표등본, 외국인인 경우에는 외국인등록사실증명을 말하며, 이 서류에 대하여는 담당공무원의 확인에 동의하지 아니하는 경우 신청인이 직접 제출하여야 함

본인은 이 건 업무처리와 관련하여 『전자정부법』 제21조 제1항에 따른 행정정보의 공동이용을 통하여 담당공무원이 주민등록표 또는 외국인등록사실증명을 확인하는 것에 동의합니다. 　　　　　　　　신청인(대표자)　　　　　　　(서명 또는 인)	수수료 10,000원

이 신청서는 다음과 같이 처리됩니다.

신청인	처리기관(담당부서)
	특별시 · 광역시 · 도(정비사업전문관리업 담당부서)

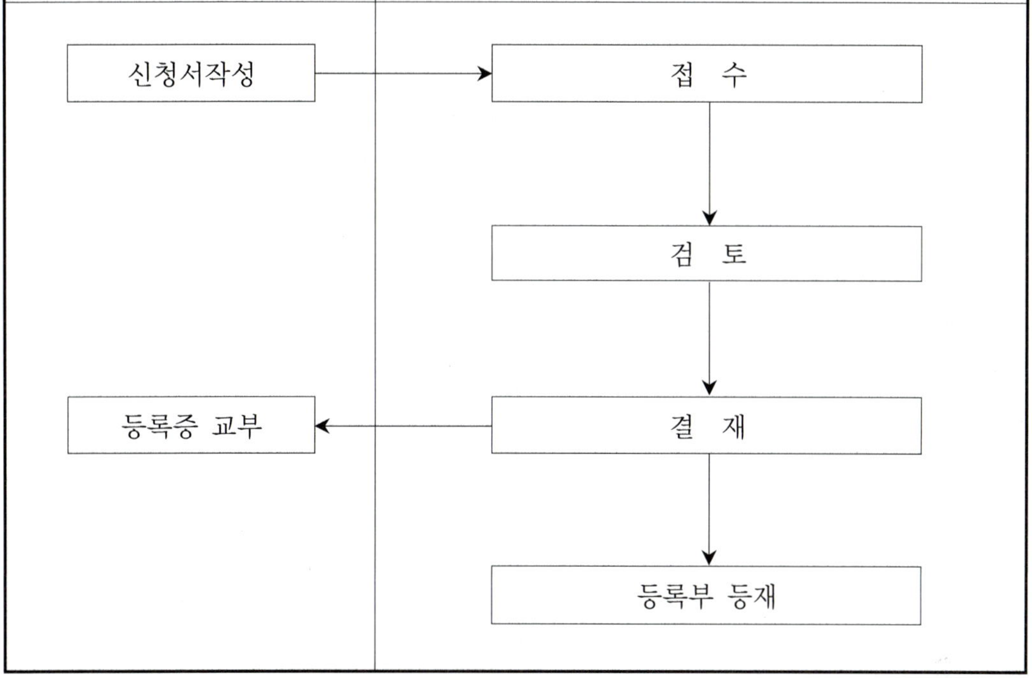

신청서작성 → 접 수

접 수 → 검 토

검 토 → 결 재

결 재 → 등록증 교부

결 재 → 등록부 등재

[별지 제12호 서식] 〈개정 2009.8.13〉

정비사업전문관리업자등록부

① 등록번호	② 등록일자	③ 대표자명	④ 상호명	⑤ 영업소 소재지	⑥ 자본금	⑦ 기술자 성명	⑧ 사무실 주소	⑨ 비고 (전화)

210mm×297mm[일반용지 60g/m²(재활용품)]

제   호

정비사업 전문관리업 등록증

○ 상 호 :

○ 대 표 자 :

○ 소 재 지 :

○ 등록연월일 :　　　　　.　　　.　　　.

　『도시 및 주거환경정비법』 제69조 및 같은 법 시행규칙 제18조 제2항에 따라 위와 같이 정비사업전문관리업자로 등록한 자임을 증명합니다.

년　　　　월　　　　일

시 · 도지사　　직인

[별지 제14호 서식] 〈개정 2009.8.13〉

<table>
<tr><td>제　　호</td><td rowspan="5"></td></tr>
</table>

조사공무원증표

성　명

생년월일

주　소

（사진）

2.5cm×3cm

유효기간　　　　　　．　　．부터
　　　　　　　　　　．　　．까지

　　위 사람은 『도시 및 주거환경정비법』 제74조 제2항 · 제75조 제3항 및 제77조 제3항의 규정에 따라 조사 · 감독 등을 할 수 있는 자임을 증명합니다.

년　　　　　월　　　　　일

국토해양부장관
특별시장 · 광역시장 · 도지사　　　직인
시장 · 군수 · 구청장

210mm×297mm[일반용지 60g/m²(재활용품)]

WiNWiN
부록
누구나 알아야 한다 모르면 손해

PART **04**

부 록

‘주택재건축정비사업조합 표준정관’ 및 ‘주택재개발정비사업조합 표준정관’은 국토해양부 홈페이지(http://www.mltm.go.kr/ → 정보마당 → 행정정보 → 정보목록)에서 검색 및 다운로드할 수 있습니다.

건설교통부 고시 제2006-330호(개정 2006. 8. 25)
국토해양부 고시 제2009-549호(개정 2009. 8. 13)

제1조(목적) 이 운영규정은『도시 및 주거환경정비법』(이하 "법"이라 한다) 제13조제2항의 규정에 의한 정비사업조합설립추진위원회(이하 "추진위원회"라 한다)의 구성·기능·조직 및 운영에 관한 사항을 정하여 공정하고 투명한 추진위원회의 운영을 도모하고 원활한 정비사업추진에 이바지함을 목적으로 한다. 〈개정 2009.8.13〉

제2조(추진위원회의 설립) ① 정비사업조합을 설립하고자 하는 경우 위원장 및 감사를 포함한 5인 이상의 위원 및 법 제15조제2항에 따른 운영규정에 대한 토지등소유자(이하 "토지등소유자"라 한다) 과반수의 동의를 얻어 조합설립을 위한 추진위원회를 구성하여『도시 및 주거환경정비법 시행규칙』이 정하는 방법 및 절차에 따라 시장·군수 또는 자치구의 구청장(이하 "시장·군수"라 한다)의 승인을 얻어야 한다. 〈개정 2009.8.13〉

② 제1항의 규정에 의한 추진위원회 구성은 다음 각호의 기준에 따른다.

1. 위원장 1인과 감사를 둘 것

2. 부위원장을 둘 수 있다.

3. 위원의 수는 토지등소유자의 10분의 1 이상으로 하되, 5인 이하인 경우에는 5인으로 하며 100인을 초과하는 경우에는 토지등소유자의 10분의 1범위 안에서 100인 이상으로 할 수 있다.

③ 다음 각호의 1에 해당하는 자는 추진위원회 위원이 될 수 없다.

1. 미성년자·금치산자·한정치산자

2. 파산자로서 복권되지 아니한 자

3. 금고 이상의 실형의 선고를 받고 그 집행이 종료(종료된 것으로 보는 경우를 포함한다)되거나 집행이 면제된 날부터 2년이 경과되지 아니한 자

4. 금고 이상의 형의 집행유예를 받고 그 유예기간 중에 있는 자

5. 법을 위반하여 벌금 100만 원 이상의 형을 선고받고 5년이 지나지 아니한 자 〈신설 2009.8.13〉

④ 제1항의 토지등소유자의 동의는 붙임 ○○정비사업조합설립추진위원회운영규정안(이하 "운영규정안"이라 한다)의『도시 및 주거환경정비법 시행규칙』별지 제2호의2서식의 추진위원회설립동의서에 동의를 받는 방법에 의한다. 〈개정 2009.8.13〉

⑤ 추진위원회의 구성에 동의한 토지등소유자(이하 "추진위원회 동의자"라 한다)는 법 제16조제1항부터 제3항까지에 따른 조합의 설립에 동의한 것으로 본다. 다만, 법 제16조에 따른 조합설립인가 신청 전에 시장·군수 및 추진위원회에 조합설립에 대한 반대의 의사표시를 한 추진위원회 동의자의 경우에는 그러하지 아니하다. 〈신설 2009.8.13〉

제3조(운영규정의 작성) ① 정비사업조합을 설립하고자 하는 경우 추진위원회를 시장·군수에게 승인 신청하기 전에 운영규정을 작성하여 토지등소유자의 과반수의 동의를 얻어야 한다. 〈개정 2009.8.13〉

② 제1항의 운영규정은 붙임 운영규정안을 기본으로 하여 다음 각호의 방법에 따라 작성한다.

1. 제1조·제3조·제4조·제15조제1항을 확정할 것
2. 제17조제7항·제19조제2항·제29조·제33조·제35조제2항 및 제3항 및 별지 3 서식의 제3호의 규정은 사업특성·지역상황을 고려하여 법에 위배되지 아니하는 범위 안에서 수정 및 보완할 수 있음
3. 사업추진상 필요한 경우 운영규정안에 조·항·호·목 등을 추가할 수 있음

③ 제2항 각호의 규정에 의하여 확정·수정·보완 또는 추가하는 사항이 법·관계법령, 이 운영규정 및 관련행정기관의 처분에 위배되는 경우에는 효력을 갖지 아니한다.

④ 운영규정안은 공동주택재건축사업을 기본으로 한 것이므로 단독주택지에 대한 주택재건축사업, 주택재개발사업 및 도시환경정비사업을 추진하는 경우에는 일부 표현을 수정할 수 있다.

제4조(추진위원회의 운영) ① 추진위원회는 법·관계법령, 제3조의 운영규정 및 관련행정기관의 처분을 준수하여 운영되어야 하며, 그 업무를 추진함에 있어 사업시행구역 안의 토지등소유자의 의견을 충분히 수렴하여야 한다.

② 추진위원회는 법 제13조제2항의 규정에 의한 추진위원회 설립승인 후에 위원장 및 감사를 변경하고자 하는 경우 시장·군수의 승인을 얻어야 하며, 그 밖의 경우 시장·군수에게 신고하여야 한다.

제5조(해산) ① 추진위원회는 조합설립인가일까지 업무를 수행할 수 있으며, 조합이 설립되면 모든 업무와 자산을 조합에 인계하고 추진위원회는 해산한다.

② 추진위원회는 자신이 행한 업무를 법 제24조의 규정에 의한 총회에 보고하여야 하며, 추진위원회가 행한 업무와 관련된 권리와 의무는 조합이 포괄승계한다.

③ 추진위원회는 조합설립인가 전에 추진위원회를 해산하고자 하는 경우 추진위원회 설립에 동의한 토지등소유자의 3분의 2 이상 또는 토지등소유자 과반수의 동의를 얻어 시장·군수에게 신고함으로써 해산할 수 있다.

제6조(승계 제한) 이 운영규정이 정하는 추진위원회 업무범위를 초과하는 업무나 계약, 용역업체의 선정 등은 조합에 승계되지 아니한다.

제7조(재검토기한) 이 「훈령·예규 등의 발령 및 관리에 관한 규정」(대통령 훈령 제248호)에 따라 이 고시를 발령한 후의 법령이나 현실 여건의 변화 등을 검토하여 개정 등의 조치를 하여야 하는 기한은 2012년 8월 13일까지로 한다. 〈신설 2009.8.13〉

부칙(2003.7.1)

이 운영규정은 도시 및 주거환경정비법 시행 후 최초로 구성하는 정비사업조합설립추진위원회부터 적용한다.

부칙(2006.8.25)

제1조(시행일) 이 운영규정은 고시한 날부터 시행한다.

제2조(경과조치) ① 이 운영규정 시행 당시 종전 규정에 의하여 행하여진 처분·절차 그 밖의 행위는 이 규정에 의하여 행하여진 것으로 본다.
② 이 운영규정 시행 당시 종전 운영규정에 따라 주민총회·추진위원회 의결 등의 절차를 거쳐 확정된 사항의 경우 그에 따라 2월 이내에 시장·군수에게 승인신청 또는 신고 할 수 있다.

부칙(2009.8.13)

이 규정은 고시한 날부터 시행한다.

제1장 총칙

제1조(명칭) ① 이 주택재건축/주택재개발/도시환경정비사업조합설립추진위원회의 명칭은 ○○○ 주택재건축/주택재개발/도시환경정비사업조합설립추진위원회(이하 "추진위원회"라 한다)라 한다.

② 추진위원회가 시행하는 주택재건축/주택재개발/도시환경정비사업의 명칭은 ○○○ 주택재건축/주택재개발/도시환경정비사업(이하 "사업"이라 한다)이라 한다.

제2조(목적) 추진위원회는 도시 및 주거환경정비법(이하 "법"이라 한다)과 이 운영규정이 정하는 바에 따라 주택재건축/주택재개발/도시환경정비사업조합(이하 "조합"이라 한다)의 설립인가준비 등 관련 업무를 충실히 수행하여 원활한 사업추진에 이바지함을 목적으로 한다.

제3조(사업시행구역) 추진위원회의 사업시행구역은 ○○(시·도) ○○(시·군·구) ○○(읍·면) ○○(리·동) ○○번지 외 ○○필지(상의 ○○아파트 단지)로서 대지의 총면적은 ○○m²(○○평)으로 한다.

제4조(사무소) ① 추진위원회의 주된 사무소는 ○○(시·도) ○○(시·군·구) ○○(읍·면) ○○(리·동) ○○번지 ○○호에 둔다.

② 추진위원회의 사무소를 이전하는 경우 사업시행구역 안의 법 제2조제9호 가목/나목의 토지등소유자(이하 "토지등소유자"라 한다)에게 통지하여야 한다.

제5조(추진업무 등) ① 추진위원회는 다음 각호의 업무를 수행한다.

1. 삭제〈2009.8.13〉
2. 법 제69조의 규정에 의한 정비사업전문관리업자(이하 "정비사업전문관리업자"라 한다)의 선정
3. 개략적인 사업시행계획서의 작성
4. 조합의 설립인가를 받기 위한 준비업무

5. 추진위원회 운영규정 작성(다만, 추진위원회 설립승인시 토지등소유자의 과반수의 동의를 얻은 운영규정을 작성하여 시장·군수에게 신고한 경우는 제외한다) 및 변경

6. 조합정관 초안 작성

7. 토지등소유자의 동의서 징구

8. 조합의 설립을 위한 창립총회의 준비 및 개최

9. 그 밖에 법령의 범위 내에서 추진위원회 운영규정이 정하는 사항

② 추진위원회는 제1항제3호의 사업시행계획서의 작성을 위하여 필요한 경우 건축사사무소 등과 용역계약을 체결할 수 있다. 이 경우 계약기간은 제7조의 운영기간을 초과하지 아니하여야 한다.

③ 추진위원회는 주민총회에서 경쟁입찰의 방법으로 정비사업전문관리업자를 선정하여 제1항제2호를 제외한 제1항 각호의 업무를 수행하도록 할 수 있다.

④ 시공자·철거업자·감정평가업자·설계자(제2항에 의한 건축사무소 등과의 용역계약을 제외한다)의 선정 등 조합의 업무에 속하는 부분은 추진위원회의 업무범위에 포함되지 아니한다.

제6조(운영원칙) ① 추진위원회는 법, 관계 법령, 이 운영규정 및 관련행정기관의 처분을 준수하여 운영되어야 하며, 그 업무를 추진함에 있어 사업시행구역 안의 토지등소유자의 의견을 충분히 수렴하여야 한다.

② 추진위원회는 법 제13조제2항의 규정에 의한 추진위원회 설립승인 후에 위원장 및 감사를 변경하고자 하는 경우 시장·군수 또는 자치구의 구청장(이하 "시장·군수"라 한다)의 승인을 얻어야 하며, 그 밖의 경우 시장·군수에게 신고하여야 한다.

제7조(추진위원회 운영기간) 추진위원회의 운영기간은 추진위원회 승인일부터 법 제15조제5항의 규정에 의하여 조합설립인가 후 조합에 회계장부 및 관련서류를 인계하는 날까지로 한다. 다만, 제36조제1항의 단서 규정에 의하여 조합설립인가 전에 해산하고자 하는 경우 시장·군수에게 해산신고를 한 날까지로 한다.

제8조(토지등소유자의 동의) ① 추진위원회의 업무에 대한 토지등소유자의 동의는 『도시 및 주거환경정비법 시행령』 제23조에 바에 따른다. 〈개정 2009.8.13〉

② 법 제17조의 규정은 제1항의 규정에 의한 동의에 관하여 이를 준용한다.

③ 제1항의 규정에 의한 토지등소유자의 동의(동의의 철회를 포함한다)는 인감도장을 사용한 서면동의의 방법에 의하며, 인감증명서를 첨부하여야 한다. 다만, 외국인인 경우에는 동의서에 서명을 하고, 출입국관리법 제88조의 규정에 의한 외국인등록사실증명을 첨부하여야 한다.

제9조(권리·의무에 관한 사항의 공개·통지방법) ① 추진위원회는 토지등소유자의 권리·의무에 관한 다음 각호의 사항(변동사항을 포함한다. 이하 같다)을 토지등소유자가 쉽게 접할 수 있는 장소에 게시하거나 인터넷 등을 통하여 공개하고, 필요한 경우에는 토지등소유자에게 서면통지를 하는 등 토지등소유자가 그 내용을 충분히 알 수 있도록 하여야 한다.

1. 안전진단 결과(주택재건축사업에 한함)
2. 정비사업전문관리업자의 선정에 관한 사항
3. 토지등소유자의 부담액 범위를 포함한 개략적인 사업시행계획서
4. 추진위원회 위원의 선정에 관한 사항
5. 토지등소유자의 비용부담을 수반하거나 권리·의무에 변동을 일으킬 수 있는 사항
6. 운영규정의 변경에 관한 사항
7. 토지등소유자의 동의서 징구에 관한 사항
8. 조합의 설립을 위한 창립총회의 개최에 관한 사항 〈개정 2009.8.13〉
9. 조합정관의 초안 작성에 관한 사항

② 제1항의 공개·통지방법은 이 운영규정에서 따로 정하는 경우를 제외하고는 다음 각호의 방법에 따른다.

1. 토지등소유자에게 등기우편으로 개별 통지하여야 하며, 등기우편이 주소불명, 수취거절 등의 사유로 반송되는 경우에는 1회에 한하여 일반우편으로 추가 발송한다.
2. 토지등소유자가 쉽게 접할 수 있는 일정한 장소의 게시판(이하 "게시판"이라 한다)에 14일 이상 공고하고 게시판에 게시한 날부터 3월 이상 추진위원회 사무소에 관련서류와 도면 등을 비치하여 토지등소유자가 열람할 수 있도록 한다.
3. 인터넷 홈페이지가 있는 경우 홈페이지에도 공개하여야 한다. 다만, 특정인의 권리에 관계되거나 외부에 공개하는 것이 곤란한 경우에는 그 요지만을 공개할 수 있다.
4. 제1호의 등기우편이 발송되고 제2호의 게시판에 공고가 있는 날부터 공개·통지된 것으로 본다.

제10조(운영규정의 변경) ① 운영규정의 변경은 토지등소유자의 4분의 1 이상 또는 추진위원회의 의결로 발의한다.

② 운영규정이 변경된 경우에는 추진위원회는 시장·군수에게 이를 신고하여야 한다.

제2장 토지등소유자

제11조(권리·의무의 승계) 양도·상속·증여 및 판결 등으로 토지등소유자가 된 자는

종전의 토지등소유자가 행하였거나 추진위원회가 종전의 권리자에게 행한 처분 및 권리·의무 등을 포괄 승계한다.

제12조(토지등소유자의 명부 등) ① 추진위원회는 토지등소유자의 명부와 추진위원회 구성에 동의한 토지등소유자의 명부(이하 "동의자 명부"라 한다)를 작성하여 관리하여야 한다.

② 추진위원회 구성에 동의하지 아니한 자를 동의자 명부에 기재하기 위하여는 『도시 및 주거환경정비법 시행규칙』 별지 제2호의2서식의 추진위원회동의서를 징구하여야 하며, 당해 토지등소유자는 추진위원회 구성에 동의한 토지등소유자가 납부한 운영경비의 동일한 금액과 그 금액의 지연납부에 따른 이자를 납부하여야 한다. 〈개정 2009.8.13〉

제13조(토지등소유자의 권리·의무) ① 토지등소유자는 다음 각호의 권리와 의무를 갖는다. 다만, 제3호 내지 제5호의 규정은 추진위원회 구성에 동의한 자에 한한다.
1. 주민총회의 출석권·발언권 및 의결권
2. 추진위원회 위원의 선임·선출권
3. 추진위원회 위원의 피선임·피선출권
4. 추진위원회 운영경비 및 그 연체료의 납부의무
5. 그 밖에 관계법령 및 이 운영규정, 주민총회 등의 의결사항 준수의무

② 토지등소유자의 권한은 평등하며, 권한의 대리행사는 원칙적으로 인정하지 아니하되, 다음 각호에 해당하는 경우에는 권한을 대리할 수 있다. 이 경우 토지등소유자의 자격은 변동되지 아니한다.
1. 토지등소유자가 권한을 행사할 수 없어 배우자·직계존비속·형제자매 중에서 성년자를 대리인으로 정하여 위임장을 제출하는 경우
2. 해외거주자가 대리인을 지정한 경우
3. 법인인 토지등소유자가 대리인을 지정한 경우(이 경우 법인의 대리인은 추진위원으로 선임될 수 있다)

③ 토지등소유자가 그 권리를 양도하거나 주소 또는 인감을 변경하였을 경우에는 그 양수자 또는 변경 당사자는 그 행위의 종료일부터 14일 이내에 추진위원회에 그 변경 내용을 신고하여야 한다. 이 경우 신고하지 아니하여 발생되는 불이익 등에 대하여 해당 토지등소유자는 추진위원회에 이의를 제기할 수 없다.

④ 토지등소유자로서 추진위원회 구성에 동의한 자는 추진위원회가 사업시행에 필요한 서류를 요구하는 경우 이를 제출할 의무가 있으며 추진위원회의 승낙이 없는 한 이를 회수할 수 없다. 이 경우 추진위원회는 요구서류에 대한 용도와 수량을 명확히 하여야 하며, 추진위원회의 승낙이 없는 한 회수할 수 없다는 것을 미리 고지하여야 한다.

⑤ 소유권을 수인이 공동 소유하는 경우에는 그 수인은 대표자 1인을 대표소유자로 지정하고 별지 2 서식의 대표소유자선임동의서를 작성하여 추진위원회에 신고하여야 한다. 이 경우 소유자로서의 법률행위는 그 대표소유자가 행한다.

제14조(토지등소유자 자격의 상실) 토지등소유자가 주택 또는 토지의 소유권을 이전하였을 때에는 그 자격을 즉시 상실한다.

제3장 위원

제15조(위원의 선임 및 변경) ① 추진위원회의 위원은 다음 각호의 범위 이내로 둘 수 있으며, 상근하는 위원을 두는 경우 추진위원회의 의결을 거쳐야 한다.
1. 위원장
2. 부위원장
3. 감사 _인
4. 추진위원 _인
② 위원은 추진위원회 설립에 동의한 자 중에서 선출하되, 위원장·부위원장 및 감사는 다음 각호의 1에 해당하는 자이어야 한다.
1. 피선출일 현재 사업시행구역 안에서 3년 이내에 1년 이상 거주하고 있는 자(다만, 거주의 목적이 아닌 상가 등의 건축물에서 영업 등을 하고 있는 경우 영업 등은 거주로 본다)
2. 피선출일 현재 사업시행구역 안에서 5년 이상 토지 또는 건축물(주택재건축사업의 경우 토지 및 건축물을 말한다)을 소유한 자
③ 위원의 임기는 선임된 날부터 2년까지로 하되, 추진위원회에서 재적위원 과반수의 출석과 출석위원 3분의 2 이상의 찬성으로 연임할 수 있으나, 위원장·감사의 연임은 주민총회의 의결에 의한다. 임기가 만료된 위원은 그 후임자가 선임될 때까지 그 직무를 수행하고, 추진위원회에서는 임기가 만료된 위원의 후임자를 임기만료 전 2개월 이내에 선임하여야 하며 위 기한 내에 추진위원회에서 후임자를 선임하지 않을 경우 토지등소유자 5분의 1 이상이 시장·군수의 승인을 얻어 주민총회를 소집하여 위원을 선임할 수 있다. 〈개정 2009.8.13〉
④ 위원이 임기 중 궐위된 경우에는 추진위원회에서 재적위원 과반수 출석과 출석위원 3분의 2 이상의 찬성으로 이를 보궐선임할 수 있으나, 위원장·감사의 보궐선임은 주민총회의 의결에 의한다. 이 경우 보궐선임된 위원의 임기는 전임자의 잔임기간으로 한다.

⑤ 추진위원의 선임방법은 추진위원회에서 정하되, 동별·가구별 세대수 및 시설의 종류를 고려하여야 한다.

제16조(위원의 결격사유 및 자격상실 등) ① 다음 각호의 1에 해당하는 자는 위원이 될 수 없다.

1. 미성년자·금치산자·한정치산자
2. 파산자로서 복권되지 아니한 자
3. 금고 이상의 실형의 선고를 받고 그 집행이 종료(종료된 것으로 보는 경우를 포함한다)되거나 집행이 면제된 날부터 2년이 경과되지 아니한 자
4. 금고 이상의 형의 집행유예를 받고 그 유예기간 중에 있는 자
5. 법 또는 관련 법률에 의한 징계에 의하여 면직의 처분을 받은 날부터 2년이 경과되지 아니한 자
6. 법을 위반하여 벌금 100만 원 이상의 형을 선고받고 5년이 지나지 아니한 자 〈신설 2009.8.13〉

② 위원이 제1항 각호의 1에 해당하게 되거나 선임 당시 그에 해당하는 자이었음이 판명되거나, 선임 당시에 제15조제2항 각호의 1에 해당하지 않은 것으로 판명된 경우 당연 퇴임한다.

③ 제2항의 규정에 의하여 퇴직된 위원이 퇴직 전에 관여한 행위는 그 효력을 잃지 아니한다.

④ 위원으로 선임된 후 그 직무와 관련한 형사사건으로 기소된 경우에는 기소내용에 따라 확정판결이 있을 때까지 제18조의 절차에 따라 그 자격을 정지할 수 있고, 위원이 그 사건으로 받은 확정판결내용이 법 제85조·제86조 벌칙규정에 의한 벌금형에 해당하는 경우에는 추진위원회에서 신임 여부를 의결하여 자격상실 여부를 결정한다.

제17조(위원의 직무 등) ① 위원장은 추진위원회를 대표하고 추진위원회의 사무를 총괄하며 주민총회 및 추진위원회의 의장이 된다.

② 감사는 추진위원회의 사무 및 재산상태와 회계에 관하여 감사하며, 주민총회 및 추진위원회에 감사결과보고서를 제출하여야 하고 토지등소유자 5분의 1 이상의 요청이 있을 때에는 공인회계사에게 회계감사를 의뢰하여야 한다.

③ 감사는 추진위원회의 재산관리 또는 업무집행이 공정하지 못하거나 부정이 있음을 발견하였을 때에는 추진위원회에 보고하기 위하여 위원장에게 추진위원회 소집을 요구하여야 한다. 이 경우 감사의 요구에도 불구하고 위원장이 회의를 소집하지 아니하는 경우에는 감사가 직접 추진위원회를 소집할 수 있다.

④ 감사는 제3항 직무위배행위로 인해 감사가 필요한 경우 추진위원 또는 외부전문가로 구성된 감사위원회를 구성할 수 있다. 이 경우 감사는 감사위원회의 의장이 된다.

⑤ 부위원장·추진위원은 위원장을 보좌하고, 추진위원회에 부의된 사항을 심의·의결한다.

⑥ 다음 각호의 경우 당해 안건에 관하여는 부위원장, 추진위원 중 연장자 순으로 추진위원회를 대표한다.

1. 위원장이 자기를 위한 추진위원회와의 계약이나 소송에 관련되었을 경우

2. 위원장의 유고로 인하여 그 직무를 수행할 수 없을 경우

3. 위원장의 해임에 관한 사항

⑦ 추진위원회는 그 사무를 집행하기 위하여 필요하다고 인정되는 때에는 추진위원회 사무국을 둘 수 있으며, 사무국에 상근하는 유급직원을 둘 수 있다. 이 경우 사무국의 운영규정을 따로 정하여 주민총회의 인준을 받아야 한다.

⑧ 위원은 동일한 목적의 사업을 시행하는 다른 조합·추진위원회 또는 정비사업전문관리업자 등 관련단체의 임원·위원 또는 직원을 겸할 수 없다.

제18조(위원의 해임 등) ① 위원이 직무유기 및 태만 또는 관계법령 및 이 운영규정에 위반하여 토지등소유자에게 부당한 손실을 초래한 경우에는 해임할 수 있다.

② 제16조제2항의 규정에 의하여 당연 퇴임한 위원은 해임절차 없이 선고받은 날부터 그 자격을 상실한다.

③ 위원이 자의로 사임하거나 제1항의 규정에 의하여 해임되는 경우에는 지체 없이 새로운 위원을 선출하여야 한다. 이 경우 새로 선임된 위원의 자격은 위원장 및 감사의 경우 시장·군수의 승인이 있은 후에, 그 밖의 위원의 경우 시장·군수에게 변경신고를 한 후에 대외적으로 효력이 발생한다.

④ 위원의 해임·교체는 재적위원 3분의 1 이상의 발의로 소집된 추진위원회에서 위원정수(운영규정 제15조에 의해 확정된 위원의 수를 말한다. 이하 같다)의 과반수 출석과 출석위원 3분의 2 이상의 찬성으로 해임하거나, 토지등소유자 10분의 1 이상의 발의로 소집된 주민총회에서 토지등소유자의 과반수 출석과 출석 토지등소유자의 과반수 찬성으로 해임할 수 있다. 다만, 위원의 전원을 해임할 경우 토지등소유자의 과반수의 찬성으로 해임할 수 있다. 이 경우 해임대상 위원은 해당 회의에 참석하여 소명할 수 있으나 위원정수에서 제외하며, 발의자 대표의 임시사회로 선출된 자가 그 의장이 된다.

⑤ 사임 또는 해임절차가 진행 중인 위원이 새로운 위원이 선출되어 취임할 때까지 직무를 수행하는 것이 적합하지 아니하다고 인정될 때에는 추진위원회 의결에 따라 그의 직무수행을 정지하고 위원장이 위원의 직무를 수행할 자를 임시로 선임할 수 있다. 다만, 위원장이 사임하거나 해임되는 경우에는 제17조제6항의 규정에 따른다.

제19조(보수 등) ① 추진위원회는 상근하지 아니하는 위원 등에 대하여는 보수를 지급하지 아니한다. 다만, 위원의 직무수행으로 발생되는 경비는 지급할 수 있다.

② 추진위원회는 상근위원 및 유급직원에 대하여 별도의 보수규정을 따로 정하여 보수를 지급하여야 한다. 이 경우 보수규정은 주민총회의 인준을 받아야 한다.

제4장 기관

제20조(주민총회) ① 토지등소유자 전원으로 주민총회를 구성한다.

② 주민총회는 위원장이 필요하다고 인정하는 경우에 개최한다. 다만, 다음 각호의 1에 해당하는 때에는 위원장은 해당 일부터 2월 이내에 주민총회를 개최하여야 한다.

1. 토지등소유자 5분의 1 이상이 주민총회의 목적사항을 제시하여 청구하는 때

2. 추진위원 3분의 2 이상으로부터 개최요구가 있는 때

③ 제2항 각호의 규정에 의한 청구 또는 요구가 있는 경우로서 위원장이 2개월 이내에 정당한 이유 없이 주민총회를 소집하지 아니하는 때에는 감사가 지체 없이 주민총회를 소집하여야 하며, 감사가 소집하지 아니하는 때에는 제2항 각호의 규정에 의하여 소집을 청구한 자의 대표가 시장·군수의 승인을 얻어 이를 소집한다.

④ 주민총회를 개최하거나 일시를 변경하는 경우에는 주민총회의 목적·안건·일시·장소·변경사유 등에 관하여 미리 추진위원회의 의결을 거쳐야 한다. 다만, 제2항 각호의 규정에 의하여 주민총회를 소집하는 경우에는 그러하지 아니하다.

⑤ 제2항 및 제3항의 규정에 의하여 주민총회를 소집하는 경우에는 회의개최 14일 전부터 회의목적·안건·일시 및 장소 등을 게시판에 게시하여야 하며, 토지등소유자에게는 회의개최 10일 전까지 등기우편으로 이를 발송·통지하여야 한다. 이 경우 등기우편이 반송된 경우에는 지체 없이 1회에 한하여 추가 발송한다. 〈개정 2009.8.13〉

⑥ 주민총회는 제5항의 규정에 의하여 통지한 안건에 대하여만 의결할 수 있다.

제21조(주민총회의 의결사항) 다음 각호의 사항은 주민총회의 의결을 거쳐 결정한다.

1. 위원장·감사의 선임·변경·보궐선임·연임

2. 운영규정의 변경

3. 정비사업전문관리업자의 선정 및 변경

4. 제28조제2항의 규정에 의한 정비사업전문관리업자와의 계약체결(변경체결을 포함하되, 금전적인 부담이 수반되지 아니하는 변경체결을 제외한다)

5. 제30조의 규정에 의한 개략적인 사업시행계획서의 변경

6. 제31조제5항의 규정에 의한 감사인의 선정

7. 조합설립추진과 관련하여 추진위원회에서 주민총회의 의결이 필요하다고 결정하는 사항

제22조(주민총회의 의결방법) ① 주민총회는 법 및 이 운영규정이 특별히 정한 경우를 제외하고 추진위원회 구성에 동의한 토지등소유자 과반수 출석으로 개의하고 출석한 토지등소유자(동의하지 않은 토지등소유자를 포함한다)의 과반수 찬성으로 의결한다.

② 토지등소유자는 서면 또는 제13조제2항 각호에 해당하는 대리인을 통하여 의결권을 행사할 수 있다. 이 경우 서면에 의한 의결권 행사는 제1항의 규정에 의한 출석으로 본다.

③ 토지등소유자는 규정에 의하여 출석을 서면으로 하는 때에는 안건내용에 대한 의사를 표시하여 주민총회 전일까지 추진위원회에 도착되도록 하여야 한다.

④ 토지등소유자는 제2항의 규정에 의하여 출석을 대리인으로 하고자 하는 경우에는 위임장 및 대리인 관계를 증명하는 서류를 추진위원회에 제출하여야 한다.

⑤ 주민총회 소집결과 정족수에 미달되는 때에는 재소집하여야 하며, 재소집의 경우에도 정족수에 미달되는 때에는 추진위원회 회의로 주민총회를 갈음할 수 있다.

제23조(주민총회운영 등) ① 주민총회의 운영은 이 운영규정 및 의사진행의 일반적인 규칙에 따른다.

② 의장은 주민총회의 안건내용 등을 고려하여 다음 각호에 해당하는 자 중 토지등소유자가 아닌 자를 주민총회에 참석하여 발언하도록 할 수 있다.

1. 추진위원회 사무국 직원

2. 정비사업전문관리업자, 건축사 사무소 등 용역업체 관계자

3. 그 밖에 위원장이 주민총회운영을 위하여 필요하다고 인정하는 자

③ 의장은 주민총회의 질서를 유지하고 의사를 정리하며, 고의로 의사진행을 방해하는 발언·행동 등으로 주민총회질서를 문란하게 하는 자에 대하여 그 발언의 정지·제한 또는 퇴장을 명할 수 있다.

④ 추진위원회는 주민총회의 의사규칙을 정하여 운영할 수 있다

제24조(추진위원회의 개최) ① 추진위원회는 위원장이 필요하다고 인정하는 때에 소집한다. 다만, 다음 각호의 1에 해당하는 때에는 위원장은 해당 일부터 14일 이내에 추진위원회를 소집하여야 한다.

1. 토지등소유자의 10분의 1 이상이 추진위원회의 목적사항을 제시하여 소집을 청구하는 때

2. 재적추진위원 3분의 1 이상이 회의의 목적사항을 제시하여 청구하는 때

② 제1항 각호의 1에 의한 소집청구가 있는 경우로서 위원장이 14일 이내에 정당한 이유 없이 추진위원회를 소집하지 아니한 때에는 감사가 지체 없이 이를 소집하여야 하며 이 경우 의장은 제17조제6항의 규정에 따른다. 감사가 소집하지 아니하는 때에는 소집을 청구한 자의 공동명의로 소집하며 이 경우 의장은 발의자 대표의 임시사회로

선출된 자가 그 의장이 된다.

③ 추진위원회의 소집은 회의개최 7일 전까지 회의목적·안건·일시 및 장소를 기재한 통지서를 추진위원에게 송부하고, 게시판에 게시하여야 한다. 다만, 사업추진상 시급히 추진위원회의 의결을 요하는 사안이 발생하는 경우에는 회의개최 3일 전에 이를 통지하고 추진위원회 회의에서 안건상정 여부를 묻고 의결할 수 있다. 이 경우 출석위원 3분의 2 이상의 찬성으로 의결할 수 있다.

제25조(추진위원회의 의결사항) ① 추진위원회는 이 운영규정에서 따로 정하는 사항과 다음 각호의 사항을 의결한다.
1. 위원(위원장·감사를 제외한다)의 보궐선임
2. 예산 및 결산의 승인에 관한 방법
3. 주민총회 부의안건의 사전심의 및 주민총회로부터 위임받은 사항
4. 주민총회 의결로 정한 예산의 범위 내에서의 용역계약 등
5. 그 밖에 추진위원회 운영을 위하여 필요한 사항

② 추진위원회는 제24조제3항의 규정에 의하여 통지한 사항에 관하여만 의결할 수 있다.

③ 위원은 자신과 관련된 해임·계약 및 소송 등에 대하여 의결권을 행사할 수 없다.

제26조(추진위원회의 의결방법) ① 추진위원회는 이 운영규정에서 특별히 정한 경우를 제외하고는 재적위원 과반수 출석으로 개의하고 출석위원 과반수의 찬성으로 의결한다. 다만, 제22조제5항의 규정에 의하여 주민총회의 의결을 대신하는 의결사항은 재적위원 3분의 2 이상의 출석과 출석위원 3분의 2 이상의 찬성으로 의결한다.

② 위원은 대리인을 통한 출석을 할 수 없다. 다만, 위원은 서면으로 추진위원회 회의에 출석하거나 의결권을 행사할 수 있으며, 이 경우 제1항의 규정에 의한 출석으로 본다.

③ 감사는 의결권을 행사할 수 없다.

④ 제23조의 규정은 추진위원회 회의에 준용할 수 있다.

제27조(의사록의 작성 및 관리) ① 주민총회 및 추진위원회의 의사록에는 위원장·부위원장 및 감사가 기명날인하여야 한다.

② 위원의 선임과 관련된 의사록을 관할 시장·군수에게 송부하고자 할 때에는 위원의 명부와 그 피선자격을 증명하는 서류를 첨부하여야 한다.

제5장 사업시행 등

제28조(정비사업전문관리업자의 선정 및 계약) ① 정비사업전문관리업자의 선정은 일반

경쟁입찰 또는 지명경쟁입찰방법으로 하되, 1회 이상 일간신문에 입찰공고를 하고, 현장설명회를 개최한 후 참여제안서를 제출받은 다음 주민총회의 의결을 거쳐 선정한다. 다만, 미응찰 등의 이유로 3회 이상 유찰된 경우에는 주민총회의 의결을 거쳐 수의계약할 수 있다.

② 추진위원회는 제1항의 규정에 의하여 선정된 정비사업전문관리업자와 그 업무범위 및 관련사업비의 부담 등 사업시행 전반에 대한 내용을 협의한 후 별도의 계약을 체결하여야 한다.

③ 추진위원회는 제2항의 규정에 의하여 정비사업전문관리업자와 체결한 계약서를 추진위원회 운영기간 동안 사무소에 비치하여야 하며, 토지등소유자의 열람 또는 복사요구에 응하여야 한다. 이 경우 복사에 드는 비용은 복사를 원하는 토지등소유자가 부담한다.

제29조(용역업체의 선정 및 계약) ① 제28조제1항의 규정은 제5조제2항의 규정에 의한 건축사사무소의 선정과 관련하여 이를 준용한다. 이 경우 "정비사업전문관리업자"는 "건축사사무소"로 보며, 단서 중 "3회"를 "2회"로 변경한다.

② 그 밖에 제5조의 규정에 의한 추진위원회 업무범위 내에서의 사업추진을 위한 용역업체의 선정 및 계약방법은 추진위원회가 정한다.

제30조(개략적인 사업시행계획서의 작성) 추진위원회는 다음 각호의 사항을 포함하여 개략적인 사업시행계획서를 작성하여야 한다. 〈개정 2009.8.13〉

1. 용적률·건폐율 등 건축계획
2. 건설예정 세대수 등 주택건설계획
3. 철거 및 신축비 등 공사비와 부대경비
4. 사업비의 분담에 관한 사항
5. 사업완료 후 소유권의 귀속에 관한 사항

제6장 회계

제31조(추진위원회의 회계) ① 추진위원회의 회계는 매년 1월 1일(설립승인을 받은 당해연도의 경우에는 승인일부터) 12월 31일까지로 한다.

② 추진위원회의 예산·회계는 기업회계원칙에 따르되, 추진위원회는 필요하다고 인정하는 때에는 다음 각호의 사항에 관하여 별도의 회계규정을 정하여 운영할 수 있다.

1. 예산의 편성과 집행기준에 관한 사항
2. 세입·세출예산서 및 결산보고서의 작성에 관한 사항

3. 수입의 관리 · 징수방법 및 수납기관 등에 관한 사항

4. 지출의 관리 및 지급 등에 관한 사항

5. 계약 및 채무관리에 관한 사항

6. 그 밖에 회계문서와 장부에 관한 사항

③ 추진위원회는 추진위원회의 지출내역서를 매 분기별로 게시판에 게시하거나 인터넷 등을 통하여 공개하고, 토지등소유자가 열람할 수 있도록 하여야 한다.

④ 추진위원회는 매 회계년도 종료일부터 30일 내에 결산보고서를 작성한 후 감사의 의견서를 첨부하여 추진위원회에 제출하여 의결을 거쳐야 하며, 추진위원회 의결을 거친 결산보고서를 주민총회 또는 토지등소유자에게 서면으로 보고하고 추진위원회 사무소에 3월 이상 비치하여 토지등소유자들이 열람할 수 있도록 하여야 한다.

⑤ 추진위원회는 납부 또는 지출된 금액의 총액이 3억 5천만 원 이상인 경우에는 주식회사의 외부감사에 관한 법률 제3조의 규정에 의한 감사인의 회계감사를 받는다. 제36조 규정에 의하여 중도 해산하는 경우에도 또한 같다. 다만, 추진위원회 구성에 동의한 토지등소유자의 5분의 4 이상의 동의를 받은 경우에는 회계감사를 받지 아니할 수 있다.

⑥ 추진위원회는 제5항의 규정에 의하여 실시한 회계감사 결과를 회계감사 종료일부터 15일 이내 시장 · 군수에게 보고하고, 추진위원회 사무소에 이를 비치하여 토지등소유자가 열람할 수 있도록 하여야 한다.

⑦ 추진위원회는 사업시행상 조력을 얻기 위하여 용역업자와 계약을 체결하고자 하는 경우에는 국가를 당사자로 하는 계약에 관한 법률을 준용할 수 있다.

제32조(재원) 추진위원회의 운영 및 사업시행을 위한 자금은 다음 각호에 의하여 조달한다.

1. 토지등소유자가 납부하는 경비
2. 금융기관 및 정비사업전문관리업자 등으로부터의 차입금
3. 특별시장, 광역시장 또는 시장이 융자하는 융자금

제33조(운영경비의 부과 및 징수) ① 추진위원회는 조합설립을 추진하기 위한 비용을 충당하기 위하여 토지등소유자에게 운영경비를 부과 · 징수할 수 있다.

② 제1항의 규정에 의한 운영경비는 추진위원회의 의결을 거쳐 부과할 수 있으며, 토지등소유자의 토지 및 건축물 등의 위치 · 면적 · 이용상황 · 환경 등 제반여건을 종합적으로 고려하여 공평하게 부과하여야 한다.

③ 추진위원회는 납부기한 내에 운영경비를 납부하지 아니한 토지등소유자(추진위원회 구성에 찬성한 자에 한한다)에 대하여는 금융기관에서 적용하는 연체금리의 범위 내에서 연체료를 부과할 수 있다.

제7장 보칙

제34조(조합설립 동의서) 추진위원회가 법 제16조제1항 내지 제3항의 규정에 의하여 조합설립을 위한 토지등소유자의 동의를 받는 경우 사업방식에 따라『도시 및 주거환경정비법 시행규칙』별지 제4호의2서식 및 별지 제4호의3서식의 조합설립동의서에 동의를 받아야 한다. 이 경우 다음 각호의 사항에 동의한 것으로 본다. 〈개정 2009.8.13〉

1. 건설되는 건축물의 설계의 개요
2. 건축물의 철거 및 신축에 소요되는 개략적인 금액
3. 제2호의 비용의 분담에 관한 기준(제1호의 설계개요가 변경되는 경우 비용의 분담 기준을 포함한다)
4. 사업완료 후 소유권의 귀속에 관한 사항
5. 조합정관

제35조(관련자료의 공개와 보존) ① 추진위원회위원장 또는 사업시행자(도시환경정비사업을 토지등소유자가 단독으로 시행하는 경우 그 대표자를 말한다)는 정비사업시행에 관하여 다음 각호의 서류 및 관련 자료를 토지등소유자가 알 수 있도록 인터넷(인터넷에 공개하기 어려운 사항은 그 개략적인 내용만 공개할 수 있다)과 그 밖의 방법을 병행하여 토지등소유자의 신상정보 보호를 위하여 주민등록번호, 주소 등 개인정보에 관한 사항을 제외하고는 공개하여야 하며, 토지등소유자의 열람·등사 요청이 있는 경우 즉시 이에 응하여야 한다. 이 경우 등사에 필요한 비용은 실비의 범위 안에서 청구인의 부담으로 한다. 〈개정 2009.8.13〉

1. 추진위원회 운영규정 등
2. 정비사업전문관리업자 등 용역업체의 선정계약서
3. 추진위원회·주민총회 의사록
4. 사업시행계획서
5. 해당 정비사업의 시행에 관한 공문서
6. 회계감사보고서

② 추진위원회 또는 정비사업전문관리업자는 주민총회 또는 추진위원회가 있은 때에는 제1항에 따른 서류 및 관련 자료와 속기록·녹음 또는 영상자료를 만들어 이를 조합설립인가일부터 30일 이내에 조합에 인계하여야 하고, 중도해산의 경우 청산업무가 종료할 때까지 이를 보관하여야 한다.

③ 토지등소유자가 제1항 각호의 사항을 열람·복사하고자 하는 때에는 서면으로 요청하여야 하며, 추진위원회는 특별한 사유가 없는 한 이에 응하여야 한다. 이 경우 복사에 드는 비용은 요청한 자의 부담으로 한다. 〈개정 2009.8.13〉

제36조(승계) ① 추진위원회는 조합설립인가일까지 업무를 수행할 수 있으며, 조합이 설립되면 모든 업무와 자산을 조합에 인계하고 해산한다. 다만, 조합설립인가 전에 추진위원회를 해산하고자 하는 경우 추진위원회 설립에 동의한 토지등소유자의 3분의 2 이상 또는 토지등소유자의 과반수의 동의를 얻어 시장·군수에게 신고함으로써 해산할 수 있다.

② 추진위원회는 자신이 행한 업무를 조합의 총회에 보고하여야 하며, 추진위원회가 그 업무범위 내에서 행한 업무와 관련된 권리와 의무는 조합이 포괄승계한다.

제37조(민법의 준용 등) ① 추진위원회에 관하여는 법에 규정된 것을 제외하고는 민법의 규정 중 사단법인에 관한 규정을 준용한다.

② 법·민법 기타 다른 법률과 이 운영규정에서 정하는 사항 외에 추진위원회 운영과 사업시행 등에 관하여 필요한 사항은 관계법령 및 관련행정기관의 지침·지시 또는 유권해석 등에 따른다.

③ 이 운영규정이 법령의 개정으로 변경되어야 할 경우 운영규정의 개정절차에 관계없이 변경되는 것으로 본다. 다만, 관계법령의 내용이 임의규정인 경우에는 그러하지 아니하다.

부　칙

이 운영규정은 ○○시장·군수·구청장으로부터 ○○주택재건축/주택재개발/도시환경정비사업조합설립추진위원회로 승인을 받은 날부터 시행한다.

대표소유자 선임동의서

1. 소유권 현황

※ 주택재건축사업인 경우

소유권 위치	번지　　　　아파트 동　　　호,　　상가　　동　　　호		
등기상 건축물지분(면적)	m²	등기상 대지지분(면적)	m²

※ 주택재개발/도시환경정비사업인 경우

권리 내역	토지	④ 소재지(공유 여부)	⑤ 면적(m²)
		(계　　　필지)	
		(　　　　　)	
		(　　　　　)	
		(　　　　　)	
권리 내역	건축물	⑥ 소재지(허가 유무)	⑦ 동　수
		(　　　　　)	
		(　　　　　)	
		(　　　　　)	

　상기 소유 물건의 공동소유자는 ○○○을 대표소유자로 선임하고 ○○주택재건축/주택재개발/도시환경정비사업조합설립추진위원회와 관련한 소유자로서의 법률행위는 대표소유자가 행하는 데 동의합니다.

년　　　월　　　일

　　○ 대표자(선임수락자)

　　성　　　　　명 :　　　　　　　　　　　　　　　　　　　(인) 날인

　　주민등록번호 :

　　전 화 번 호 :

○ 위임자(동의자)

① 성　　　명 :　　　　　　　　　　　　　(인)인감날인
　 주민등록번호 :
　 전 화 번 호 :
② 성　　　명 :　　　　　　　　　　　　　(인)인감날인
　 주민등록번호 :
　 전 화 번 호 :
③ 성　　　명 :　　　　　　　　　　　　　(인)인감날인
　 주민등록번호 :
　 전 화 번 호 :

첨부 : 대표자 및 위임자 인감증서 각1부

○○주택재건축/주택재개발/도시환경정비사업조합설립추진위원회 귀중

CHAPTER 03
정비사업의 임대주택 및 주택규모별 건설비율

건설교통부 고시 제2005-528호(제정 2005. 5. 19)
건설교통부 고시 제2006-273호(개정 2006. 7. 20)
국토해양부 고시 제2008-152호(개정 2008. 5. 16)
국토해양부 고시 제2009- 44호(개정 2009. 2. 2)
국토해양부 고시 제2009-393호(개정 2009. 6. 24)
국토해양부 고시 제2009-551호(개정 2009. 8. 13)

1. 목적 및 적용방법

1-1. 이 기준은 도시 및 주거환경정비법 제4조의2의 규정에 의하여 국토해양부장관이 고시하도록 한 정비사업 시행시 주택규모별 건설비율과 임대주택의 건설비율 및 규모를 정함을 목적으로 한다.

1-2. 이 기준에서 사용하는 용어의 정의는 다음과 같다.
　　가. 이 기준에서 사용하는 주택면적은 주거전용면적을 말하며, 그 면적은 일반건축물대장 또는 집합건축물대장을 기준으로 산정하되, 전용면적을 정확히 산정하기 곤란한 경우에는 실측하여 산정한다.
　　나. "시·도"라 함은 "특별시·광역시 또는 도"를 말한다.
　　다. "시·도지사"라 함은 "특별시장·광역시장 또는 도지사"를 말한다.

2. 주거환경개선사업

2-1. 건설하는 주택 전체 세대수의 10퍼센트 이하의 범위 안에서 85제곱미터를 초과하는 주택을 건설할 수 있다.

2-2. 건설하는 주택 전체 세대수의 20퍼센트 이상을 임대주택으로 건설하여야 한다.

2-3. (2-2)의 규정에 의한 임대주택의 40퍼센트 이상 또는 전체 건설 세대수의 8퍼센트 이상을 40제곱미터 이하 규모의 임대주택으로 건설하여야 한다.

2-4. 수도권을 제외한 기타 시·도의 경우, 시·도지사는 필요한 경우 (2-3)의 기준을 50퍼센트 범위 안에서 완화하여 적용할 수 있다.

2-5. (2-2) 내지 (2-4)의 기준을 적용함에 있어 다른 주거환경개선구역과 연계하여

전체 구역에 대한 공급비율을 기준으로 사업구역 별 차등 적용할 수 있으며, 주택건설을 위한 대지면적이 10,000제곱미터 이하의 소규모 사업구역은 임대주택 건설의무를 적용하지 아니할 수 있다.

3. 주택재개발사업

3-1. 건설하는 주택 전체 세대수의 80퍼센트 이상을 85제곱미터 이하로 건설하여야 하며, 시·도지사는 필요한 경우 그 이하 규모의 건설비율을 별도로 정하여 공보에 고시할 수 있다.

3-2. 건설하는 주택 전체 세대수의 17퍼센트 이상을 임대주택으로 건설하며, 임대주택의 30퍼센트 이상 또는 건설하는 주택 전체 세대수의 5퍼센트 이상을 40제곱미터 이하 규모의 임대주택으로 건설하여야 한다. 다만, 다음의 (1)부터 (4)까지 중 어느 하나에 해당하는 경우에는 임대주택을 건립하지 아니할 수 있다.
    (1) 건설하는 주택 전체 세대수가 200세대 미만인 경우
    (2) 도시관리계획상 자연경관지구 및 최고고도지구 내에서 7층 이하의 층수제한을 받게 되는 경우
    (3) 일반주거지역 안에서 자연경관·역사문화경관 보호 및 한옥 보존 등을 위하여 7층 이하로 개발계획을 수립한 경우
    (4) 『항공법』 및 『군사기지 및 군사시설 보호법』의 고도제한에 따라 7층 이하의 층수제한을 받게 되는 경우

3-3. (3-2)의 본문 규정에 불구하고 정비구역 내에 학교용지를 확보하여야 하는 경우에는 시·도지사가 정하는 바에 따라 임대주택 세대수를 50퍼센트 범위 내에서 차감하여 조정할 수 있다. 이 경우 시·도지사는 차감하여 조정한 임대주택 세대수 이상을 인근 정비구역에서 확보하여야 한다.

3-4. 수도권의 경우 시·도지사가 (3-1)과 (3-2)의 기준을 강화하여 공보에 고시한 경우에는 고시된 기준에 의하며, 수도권을 제외한 기타 시·도의 경우 시·도지사가 (3-1)과 (3-2)의 기준을 50퍼센트 범위 안에서 완화하여 공보에 고시한 경우에는 고시된 기준에 의한다.

4. 주택재건축사업

4-1. 건설하는 주택 전체 세대수가 20세대 이상 300세대 미만인 경우에는 85제곱미터 이하 규모의 주택을 60퍼센트 이상 건설하되, 85제곱미터 이하 규모의 주택이 전체 연면적에서 차지하는 비율이 50퍼센트 이상이어야 한다.

4-2. 건설하는 주택 전체 세대수가 300세대 이상인 경우에는 (4-1)의 기준을 적용하
되, (4-1)의 기준의 범위 안에서 시·도 조례로 주택의 규모 및 건설비율에 관
하여 따로 정하는 경우에는 그 규모 및 건설비율에 따른다.

4-3. 조합원 분양주택을 기존 주택면적(재건축하기 전의 주택면적을 말한다)의 10퍼
센트 내에서 확대하여 건설하고, 조합원 이외의 자에게 분양하는 주택을 모두
85제곱미터 이하 규모로 건설하는 때에는 (4-1) 또는 (4-2)의 기준을 적용하지
아니한다.

4-4. (4-1) 내지 (4-3)의 기준은 수도권정비계획법 제6조제1항제1호의 규정에 의한
과밀억제권역에 한하여 적용한다.

5. 행정사항

5-1. 「훈령·예규 등의 발령 및 관리에 관한 규정」(대통령 훈령 제248호)에 따라 이
고시를 발령한 후의 법령이나 현실 여건의 변화 등을 검토하여 개정 등의 조치
를 하여야 하는 기한은 2012년 8월 13일까지로 한다.

부칙〈제528호, 2005.5.19〉

① 이 기준은 2005년 5월 19일부터 시행한다.
② "2. 주거환경개선사업" 기준은 이 기준 시행 후 최초로 법 제4조제1항의 규정에 의하
여 주민공람을 하는 주거환경개선사업부터 적용한다.
③ "3. 주택재개발사업" 및 "4. 주택재건축사업" 기준은 이 기준 시행 후 최초로 사업시
행인가를 신청하는 주택재개발사업 및 주택재건축사업부터 적용한다.
④ (다른 지침의 폐지) "재건축사업의 국민주택규모 건설비율에 관한 기준"은 이를 폐지
한다.

부칙〈제273호, 2006.7.20〉

이 기준은 고시한 날부터 시행한다.

부칙〈제152호, 2008.5.16〉

이 기준은 고시한 날부터 시행한다.

부칙〈제44호, 2009.2.2〉

이 기준은 고시한 날부터 시행한다.

부칙〈제393호, 2009.6.24〉

이 기준은 고시한 날부터 시행한다.

부칙〈제551호, 2009.8.13〉

이 기준은 고시한 날부터 시행한다.

CHAPTER 04 정비사업의 시공자 선정기준

건설교통부 고시 제2006-331호(제정 2006. 8. 25)
국토해양부 고시 제2009-550호(개정 2009. 8. 13)

제1장 총칙

제1조(목적) 이 기준은 『도시 및 주거환경정비법』(이하 "법"이라 한다) 제11조제1항의 규정에 의하여 주택재개발사업조합·주택재건축사업조합 및 도시환경정비사업조합(이하 "조합"이라 한다)의 정비사업의 시공자(이하 "시공자"라 한다) 선정에 관하여 필요한 사항을 규정함을 목적으로 한다. 〈개정 2009.8.13〉

제2조(용어의 정의) 이 기준에서 사용하는 용어의 정의는 다음과 같다.
1. "건설업자등"이라 함은 건설산업기본법 제2조제5호의 규정에 의한 건설업자 또는 주택법 제12조제1항의 규정에 의하여 건설업자로 보는 등록사업자를 말한다. 〈개정 2009.8.13〉
2. "건설업자등관련자"라 함은 건설업자등의 임·직원, 그 피고용인, 용역요원 등 건설업자등으로부터 당해 시공자 선정에 관하여 재산상 이익을 제공받거나 제공을 약속받은 자(조합원인 경우를 포함한다)를 말한다.

제2장 시공자 선정의 원칙

제3조(기준의 적용) 이 기준으로 정하지 않은 사항은 정관 등이 정하는 바에 따르며, 정관 등으로 정하지 않은 구체적인 방법 및 절차는 대의원회의 의결(대의원회를 두지 않은 경우 총회의 의결에 의한다. 이하 같다)에 따른다.

제4조(공정성 유지 의무) ① 조합·건설업자등 및 입찰에 관계된 자는 입찰에 관한 업무가 자신의 재산상 이해와 관련되어 공정성을 잃지 않도록 이해 충돌의 방지에 노력하여야 한다.
② 조합임원 및 대의원은 입찰에 관한 업무를 수행함에 있어 직무의 적정성을 확보하여 조합원의 이익을 우선으로 성실히 직무를 수행하여야 한다.

제3장 시공자 선정의 방법

제5조(입찰의 방법) 조합은 시공자를 선정하고자 하는 경우에는 경쟁입찰의 방법으로 선정하여야 하며, 건설업자등의 자격을 제한하거나 지명하여 경쟁에 부칠 수 있다. 다만, 미응찰 등의 사유로 3회 이상 유찰된 경우에는 총회의 의결을 거쳐 수의계약할 수 있으며, 『도시 및 주거환경정비법 시행령』 제19조의2에서 정하는 규모 이하의 정비사업의 경우에는 조합총회에서 정관으로 정하는 바에 따라 선정할 수 있다.
〈개정 2009.8.13〉

제6조(제한경쟁에 의한 입찰) ① 조합은 제5조의 규정에 의하여 건설업자등의 자격을 도급한도액·시공능력 또는 당해 공사와 같은 종류의 공사실적 등으로 제한할 수 있으며, 5인 이상의 입찰참가 신청이 있어야 한다. 이 경우 공동참여의 경우에는 1인으로 본다.
② 제1항의 규정에 의하여 자격을 제한하고자 하는 경우에는 대의원회의 의결을 거쳐야 한다.

제7조(지명경쟁에 의한 입찰) ① 조합은 제5조의 규정에 의하여 지명경쟁에 의한 입찰에 부치고자 할 때에는 5인 이상의 입찰대상자를 지명하여 3인 이상의 입찰참가 신청이 있어야 한다.
② 제1항의 규정에 의하여 지명하고자 하는 경우에는 대의원회의 의결을 거쳐야 한다.

제8조(공고 등) 조합은 시공자 선정을 위하여 입찰에 부치고자 할 때에는 현장설명회 개최일로부터 7일 전에 1회 이상 전국 또는 해당 지방을 주된 보급지역으로 하는 일간신문에 공고하여야 한다. 다만, 지명경쟁에 의한 입찰의 경우에는 현장설명회 개최일로부터 7일 전에 내용증명우편으로 발송하여야 하며, 반송된 경우에는 반송된 다음날에 1회 이상 재발송하여야 한다.

제9조(공고 등의 내용) 제8조의 규정에 의한 공고 등에는 다음 각호의 사항을 명시하여야 한다.
1. 사업계획의 개요(공사규모, 면적 등)
2. 입찰의 일시 및 장소
3. 현장설명회의 일시 및 장소
4. 입찰참가 자격에 관한 사항
5. 그 밖에 조합이 정하는 사항

제10조(현장설명회) ① 조합은 입찰일 20일 이전에 현장설명회를 개최하여야 한다.

② 제1항의 규정에 의한 현장설명에는 다음 각호의 사항이 포함되어야 한다.

1. 설계도서(사업시행인가를 받은 경우 사업시행인가서를 포함하여야 한다)
2. 입찰서 작성방법 · 제출서류 · 접수방법 및 입찰유의사항 등
3. 건설업자등의 공동홍보방법
4. 시공자 결정방법
5. 계약에 관한 사항
6. 기타 입찰에 관하여 필요한 사항

제11조(입찰서의 접수 및 개봉) ① 조합은 밀봉된 상태로 참여제안서를 접수하여야 한다.

② 입찰서를 개봉하고자 할 때에는 입찰서를 제출한 건설업자등의 대표(대리인을 지정한 경우 그 대리인) 각 1인과 조합임원 기타 이해관계인이 참여한 공개된 장소에서 개봉하여야 한다.

제12조(대의원회의 의결) ① 조합은 제출된 입찰서를 모두 대의원회에 상정하여야 한다.

② 대의원회는 총회에 상정할 3인 이상의 건설업자등을 선정하여야 한다. 다만, 입찰에 참가한 건설업자등이 2인인 때에는 모두 총회에 상정하여야 한다.

③ 제2항의 규정에 의한 건설업자등의 선정은 대의원회 재적의원 과반수가 직접 참여한 회의에서 비밀투표의 방법으로 의결하여야 한다. 이 경우 서면 또는 대리인을 통한 투표는 인정하지 아니한다.

제13조(건설업자등의 홍보) ① 조합은 제12조의 규정에 의하여 총회에 상정될 건설업자등이 결정된 때에는 조합원에게 이를 즉시 통지하여야 하며, 건설업자등의 합동홍보설명회를 2회 이상 개최하여야 한다.

② 조합은 제1항의 규정에 의하여 합동홍보설명회를 개최할 때에는 미리 일시 및 장소를 정하여 조합원에게 이를 통지하여야 한다.

③ 건설업자등관련자는 조합원을 상대로 개별적인 홍보를 할 수 없으며, 홍보를 목적으로 조합원 또는 정비사업전문관리업자 등에게 사은품 등 물품 · 금품 · 재산상의 이익을 제공하거나 제공을 약속하여서는 아니 된다.

제14조(총회의 의결) ① 총회는 조합원 과반수가 직접 참석한 경우에 의사를 진행할 수 있다. 이 경우 정관이 정한 대리인이 참석한 때에는 직접 참여로 본다.

② 조합원은 정관에 따라 서면으로 의결권을 행사할 수 있으나, 이 경우 제1항의 규정에 의한 직접 참석자의 수에는 포함되지 아니하며, 건설업자등관련자는 총회의 시공자 선정에 관하여 서면결의서를 징구할 수 없다.

③ 조합은 총회에서 시공자 선정을 위한 투표 전에 각 건설업자등별로 조합원들에게 설명할 수 있는 기회를 부여하여야 한다.

제4장 계약의 체결

제15조(계약의 체결) 조합은 제14조의 규정에 의하여 선정된 시공자가 정당한 이유 없이 3월 이내에 계약을 체결하지 아니하는 경우에는 제14조의 규정에 의한 총회의 의결을 거쳐 당해 선정을 무효로 할 수 있다. 〈개정 2009.8.13〉

제16조(재검토기한) 「훈령·예규 등의 발령 및 관리에 관한 규정」(대통령 훈령 제248호)에 따라 이 고시를 발령한 후의 법령이나 현실 여건의 변화 등을 검토하여 개정 등의 조치를 하여야 하는 기한은 2012년 8월 13일까지로 한다. 〈신설 2009.8.13〉

부　칙

제1조(시행일) 이 기준은 2006년 8월 25일부터 시행한다.

제2조(경과조치) 주택재개발사업 및 도시환경정비사업의 경우에는 2006. 8. 25. 이후 최초로 추진위원회 승인을 얻은 분부터 적용한다.

부　칙

이 기준은 고시한 날부터 시행한다.

주택 재건축 판정을 위한 안전진단 기준

건설교통부 고시 제2006-332호(제정 2006. 8. 25)
국토해양부 고시 제2009- 30호(개정 2009. 1. 20)
국토해양부 고시 제2009-548호(개정 2009. 8. 13)

제1장 총칙

1-1. 목적

1-1-1. 이 기준은 「도시 및 주거환경정비법」(이하 '법'이라 한다) 제12조제4항에 따른 주택재건축사업의 안전진단(이하 '재건축 안전진단'이라 한다)의 실시방법 및 절차 등을 정함을 목적으로 한다.

1-2. 적용 범위 및 방법

1-2-1. 현지조사 및 재건축 안전진단은 이 기준에 따라 실시하되, 구체적인 실시요령은 한국시설안전공단이 정하는 「주택재건축사업의 안전진단 매뉴얼」(이하 '매뉴얼'이라 한다)이 정하는 바에 따른다.

1-2-2. 이 기준은 철근콘크리트 구조, 프리캐스트 콘크리트 조립식 구조(이하 'PC조'라 한다) 및 조적식 구조(이하 '조적조'라 한다)의 공동주택에 적용한다. 본 기준에서 규정하지 않은 구조의 공동주택에 대한 재건축 안전진단의 실시방법은 시장·군수 또는 자치구의 구청장(이하 '시장·군수'라 한다)이 「시설물의안전관리에관한특별법」 제25조의 규정에 의한 한국시설안전공단 또는 「과학기술분야 정부출연연구기관 등의 설립·운영 및 육성에 관한 법률」제8조의 규정에 의한 한국건설기술연구원(이하 '한국시설안전기술공단 등'이라 한다)에 자문하여 정한다.

1-3. 재건축 안전진단의 성격 및 종류

1-3-1. 재건축 안전진단은 '현지조사'와 '안전진단'으로 구분한다.

1-3-2. '현지조사'는 시장·군수가 법 제12조제3항 및 동법 시행규칙 제5조에 따라

해당 건축물의 구조안전성, 건축마감·설비노후도, 주거환경 적합성을 심사하여 안전진단 실시 여부 등을 결정하기 위하여 실시한다.

1-3-3. '안전진단'은 시장·군수가 현지조사를 거쳐 '안전진단 실시'로 결정한 경우에 안전진단기관에 의뢰하여 실시하는 것으로 '구조안전성', '건축 마감 및 설비노후도', '주거환경' 및 '비용분석'으로 구분하여 평가하고 '유지보수', '조건부 재건축', '재건축'으로 판정한다.

1-3-4. 시장·군수는 법 제12조제4항에 따라 같은 법 시행령 제20조제4항제1호에 따른 안전진단전문기관이 제출한 안전진단결과보고서를 받은 경우에는 같은 항 제2호 또는 제3호에 따른 안전진단기관에 안전진단결과보고서의 적정 여부에 대한 검토를 의뢰할 수 있다.

1-3-5. 시장·군수로부터 안전진단결과보고서를 제출받은 시·도지사는 필요한 경우 한국시설안전공단 또는 한국건설기술연구원에 안전진단결과의 적정성 여부에 대한 검토를 의뢰할 수 있다.

1-4. 용어의 정의

1-4-1. 비용분석 : 건축물 구조체의 보수·보강비용 및 성능회복비용과 재건축 비용을 LCC(Life Cycle Cost) 관점에서 비교·분석하는 것을 말한다. 이 경우 편익과 주택재건축사업시행으로 인한 재산증식효과는 고려하지 않는다.

1-4-2. 조건부 재건축 : 노후·불량건축물에 해당하여 재건축이 가능하나, 붕괴·도괴의 우려 등 치명적인 구조적 결함은 없는 것으로서, 시장·군수가 주택시장·지역여건 등을 고려하여 재건축시기를 조정할 수 있는 것을 말한다. 안전진단결과, 종합 성능점수가 31~55점을 받는 경우가 이에 해당한다.

1-5. 비용의 부담

1-5-1. 안전진단에 소요되는 비용은 시장·군수가 부담하는 것을 원칙으로 한다. 다만, 다음 각호의 어느 하나에 해당하는 경우 시·도 조례가 정하는 방법과 절차에 따라 안전진단에 소요되는 비용의 전부 또는 일부를 안전진단의 실시를 요청하는 자에게 부담하게 할 수 있다.

　(1) 법 제4조제3항에 따라 정비계획의 입안을 제안하고자 하는 자가 입안을 제안하기 전에 해당 정비예정구역 안에 소재한 건축물 및 그 부속토지의 소유자 10분의 1 이상의 동의를 얻어 안전진단 실시를 요청하는 경우

　(2) 정비구역이 아닌 구역에서의 주택재건축사업을 시행하고자 하는 자가 추

진위원회의 구성 승인을 신청하기 전에 해당 사업예정구역 안에 소재한 건축물 및 그 부속토지의 소유자 10분의 1 이상의 동의를 얻어 안전진단 실시를 요청하는 경우

(3) 법 부칙(법률 제9444호, 2009. 2. 6.) 제9조에 따라 주민 또는 추진위원회가 안전진단의 실시를 요청하는 경우

1-5-2. 시·도지사 또는 시장·군수가 안전진단의 필요성 및 안전진단결과의 적정성 여부에 대한 검토를 안전진단기관에 의뢰하는 경우 검토에 필요한 비용은 시·도지사 또는 시장·군수가 부담한다.

1-5-3. 삭제〈2009.8.13〉

제2장 현지조사

2-1. 안전진단 실시 여부의 결정 절차

2-1-1. 시장·군수는 법 제12조제3항에 의거 현지조사 등을 통하여 해당 건축물의 구조 안전성, 건축마감, 설비노후도 및 주거환경 적합성 등을 심사하여 안전진단 실시 여부를 결정하여야 한다.

2-1-2. 안전진단의 실시가 필요하다고 결정한 경우에는 「도시 및 주거환경정비법 시행령」(이하 "영"이라 한다) 제20조제3항에서 정하고 있는 안전진단기관에 안전진단을 의뢰하여야 한다. 다만, 단계별 정비사업추진계획 등의 사유로 주택재건축사업의 시기를 조정할 필요가 있다고 인정되어 안전진단의 실시 시기를 조정하는 경우는 그러하지 아니하다.

2-1-3. 삭제〈2009.8.13〉

2-1-4. 삭제〈2009.8.13〉

2-1-5. 삭제〈2009.8.13〉

2-1-6. 삭제〈2009.8.13〉

2-2. 현지조사 표본의 선정

2-2-1. 삭제〈2009.8.13〉

2-2-2. 현지조사의 표본은 단지배치, 동별 준공일자·규모·형태 및 세대 유형 등을 고려하여 골고루 분포되게 선정하되, 최소한으로 조사해야 할 표본 동수의 선

정 기준은 다음 표와 같다.

규모(동수)	산 식	최소 조사 동수	비 고
10동 이하	전체 동수의 20%	1 ~ 2동	
11 ~ 30	2 + (전체 동수 − 10) × 10%	3 ~ 4동	
31 ~ 70	4 + (전체 동수 − 30) × 5%	5 ~ 6동	
71동 이상	−	7동	

* 동수 선정시 소수점 이하는 올림으로 계산함

2-2-3. 현지조사에서 최소한으로 조사해야 할 세대수는 조사 동당 1세대를 기본으로 하되, 단지당 최소 3세대 이상으로 한다.

2-2-4. 현지조사 결과 '안전진단 실시'로 판정하는 경우, 안전진단시 반드시 포함되어야 할 동, 세대 및 조사부위 등을 지정하여야 하며, 이 경우 표본 선정의 기본 목적인 대표성 및 객관성을 확보하기 위해 지나치게 문제가 있는 표본 또는 전혀 문제가 없는 표본은 선정하지 않도록 유의한다.

2-3. 현지조사 항목

2-3-1. 예비평가의 조사항목은 다음과 같다.

평가분야	평가항목	중점 평가사항
구조 안전성	지반상태	지반침하 상태 및 유형
	변형상태	건물 기울기 바닥판 변형(경사변형, 휨변형)
	균열상태	균열유형(구조균열, 비구조균열, 지반침하로 인한 균열) 균열상태(형상, 폭, 진행성, 누수)
	하중상태	하중상태(고정하중, 적재하중, 과하중 여부)
	구조체 노후화 상태	철근노출 및 부식상태 박리/박락 상태, 백화, 누수
	구조부재의 변경 상태	구조부재의 철거, 변경 및 신설
	접합부 상태[1]	접합부 긴결철물 부식상태, 사춤상태
	부착모르타르 상태[2]	부착모르타르 탈락 및 사춤상태
건축마감 및 설비노후도	지붕 마감상태	옥상 마감 및 방수상태/보수의 용이성
	외벽 마감상태	외벽 마감 및 방수상태/보수의 용이성
	계단실 마감상태	계단실 마감상태/보수의 용이성
	공용창호 상태	공용창호 상태/보수의 용이성

평가분야	평가항목	중점 평가사항
건축 마감 및 설비 노후도	기계설비 시스템의 적정성	난방 방식의 적정성 급수·급탕 방식의 적정성 및 오염방지성능 기타 오·배수, 도시가스, 환기설비의 적정성 기계 소방설비의 적정성
	기계설비 장비 및 배관의 노후도	장비 및 배관의 노후도 및 교체의 용이성
	전기·통신 설비 시스템의 적정성	수변전 방식 및 용량의 적정성 등 전기·통신 시스템의 효율성과 안전성 전기 소방설비의 적정성
	전기설비 장비 및 배선의 노후도	장비 및 배선의 노후도 및 교체의 용이성
주거환경	주거환경	주변토지의 이용상황 등에 비교한 주거환경, 주차환경, 일조·소음 등의 주거환경
	재난대비	화재시 피해 및 소화용이성(소방차 접근 등) 홍수대비·침수피해 가능성 등 재난환경
	도시미관	도시미관 저해정도

1) PC조의 경우에 해당
2) 조적조의 경우에 해당

2-3-2. 삭제〈2009.8.13〉

2-4. 예비평가 결과의 판정

2-4-1. 현지조사는 정밀한 계측을 하지 않고, 매뉴얼에 따라 설계도서 검토와 육안조
사를 실시한 후 조사자의 의견을 서식 1부터 서식 4까지의 현지조사표에 기술
한다.

2-4-2. 현지조사는 조사항목별 조사결과를 토대로 구조안전성 분야, 건축마감 및 설
비노후도 분야, 주거환경 분야의 3개 분야별로 실시한 후 안전진단의 실시
여부를 판단한다.

제3장 안전진단

3-1. 평가절차

3-1-1. 안전진단의 시행절차는 다음과 같다.

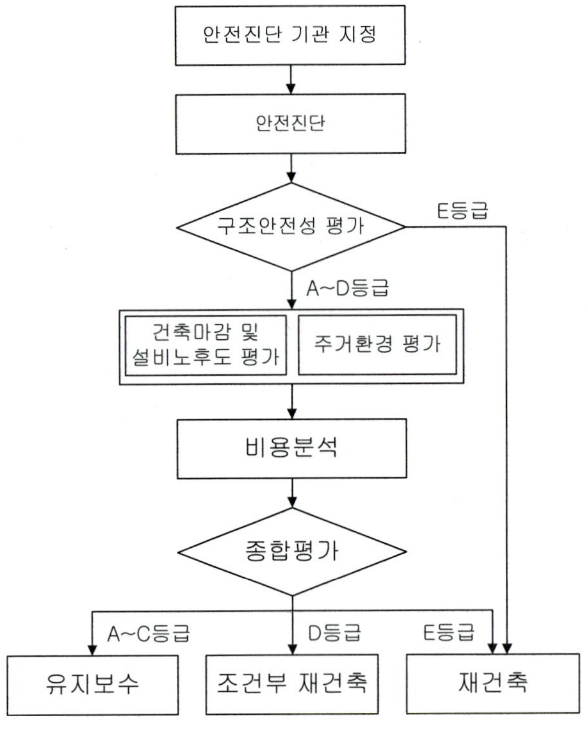

3-1-2. 안전진단은 '구조안전성', '건축마감 및 설비노후도', '주거환경', '비용분석' 분야 순으로 평가한다.

3-1-3. '구조안전성'을 우선 평가하여 재건축 실시 여부를 판정하고, 구조안전성 분야의 성능점수가 20점 이하의 경우에는 그 밖의 분야에 대한 평가를 중단하고 '재건축 실시'로 판정한다.

3-1-4. 구조안전성, 건축마감 및 설비노후도, 주거환경 분야의 평가등급 및 성능점수의 산정은 다음 표를 따른다.

평가등급	A	B	C	D	E
대표 성능점수	100	90	70	40	0
성능점수 (PS) 범위	$100 \geqq PS > 95$	$95 \geqq PS > 80$	$90 \geqq PS > 55$	$55 \geqq PS > 20$	$20 \geqq PS \geqq 0$

3-2. 구조안전성 평가

3-2-1. 구조안전성 평가 절차는 다음과 같다.

    (1) 구조안전성 평가는 표본을 선정하여 조사하고, 조사결과에 요소별(항목별·부재별·층별) 중요도를 고려하여 성능점수를 산정한 후 A~E등급의 5단계로 구분하여 평가한다.

    (2) 구조안전성 평가결과 E등급으로 판정된 경우에는 건축마감 및 설비노후도, 주거환경 및 비용분석 분야의 평가 없이 재건축 실시로 판정한다.

3-2-2. 구조안전성 평가는 기울기 및 침하, 내하력, 내구성의 세 부문으로 나누어 표본동에 대하여 표본동 전체 또는 부재 단위로 조사한다. 각 부문별 평가항목은 다음과 같다.

평가부문	평가항목		
기울기 및 침하	건물 기울기		
	기초침하		
내하력	내력비	콘크리트 강도	
		철근배근상태	
		부재단면치수	
		하중상태	
		접합부 용접상태[1]	
		접합 철물 치수[1]	
		보강·긴결철물 상태[2]	
		조적개체 강도[2]	
		조적벽체 두께, 길이[2]	
	처짐		
내구성	콘크리트 중성화		
	염분 함유량		
	철근부식		
	균열		
	표면 노후화		
	접합부 긴결철물의 부식[1]		
	사춤콘크리트 및 모르타르 탈락[1]		
	부착 모르타르 상태[2]		

1) PC조의 경우에 해당
2) 조적조의 경우에 해당

3-2-3. 표본의 선정

(1) 구조안전성 평가의 표본은 단지규모, 동(棟) 배치 및 세대분포 등을 고려하여 선정한다.

(2) 조사 동수의 기준은 다음 표의 기준 이상으로 하며, 현지조사 결과에서 제시한 동을 반드시 포함하여야 하며, 부득이하게 포함하지 못할 경우에는 타당한 사유를 명시하여야 한다. 다만, 50세대 이하인 연립주택 또는 다세대 주택인 경우에는 최소 조사 동수의 1/2로 할 수 있다.

전체동수(동)	최소 조사 동수(동)	선정방법
3동 이하	1동	- 구조형식이 다른 동 선정
4 ~ 13	2 ~ 3동	- 층수가 다른 동 선정
14 ~ 26	4 ~ 5동	- 세대규모(평형)가 다른 동을 선정
27 ~ 46	6 ~ 7동	- 단지를 대표할 수 있는 동 선정 - 외관조사에서 구조적으로 취약하다고
47동 이상	8동	판단되는 동 선정

3-2-4. 성능점수 산정

(1) 동별 평가 결과로부터 단지 전체에 대한 구조안전성을 평가한다.

$$구조안전성\ 성능점수 = \frac{\Sigma(동별\ 점수)}{조사\ 동수}$$

(2) 구조안전성 평가결과는 [서식 5] 『구조안전성 평가표』를 활용하여 작성한다.

3-3. 건축 마감 및 설비노후도 평가

3-3-1. 건축마감 및 설비노후도 평가는 표본을 선정하여 조사하고, 조사결과에 요소별(부문별·항목별) 중요도를 고려하여 성능점수를 산정한 후, A ~ E등급의 5단계로 구분하여 평가한다.

3-3-2. 건축마감 및 설비노후도 분야의 평가는 건축마감, 기계설비 및 전기·통신설비 노후도의 3가지 부문으로 나누어 평가한다. 이 경우 평가부문별 평가항목은 다음과 같다.

3-3-3. 건축마감 및 설비노후도 분야의 각 부문별 평가항목은 다음과 같다.

평가부문	평가항목
건축마감	지붕 마감상태
	외벽 마감상태
	계단실 마감상태
	공용창호 상태
기계설비 노후도	시스템성능
	난방설비
	급수 · 급탕설비
	오 · 배수설비
	기계소방설비
	도시가스설비
전기 · 통신 설비노후도	시스템성능
	수변전설비
	전력간선설비
	정보통신설비
	옥외전기설비
	전기소방설비

3-3-4. 건축마감 및 설비노후도 분야의 표본 선정 중 최소 조사 동수는 3-2-3.을 따르고, 최소 조사 세대수는 다음과 같다.

규모(세대)	산 식
100 이하	100 × 10 %
101 이상 ~ 300 이하	10 + (전체 세대수 − 100) × 5%
301 이상 ~ 500 이하	20 + (전체 세대수 − 300) × 4%
501 이상 ~ 1,000 이하	28 + (전체 세대수 − 500) × 3%
1,001 이상 ~ 3,850 이하	43 + (전체 세대수 − 1000) × 2%
3,851 이상	100세대

* 세대수 선정시 소수점 이하는 올림으로 계산함

3-3-5. 성능점수 산정

(1) 건축마감, 기계설비노후도, 전기 · 통신 설비노후도의 평가항목별 성능점수와 해당항목의 가중치를 고려하여 산정한다.

> 건축마감 및 설비노후도 성능점수
> $= \Sigma$(평가항목별 성능점수 i × 평가항목별 가중치 i)

(2) 건축마감 및 설비노후도 분야의 평가결과는 [서식 6]『건축마감 및 설비
노후도 평가표』를 활용하여 작성한다.

3-4. 주거환경 평가

3-4-1. 주거환경 분야는 표본을 선정하여 조사하고, 조사결과에 항목별 중요도를 고
려하여 성능점수를 산정한 후, A～E등급의 5단계로 구분하여 평가한다. 이
경우 도시미관, 소방활동의 용이성, 침수피해 가능성, 세대당 주차대수, 일조
환경은 단지전체에 대해 조사하고, 소방활동의 용이성, 일조환경은 단지전체
뿐 아니라 표본 동을 선정해서 평가한다.

3-4-2. 주거환경 평가는 도시미관, 소방활동의 용이성, 침수피해 가능성, 세대당 주
차대수, 일조환경 등 5개의 항목에 대하여 조사·평가한다.

3-4-3. 주거환경 분야의 표본은 단지 및 동(棟) 배치를 고려하여 선정하며, 최소 조
사 동수는 3-2-3.을 따른다.

3-4-4. 성능점수 산정
(1) 주거환경 평가 성능점수는 도시미관, 소방활동의 용이성, 침수피해 가능
성, 세대당 주차대수, 일조환경에 대한 성능평가 점수와 해당 항목의 가
중치를 고려하여 산정한다.

주거환경 평가 성능점수

$= \sum ($평가항목별 성능점수 $i \times$ 평가항목별 가중치 $i)$

(2) 주거환경 분야의 평가결과는 [서식 7]『주거환경 평가표』를 활용하여 작
성한다.

3-5. 비용분석

3-5-1. 비용분석 분야의 평가 절차와 방법은 다음과 같다.
(1) 비용분석 분야는 개·보수를 하는 경우의 총비용과 재건축을 하는 경우의
총비용을 LCC(생애주기 비용)적인 관점에서 비교·분석하여 평가값(α)을
산출한 후, A～E등급의 5단계로 구분하여 평가한다.
(2) 평가값(α)은 개·보수하는 경우의 주택 LCC의 년가(Equivalent Uniform
Annual Cost)에 대한 재건축 하는 경우의 주택 LCC의 년가의 비율로 산
정한다.
(3) 비용분석은 내용연수, 실질이자율(할인율), 비용산정 근거 등 기본적인

사항과 개 · 보수 비용, 재건축 비용 등을 고려하여 시행한다.

(4) 비용분석 분야의 평가 결과는 [서식 8] 『비용분석표』를 활용하여 작성한다.

3-5-2. 주택의 내용연수와 실질이자율(할인율) 등을 확정한다.

(1) 구조형식별 공동주택의 내용연수는 법인세법 시행규칙 제15조 제3항(건축물 등의 기준내용연수 및 내용연수 범위표)을 따른다. 개 · 보수 후의 주택의 내용연수는 성능회복 수준에 비례하고, 성능회복수준은 그에 소요된 비용에 의하여 결정되는 것으로 가정하여 결정한다.

(2) 실질이자율은 다음과 같은 식으로 구하고 과거 5년 정도의 수치를 산술평균한 값을 적용한다. 물가상승률은 한국은행의 경제통계연보와 통계청의 주요경제지표에서 제시한 자료를 사용하고, 기업대출금리를 명목이자율로 사용한다.

$$i = \frac{(1+i_n)}{(1+f)} - 1$$

i : 실질이자율, i_n : 명목이자율, f : 물가상승률

(3) 내용연수와 실질이자율 결정에 관한 상세한 내용은 매뉴얼에 따른다.

3-5-3. 개 · 보수비용과 재건축 비용을 산정한다.

(1) 개 · 보수 비용은 철거공사비, 구조체 보수 · 보강 비용(내진보강 비용 포함), 건축마감 및 설비 성능회복비용, 유지관리비, 개 · 보수 기간의 이주비 등을 고려하여 산정한다.

(2) 재건축 비용은 기존 건축물을 철거하고 새로운 건축물을 건설하는데 소요되는 제반비용으로 철거공사비와 건축물 신축공사비, 재건축 공사기간 중의 이주비용 등을 포함한다.

3-5-4. 비용분석의 평가값(α)에 따른 대표점수는 다음과 같다.

평가값($\alpha^{1)}$)	대표점수
0.69 이하	100
0.70 ~ 0.79	90
0.80 ~ 0.89	70
0.90 ~ 0.99	40
1.00 이상	0

1) $\alpha = \dfrac{\text{개 · 보수하는 경우 주택 LCC의 년가}}{\text{재건축하는 경우 주택 LCC의 년가}}$

3-6. 종합판정

3-6-1. 구조안전성평가, 건축마감 및 설비노후도 평가, 주거환경평가, 비용분석 점수에
다음 표의 가중치를 곱하여 최종 성능점수를 구한다.

구 분	가중치
구조안전성	0.40
건축마감 및 설비노후도	0.30
주거환경	0.15
비용분석	0.15

3-6-2. 최종 성능점수에 따라 다음 표와 같이 '유지보수', '조건부 재건축', '재건축'으
로 구분하여 판정한다.

최종 성능점수	판 정
56 이상	유지보수
31 ~ 55	조건부 재건축
30 이하	재건축

제4장 부칙

4-1. 이 기준은 고시한 날부터 시행한다.

4-2. 이 개정 기준은 시행 이후에 최초로 안전진단을 신청하는 분부터 적용한다.

4-3. 이 기준에서 규정하지 아니한 상세한 사항은 매뉴얼에 따른다.

4-4. 「훈령 · 예규 등의 발령 및 관리에 관한 규정」(대통령 훈령 제248호)에 따라 이 고
시를 발령한 후의 법령이나 현실 여건의 변화 등을 검토하여야 하는 2012년 8월
13일까지 효력을 가진다.

[서식 1] 현지조사 – 공동주택 개요

<table>
<tr><td colspan="2">1. 공동주택 개요　　　　　작성일자 ______ 년 ___ 월 ___ 일　작성자 ________</td></tr>
</table>

1.1 건 물 명 : ______________________________________

1.2 소 재 지 : ______________________________________

1.3 준공일자 : _______ 년____ 월____ 일 (경과년수 _____ 년____ 개월)

　　　　　　 _______ 년____ 월____ 일 (경과년수 _____ 년____ 개월)

　　　　　(동별 준공연도가 다를 경우는 최초 / 최후 준공 동(棟)만 기록)

1.4 규　　모 : ______개동 ________세대 / 총연면적 : ___________ m^2

　　　　　기본평형 : __________평형

　　　　　기본층수 : 지하_____층, 지상______층

　　　　　(기본평형 및 기본동수는 대표적인 것 기록)

1.5 준공도서 보관유무

　　1) 준 공 도 면 : □ 유　□ 무　□ 기타 (　　　　　　　)
　　2) 구 조 계 산 서 : □ 유　□ 무　□ 기타 (　　　　　　　)
　　3) 지 질 조 사 서 : □ 유　□ 무　□ 기타 (　　　　　　　)
　　4) 건 물 관리대장 : □ 유　□ 무　□ 기타 (　　　　　　　)
　　5) 기　　　　타 : ______________________________

1.6 건물이력 주요사항 (용도변경, 증·개축, 보수·보강, 구조변경, 리모델링 등)

일 자	주요사항	기 타

[서식 2] 현지조사 - 설계기준 및 기본현황 검토

2. 설계기준 및 기본현황 검토

2.1 구조 설계

1) 구조형식 : □ RC 벽식구조　　□ RC 가구식 구조　　□ 조적조 (　　　　　　　)
　　　　　　　□ PC 벽식구조　　□ PC 가구식 구조　　□ 기타 (　　　　　　　)

2) 기초형식 : □ Pile 기초　□ Mat 기초　□ 독립기초　□ 줄기초　□ 기타 (　　)

3) 설 계 법 : □ 허용응력 설계법　□ 극한강도 설계법　□ 불명

4) 내진설계 : □ 적용　□ 미적용　□ 불명

5) 사용재료의 강도

　　① 콘크리트 : f_{ck} = _______________ MPa,　□ 불명

　　② 철　　근 : f_y = _______________ MPa,　□ 불명

　　③ 철　　골 : F_y = _______________ MPa,　□ 불명

　　④ 조　　적 : $f'm$ = _______________ MPa,　□ 불명

6) 지내력 : ___________kN/m^2,　　　　　□ 불명

7) Pile : □ 유 (□ RC Pile　□ PHC Pile　□ 강관 Pile)　　□ 무　　□ 불명

　　① 규　　격 : _____________　　② 허용지지력 : f_p = _____________N

8) 설계 지하수위 : GL　-_____________m,　　□ 불명

2.2 설비 설계

1) 기계설비방식

　　① 난방방식 : □ 개별　□ 중앙　□ 지역,

　　② 급수방식 : □ 고가수조　□ 가압펌프　□ 시직수

2) 배관재질

　　① 난　　방 : _______________　　② 급수·급탕 : _______________

　　③ 오 배 수 : _______________　　④ 소　　화 : _______________

　　⑤ 가　　스 : _______________　　⑥ 수　　조 : _______________

3) 전기설비방식 : 수전방식 _______________　　수전용량 _______________ kVA

4) 소화설비 설치현황 및 현행법규 만족 여부

　　① 기계 : ____

　　② 전기 : ____

2.3 도시계획 관련

1) 현 지역지구　: _______________

2) 건폐율　　　 : 현재 _____________ %　현행기준 _____________ %

3) 용적률　　　 : 현재 _____________ %　현행기준 _____________ %

4) 주차대수　　 : 현재 _____________ 대　현행기준 _____________ 대

5) 주변도로현황 : ____

[서식 3] 현지조사 – 분야별 현지조사표

3.1 분야별 현지조사표(구조안전성 분야)

조사항목 \ 평가등급	A	B	C	D	E	참고사항
지반상태						
변형상태						
균열상태						
하중상태						
구조체 노후화상태						
구조부재의 변경상태						
접합부 상태[1]						
부착모르타르 상태[2]						
구조안전성 등급						

1) PC조의 경우에 해당
2) 조적조의 경우에 해당

※ 등급 판정 사유

________년 ______월 ______일

현지조사자   (서명 또는 날인)

3.2 분야별 현지조사표(건축마감 및 설비노후도 분야)

조사항목	평가등급	A	B	C	D	E	참고사항
건축마감 상태	지붕마감상태						
	외벽마감상태						
	계단실마감상태						
	공용 창호상태						
건축마감 등급							
기계설비 상태	기계설비 시스템의 적정성						
	기계설비 장비 및 배관의 노후도						
전기·통신 설비 상태	전기설비 시스템의 적정성						
	전기설비 장비 및 배선의 노후도						
설비노후도 등급							

※ 등급 판정 사유

_______ 년 _______ 월 ______ 일

현지조사자   (서명 또는 날인)

평가등급 조사항목	A	B	C	D	E	참고사항
주거환경						
재난대비						
도시미관						
주거환경 등급						

※ 등급 판정 사유

_______년 ______월 _____일

현지조사자　　　　　　　　　　　　　　　　　(서명 또는 날인)

[서식 4] 현지조사 결과표

<table>
<tr><td colspan="4">4. 현지조사 결과</td></tr>
</table>

4.1 조사항목별 등급

평가항목	구조안전성	건축마감 및 설비노후도	주거환경
등급			

4.2 안전진단 필요 여부

□ 필요　□ 불필요

4.3 조사 의견

________년 ______월 _____일

현지조사자　　　　　　　　　　　　　　　　(서명 또는 날인)

4.4 표본선정

(판정 결과 안전진단이 필요한 경우, 안전진단 표본 선정시 포함되어야 할 동 및 세대)

구 분	현 황	표본 선정
동	총 　동	
세대	총 　　세대	

[서식 5] 구조안전성 평가표

『구조안전성 평가표』

구 분		평가등급(동수)						비 고
		A	B	C	D	E	소계	
부문별 평가	기울기 및 침하							
	내하력							
	내구성							
동별 평가								
구조안전성 평가		성능점수(환산) :			/ 평가등급 :			

No	동	평가부문	부문별 평가		동별 평가		구조안전성 평가		비 고
			점 수	등 급	점 수	등 급	성능점수	평가등급	
1		기울기 및 침하			*		**		
		내하력							
		내구성							
2		기울기 및 침하							
		내하력							
		내구성							
3		기울기 및 침하							
		내하력							
		내구성							
.		기울기 및 침하							
		내하력							
		내구성							
n		기울기 및 침하							
		내하력							
		내구성							

* 부문별 평가점수 중 최저점수
** 동별 평가점수의 산술평균

▷ 특기사항 및 총평

『건축마감 및 설비노후도 평가표』

단지(團地)명 :   조사일 :   년   월   일

중분류	평가등급					성능점수	가중치	성능점수 × 가중치	비 고
	A	B	C	D	E				
건축마감							0.40		
기계설비노후도							0.30		
전기·통신 설비노후도							0.30		
합 계							1.00		
건축마감 및 설비노후도 평가	성능점수(환산) : / 평가등급 :								

* 해당 부문별 성능점수를 산술평균하여 성능점수를 산정한다.
** PC조 및 조적조도 동일한 가중치 적용

▷ 특기사항 및 총평

『주거환경 평가표』

평가항목	평가등급					성능점수	가중치	성능점수 x 가중치	비 고
	A	B	C	D	E				
도시미관							0.25		단지
소방활동의 용이성							0.25		단지 / 동
침수피해 가능성							0.10		단지
세대당 주차대수							0.25		단지
일조환경							0.15		단지 / 동
합 계							1.00		
주거환경 평가	성능점수(환산) : / 평가등급 :								

▷ 특기사항 및 총평

[서식 8] 비용분석표

『비용분석표』

구 분	세부항목		산정결과	비 고
기본 사항	적용 내용연수(년)	개·보수 후		
		재건축 후		
	적용 실질이자율(%)			
비용 산정 (원/m^2)	개·보수 비용	철거공사비		
		구조체 보수·보강 비용		
		건축 마감 및 설비성능 회복비용		
		이주비		
		소 계		
	개·보수 후 유지관리비			
	합 계			
	재건축 비용	철거공사비		
		건축공사비		
		이주비		
		소 계		
	재건축 후 유지관리비			
	합 계			
비용 분석	개·보수 후 LCC 년가(원/m^2)			
	재건축 후 LCC 년가(원/m^2)			
	α값			
	평가등급			

▷ 특기사항 및 총평

저자 **손영선**

약력 현) 광주대학교 산업인력교육원 교수요원, 대한토목학회 광주전남지회 간사, 신한국건축토목학원 대표강사
　　　 광목포해양대학교 특강강사, 한솔아카데미 동영상 강사, 라카데미 동영상 강사, 성안당 동영상 강사
　　　 광주서울고시학원 전임강사, 광주광역시 북구청 재개발담당관

　　 전) 광주건축토목학원 토목원장, 대광건축토목기술학원 대표강사, 연합고시학원 전임강사 외

저서 손에 잡히는 토목설계(한솔아카데미, 2007, 2008, 2009), 손에 잡히는 포인트 응용역학(한솔아카데미, 2007, 2008, 2009)
　　　 총정리 응용역학(기공사, 1990), 토목기사 필기(예문사, 1992), Zero 선언 토목기사 필기 시리즈(성안당, 2009)
　　　 Zero 선언 토목기사 실기(성안당, 2009) 외

수상 건설교통부 장관 표창(건설교통업무 발전 유공, 2005) 외

재건축 · 재개발 시대적 트렌드

2009. 8. 28　초판 1쇄 발행
2010. 4. 16　개정1판 1쇄 발행

지은이 ｜ 손영선
펴낸이 ｜ 이종춘
기획 ｜ 최옥현
진행 ｜ 이용화
교정·교열 ｜ 이은화
편집 ｜ 김수진
표지 ｜ 손예진
제작 ｜ 구본철
펴낸곳 ｜ BM성안당
주소 ｜ 경기도 파주시 교하읍 문발리 출판문화정보산업단지 536-3
전화 ｜ 031) 955-0511
팩스 ｜ 031) 955-0510
등록 ｜ 1973.2.1 제13-12호
독자 상담 서비스 ｜ 080-544-0511
출판사 홈페이지 ｜ www.cyber.co.kr

ISBN ｜ 978-89-315-7384-8 (93540)
정가 ｜ 15,000원